HEYNE
BÜCHER

Dr. Wilhelm Glenk
Dr. Sven Neu

Enzyme

Die Bausteine des Lebens
Wie sie helfen, wirken und heilen

Originalausgabe

Erweiterte und überarbeitete
Auflage

WILHELM HEYNE VERLAG
MÜNCHEN

HEYNE RATGEBER
08/9217

Wichtiger Hinweis!
Soweit in diesem Werk eine Dosierung oder Anwendungsform erwähnt wird, haben Autor und Verlag größte Sorgfalt walten lassen, daß diese Angaben dem Wissensstand von Forschung und klinischer Erfahrung bei Fertigstellung des Werkes entsprechen. Dennoch ist jeder Benützer aufgefordert, die Beipackzettel der verwendeten Präparate genau zu prüfen, ob die dort gegebenen Empfehlungen über Dosierung oder die Beachtung von Kontraindikationen von den Angaben dieses Werkes abweichen. Gegebenenfalls ist der Arzt zu befragen.
Für Benutzer außerhalb der Bundesrepublik Deutschland gelten die Vorschriften der zuständigen Behörden.
Geschützte Warennamen (Warenzeichen) werden *nicht* besonders kenntlich gemacht. Aus dem Fehlen eines solchen Hinweises kann also nicht ausgeschlossen werden, daß es sich um einen freien Warennamen handelt.

3. Auflage

Copyright © 1990 by Wilhelm Heyne Verlag GmbH & Co. KG, München
Printed in Germany 1992
Umschlaggestaltung: Atelier Adolf Bachmann, Reischach
Umschlagillustration: Julius Ecke
Wissenschaftliche Grafiken: Julius Ecke
Herstellung: Dieter Lidl
Satz: Satz & Repro Grieb, München
Druck und Bindung: Ebner Ulm

ISBN 3-453-04777-X

INHALT

Vorwort 9

1. KAPITEL: **Quelle des Lebens** 11

Kopieren wir die Schöpfung? 12
Wissen schaffen und Wissen nutzen 14

2. KAPITEL: **Geschichte: Der magische Zauberstab** 16

Der Magen der Milane 17
Die Entdeckung der Enzyme 20

3. KAPITEL: **Biochemie: Das gelöste Rätsel** 22

Anwesend zu sein genügt 22
Wie sie entstehen, wie sie wirken 25
Schlüssel und Schloß 27
Ein Stück fehlt im Puzzlespiel 29
Beste Arbeitsbedingungen erwünscht 32
Leben und sterben für das Allgemeinwohl 34
Sicher ist sicher 36

4. KAPITEL: **Natur und Technik: Der Geist aus der Flasche** 39

Seit Adam und Eva: Enzyme in der Natur 39
Nach der Natur die Technik 42
Die Zartmacher 44
Nichts als Käse 45
Eine saubere Sache 46
Enzymherstellung nach Wunsch 47
Noch einmal: Es werde Licht 49

5. KAPITEL: **Medizin: Gehorsame Diener** 51

Sechs Tonnen Insulin 53
Der gewollte Irrtum 54
Wissen, was man hat 55
Fehler korrigieren 56

Gift und Gegengift	58
Rohr frei	59
Es geht an die Nieren	62
Enzyme essen?	63

6. KAPITEL: **Verdauung: Mittel zum Leben** 64

Zur Aufnahme bereit	67
Eßt mehr Enzyme!	68
Hilfe für die Verdauung	70
Hilfe für den gesamten Organismus	71

7. KAPITEL: **Enzymtherapie: Die Gesundmacher** 73

Warum denn nicht gleich?	74
Ein ganz ungewöhnlicher Mensch	75
Eiweiß und eine blaue Rose	78
Was ist eine Normalsubstanz?	80
Das Biological Research Institute in New York	81
Künstler, Politiker, Milliardäre, Stars	83
Das Ende und ein Anfang	86

8. KAPITEL: **Heilmittel: Wirksam und sicher** 88

Richtig kombiniert	89
Die Frage nach der Sicherheit	91
Nicht für jeden: Die Gegenanzeigen	92
Wechselwirkung und Nebenwirkung	93
Es kommt darauf an, was ankommt	95
Die Reise bis zum Ziel	98

9. KAPITEL: **Abwehrkraft: Der Körper und nicht der Arzt** 102

Feinde finden, festhalten und fressen	103
Immunkomplex ist nicht Immunkomplex	109
Wir zerstören uns selbst: Autoaggression	111
Was ist zu tun?	113
Der natürliche Weg zur Gesundung	115

10. KAPITEL: **Multiple Sklerose: Die Wende** 118

Die Suche nach dem Fehler 119
Der beste Beweis 122
Maßgeschneiderte MS-Behandlung 123

11. KAPITEL: **Gelenkrheuma: Belohnte Geduld** 127

Viele Leiden und wenige Hilfen 130
Wertvoller als Gold 132
Was lange währt 135

12. KAPITEL: **Entzündung: Eine gute Sache** 137

Alarm bei jeder Wunde 137
Her mit den kleinen Helfern 139
Die vier klassischen Zeichen 140
Saubermachen und renovieren 141
Fehler, Mangel, Chaos 144
Die Entzündung fördern 145

13. KAPITEL: **Verletzungen: Bereitsein ist alles** 148

Knutschfleck und Karateschlag 148
Nur der Gesunde kann siegen 152
Eine Operation ist eine bewußte Verletzung 154

14. KAPITEL: **Gefäße: Alles fließt** 158

Nie zuviel und nie zuwenig 160
Plasmin läßt alles wieder fließen 162
Thromben, Cholesterin und andere Gefahren 164
Beinleiden, eine Bagatelle? 166
Erwiesene Besserung 169

15. KAPITEL: **Krebs: Der erkannte Feind** 173

Auf der Spur 175
Nicht die Kontrolle verlieren 177
Ein ganz gemeiner Trick 180

Krankheit schützt vor Krebs 183
Die Grenzen und die Möglichkeiten 187
Nie vergessen: Das Danach 189
Wenn die Brust in Gefahr ist 191

16. KAPITEL: **Viren: Tot oder lebendig** 193

Fast jeder Mensch hat Herpes – für immer 195
Töten, wenn wir wehrlos sind 196
Von der Milchkuh bis zur Orchidee 198
Schutz vor schwerem Nervenschock 199
Zoster und Aids, das gleiche Prinzip? 200
Nur nicht schwach werden 202

17. KAPITEL: **Alter: Beste Bremse** 205

Im Chromosom 1 wartet der Tod 206
Wenig essen, lange leben 207
Macht bloß keinen Fehler 212
Nicht sterben, sondern nur aufhören zu leben 216

18. KAPITEL: **Zukunft: Heile Welt?** 217

19. KAPITEL: **Entwicklung: Das neue Wissen** 222

Nochmal von vorn 223
Neue Medikamente, neue Beweise 224
Dicker Knöchel und der Muskelkater 226
Au Backe, mein Zahn! 229
Rheumaschmerzen lindern 231
Hilfe für die Frau 234
Wenn Medizin uns schadet 239
Aids? Wirklich Aids? 242

Erklärung fachmedizinischer Ausdrücke 245
Literatur 249
Register 251

Vorwort

In einer an wirksamen Innovationen der medikamentösen Behandlung nicht gerade gesegneten Zeit muß ein neuer Ansatz zur Beeinflussung häufiger, gesundheitlicher Störungen, Interesse und Aufmerksamkeit wecken.

Enzyme, jene unglaublich vielfältigen, alle Erscheinungen des Lebens steuernden Wirkstoffe, sind nach Meinung vieler Sachkenner schlechthin das Gebiet, in dem wir die zukünftige Entwicklung von Heilmitteln erwarten können.*

Empirisch entwickelt und seit langem in Verwendung sind die hier zur Diskussion stehenden Kombinationspräparate aus proteolytischen Enzymen effiziente Mittel bei der Behandlung von weit verbreiteten Erkrankungen.

Die Enzymtherapie ist aus der Erfahrungsheilkunde hervorgegangen. Sie wurde daher bereits - erfolgreich - bei Erkrankungen angewandt, lange bevor eine wissenschaftliche Begründung dafür gegeben war. Heute werden diese Zusammenhänge durch umfangreiche, experimentelle und klinische Forschung exakt belegt.

Beide Autoren sind erfahrene Allgemeinmediziner und hervorragende Sachkenner der Enzymtherapie. Sie umreißen in leicht verständlicher und dennoch präziser Sprache das weite Feld in der Anwendung dieser Präparate.

Das vorliegende Buch wird dazu beitragen, diese in manchen Bereichen zur Standardmethode gewordene Therapie bekannter und zum Wohle der Betroffenen besser zugänglich zu machen.

Wien, im September 1990　　　　　　　　　*H. Wrba*
　　　　　　　　　　　　　　　　　　　　　Dr. med. Dr. rer. nat.
　　　　　　　　　　　　　　　　　　　　　Univ. Prof.

---

* Kirk, R. E., Othmer, D. h., Encyclopedia of chemical Technology, 3. Aufl. John Wiley, Chichester 1984

1. KAPITEL

Quelle des Lebens

Stellen Sie sich vor, jemand sagt: »Es gibt in Ihrem Körper ungezählte Millionen von kleinen Bausteinen, die unentwegt Ihr Leben erneuern, erhalten und retten. Ohne diese würden Sie tot umfallen. Sie wären ohne sie nicht einmal geboren. Kein Mensch würde existieren, kein Tier, keine Pflanze. Denn sie sind die Quelle des Lebens. Sie sind eine magische Kraft, deren Beherrschung uns zu Göttern machen würde: Herr über alles, was lebt, Herr auch über den Tod.«

Das müßten Sie doch wissen, wenn es so etwas gibt. Das müßte jeder wissen, jeder würde darüber reden. Aber von diesen phantastischen kleinen Bausteinen, die man Enzyme nennt, haben tatsächlich die meisten Menschen nur eine sehr ungenaue Vorstellung.

Eigentlich ist das kaum zu begreifen. Es gibt ein gewaltiges Wissen über Enzyme, einem der wichtigsten Faktoren unseres Lebens und unserer Gesundheit. Ein Wissen, das uns ermöglicht, durch den Einsatz solcher Enzyme die meisten als chronisch bezeichneten Krankheiten zu lindern oder zu beenden.

Lassen wir einmal beiseite, daß dieses Wissen unsere Welt insgesamt verändern wird durch den Einsatz in der Technik, der Industrie, dem Umweltschutz und auf anderen Gebieten.

Dieses Wissen kann heute genutzt werden, um bei vielen Millionen Menschen jahrelang ertragene Schmerzen und Leiden zu lindern, um sie vor neuen Krankheiten zu schützen, um ihnen ein gesünderes und längeres Leben zu schenken. Doch die Menschen, die es betrifft, sind darüber häufig nicht oder falsch informiert. Auch viele Ärzte fühlen sich hilflos aufgrund fehlender Kenntnis oder von Vorurteilen. Es lohnt sich deshalb für uns alle, ein wenig von diesem Wissen aufzunehmen und etwas von den faszinierenden Zusammenhängen zu verspüren, die dabei sichtbar werden. Weil es ausreicht, um jedem von uns eine persönliche Hilfe zu bieten, die unser Schicksal ändern kann.

Enzyme. Sind sie denn so wichtig, verdienen diese winzigen Beschleuniger jedes biochemischen Vorganges wirklich, mit großen Worten als »Quelle des Lebens« angekündigt zu werden?

Wenn Gott die Welt erschaffen hat, dann hat er das Leben auf der Erde durch die Enzyme erschaffen. Erst ihre Anwesenheit macht es möglich, daß unbelebte Materie sich verwandeln kann, daß ein geregelter biochemischer Stoffwechsel stattfindet und Lebensenergie zur Verfügung steht. Wahrscheinlich haben Blitze und das UV-Licht den ersten Energiestoß gegeben, der zur Bildung der Bausteine des Lebens benötigt wurde, den sogenannten Aminosäuren. Doch die Zusammensetzung, Aneinanderkettung und die Duplikation von ganzen Ketten solcher Aminosäuren und damit von lebenden Organismen verdanken wir den Enzymen. Diese Aminosäureketten sind Eiweiße, auch Proteine genannt. Die Verbindung zum Ihnen allen bekannten Hühnereiweiß besteht darin, daß auch dieses sich größtenteils aus Proteinen zusammensetzt. Aber auch Enzyme selbst sind nichts anderes als Eiweiße, Proteine.

Man kann das Leben auf der Erde von seinem Beginn an bis zum heutigen Tag nachvollziehen, wenn man an die zu jedem Zeitpunkt für die Evolution erforderlichen Enzyme denkt. Der Sauerstoff der Luft entstand, weil bestimmte neue Enzyme aus einfachen Pflanzen gebildet wurden, die Sauerstoff freisetzten. Diese Pflanzen hatten gelernt, gewisse Enzyme zu produzieren, die aus dem Kohlendioxyd der Luft und anderen Stoffen diesen Sauerstoff herauslösen. Wir wissen heute, wie das vor sich geht. Enzyme, die derartige Reaktionen auslösen, kennt man mittlerweile genau. Für diese Entschlüsselung erhielten einige Wissenschaftler immerhin den Nobelpreis.

Kopieren wir die Schöpfung?

Wir sind bereits in der Lage, solche Enzyme zum Teil nachzubauen. So hat man erste Erfolge bei der Erforschung und Nachahmung der Photosynthese erzielt. Wir können Bakterien gentechnologisch so beeinflussen, daß sie diejenigen Enzyme herstellen, die wir für die Erzeugung von primitivem Leben benötigen.

Ob das eine Schöpfung ist, mögen Moraltheologen diskutieren. Immerhin schlagen wir damit eine Brücke zwischen der berechenbaren Welt biologischer Gesetzmäßigkeit und dem grenzenlosen Bereich metaphysischer Allmacht. Was für den Theologen die Seele ist, sind für den Biochemiker die Enzyme.

Allerdings sind wir noch weit davon entfernt, irgendeinem Roboter wirkliches Leben einhauchen und nach Wunsch Frankenstein-Monster oder liebreizende Schönheitsköniginnen im biochemischen Labor fabrizieren zu können. Vorerst haben wir nur einige der einfachsten Enzyme im Griff. Die primitivste Urzelle verdankte ihre Existenz der Anwesenheit von solchen simplen Enzymen. Je mehr unterschiedliche Arten von Enzymen sich im Verlaufe der Evolution zu einer interagierenden Kette von Reaktionen zusammengeschlossen hatten, um so vielfältiger wurde der lebendige Organismus, der sich daraus entwickelte und vermehrte: bis hin zur Krone der Schöpfung, dem Menschen.

Bis hin zu Ihnen, der nach der Lektüre dieses Satzes nicht mehr derselbe Mensch ist wie zu Beginn der Lektüre, denn in jeder Sekunde Ihres Lebens sind in Ihnen mehr als 2500 verschiedene Enzyme, so viele wurden bislang identifiziert, gemeinsam mit ihren noch unbekannten Kameraden in zum Teil rasender Geschwindigkeit dabei, in einem von keinem Computer auch nur annähernd nachzuvollziehenden Netzwerk der Abläufe all das zu erledigen, zu verändern, zu erneuern, was ein Weiterleben erfordert. Millionen Körperzellen sind in diesen wenigen soeben vergangenen Sekunden gestorben, wurden zerlegt und abtransportiert, Millionen neue wurden an deren Stelle geschaffen. Das geschah sozusagen nur nebenbei als kleiner Teil der unendlich vielen Aufgaben, die zur Erhaltung des Lebens und der Gesundheit erledigt werden müssen.

Vielleicht sind die Gründe für die Hemmung vieler Menschen, sich mit Enzymen so zu beschäftigen, wie sie es verdienen, die Ungeheuerlichkeit ihrer Bedeutung und die alles umfassende Vielfalt, in der man zu ertrinken droht.

Ein weiterer Grund mag die von manchen Menschen instinktiv gefühlte Ehrfurcht sein, hier in einen Bereich einzudringen, der tabu bleiben sollte, eine als göttlich empfundene Ordnung nicht manipulieren oder gar nachahmen zu sollen. Das sind die Menschen, die es schaudert, wenn sie hören, daß wir nunmehr genau wissen, welche Enzyme dafür sorgen, daß unser Blut stets im Fließgleichgewicht bleibt, daß wir Sauerstoff aufnehmen und diese Energie in die Zelle abgeben, daß viele andere Stoffwechselvorgänge unser Leben erhalten, wobei sie ahnen, daß es nicht mehr lange dauern wird, bis wir das alles auf gentechnologischem Wege nachbauen und nach Belieben einsetzen können.

Sie haben keinen Anlaß, darüber zu erschrecken und den Fluch der Götter zu fürchten. Denn was nutzt es uns, die besten Enzyme nachzuahmen, wenn wir für immer vor dem Rätsel stehen bleiben, was diese Enzyme dazu bewegen mag, miteinander zu kommunizieren, zu harmonieren und einem unbekannten obersten Signalgeber zu folgen. Wenn wir nie erfahren, welche Naturgesetze das Gleichgewicht innerhalb der völlig unterschiedlichen, gleichzeitig agierenden, reagierenden Enzymsysteme aufrechterhalten. Welches höhere Prinzip über der reinen Mechanik des Chemischen und Physikalischen herrscht.

Es geht nicht um die Konkurrenz zur göttlichen Schöpfungskraft. Die Wissenschaft hat sich nicht zum Ziel gesetzt, durch immer tiefere Erkenntnis aller mit den Enzymen zusammenhängenden Vorgänge neues Leben zu erschaffen. Ziel ist es vielmehr, ein immer größeres Verständnis dafür zu erlangen, wie das Leben funktioniert, um dadurch das Leben besser erhalten und gestörtes Leben gesunden lassen zu können.

Wissen schaffen und Wissen nutzen

Auf dem Weg zu diesem Ziel sind die in der ganzen Welt tätigen Enzymforscher schon erstaunlich weit fortgeschritten.

Natürlich existieren noch weiße Flecken auf der Karte, die uns zu dem Ziel führen soll. Es gibt viele unbekannte Gebiete, die auf ihre Entdecker warten. Das veranlaßt die Skeptiker, bei jeder Erwähnung der Enzyme und der Enzymtherapie abzublocken und sofort davon zu sprechen, man könne über die Enzyme oder gar die Behandlung von Krankheiten mit Hilfe der Enzymtherapie keinerlei zuverlässige Aussagen machen, weil so vieles wissenschaftlich noch nicht abgesichert sei. Als ob man Wissenschaft irgendwann auf irgendeinem Gebiet zu einem endgültigen Punkt bringen könnte, ab dem es keinerlei neue Erkenntnisse und dementsprechende Veränderungen mehr geben würde. Wissenschaftliche Arbeit ist eine Open-end-Veranstaltung.

Darum: Nur weil Tag für Tag unser Verständnis der Zusammenhänge des Enzymsystems wächst, weil wir Tag für Tag besser imstande sind, dieses Enzymsystem zu stärken und damit unsere Gesundheit wiederherzustellen und zu sichern, können wir nicht dasitzen und abwarten und die Menschen, denen geholfen werden könnte, auf eine ferne Zukunft vertrösten. Wir müssen das Wissen nutzen, das uns ebenso zur Verfügung steht wie das Können und die Möglichkeiten. Jetzt.

Es geht um Leben und Tod. Um unser Leben und unseren Tod. Denn Enzyme stehen am Anfang und auch am Ende unserer Existenz. Davon handelt dieses Buch.

2. KAPITEL

Geschichte: Der magische Zauberstab

Vielleicht waren es die Chinesen. Wie die Chinesen so viele andere Dinge vor Jahrtausenden aus uns nicht mehr zugänglichen Quellen schöpften, mögen sie auch geahnt haben, welche energetischen Kräfte den Himmel, die Erde und alles, was dazwischen liegt, zur Mitte führt: zur Harmonie des Lebens.

Ganz ohne Zweifel jedenfalls waren es später die Ägypter, die Griechen und Araber des Altertums, die spürten, daß eine unsichtbare Kraft vorhanden sein müßte, die dazu dient, daß sich Lebendiges verändert. Eine geheimnisvolle Kraft, die wie von selbst jedweden Stoff in einen anderen verwandelt: Milch zu Käse, Gerstensaft zu Bier, Traubensaft zu Wein oder Teig zu Brot.

Die Ägypter suchten den magischen Zauberstab zur Verwandlung der Stoffe, weil sie von der Macht und dem Reichtum träumten, der mit dem Besitz des Zauberstabes verbunden sein würde. Die Griechen hielten dagegen nur die Götter für fähig, etwas derart Wunderbares zu vollbringen.

Nur ein Grieche wollte es wagen, dieses Wunderbare nachzuahmen. Er goß geduldig viele Stoffe zusammen, um daraus neue zu gewinnen. Das griechische Wort *chyme* bedeutet unter anderem »Guß«. Dieser Grieche war der Chymiker Zozeen. Um wegen seiner Tätigkeit nicht als Gotteslästerer verurteilt zu werden, zog Zozeen vorsichtshalber gegen Ende des 3. Jahrhunderts vor Christus nach Ägypten und versuchte dort, gemeinsam mit den besten Wissenschaftlern, diese Kraft der Götter zu enträtseln.

Die gesuchte göttliche Kraft bezeichnete Zozeen als »Xerion«. Die Araber nannten Zozeens Tätigkeit *al-kimija*, woraus schließlich unser Begriff »Alchemie« entstand. Für die Araber handelte es sich jedoch bei der *al-kimija* um die Suche nach dem ersehnten Stein der Weisen, auf Arabisch *al-iksir*. Als »Elixier« kehrte dieser Name für den Stein der Weisen zu uns zurück: jenes allmächtige Elixier, das von den Alchemisten des Mittelalters nach den dunklen

Anweisungen der eingeweihten Araber in der Erde, in den Metallen, in den Pflanzen, in den Tieren und im Menschen gesucht wurde, die jegliches Heil versprechende magische Kraft einer Verwandlung von Krankheit zur Gesundung, von Tod zu Leben, von Vergänglichkeit zum ewigen Gold.

Es gab tausend Vermutungen, was es mit der Kraft auf sich haben könnte. Es gab zwar keine Zweifel an der Existenz des unbekannten Elixiers, doch fehlte es an greifbaren Hinweisen, wo es sich befand und wie es wirkt.

Der Magen der Milane

Dann kam Réaumur. Wir erinnern uns heute nur noch an ihn, weil er eine Temperaturskala erfand und man noch lange Zeit die Temperatur in Réaumur-Graden gemessen hat. Aber dieser Réne Antoine Ferchant de Réaumur, der von 1683 bis 1757 hauptsächlich in Paris lebte, gehörte zu jenen Universalwissenschaftlern, die heute im Zeitalter der Spezialisierung kaum noch denkbar sind. Er war Techniker, Physiker und Naturwissenschaftler. Vor allem als Insektenkundler genoß er einen über die Grenzen Frankreichs weit hinausreichenden Ruf.

Réaumur überlegte in seinen letzten Lebensjahren, daß man nach der geheimnisvollen Kraft der Verwandlung am ehesten dort suchen könnte, wo sie am deutlichsten sichtbar ist, nämlich bei der Verwandlung von Nahrung im Körper, also bei der Verdauung. Man war damals noch der Meinung, im Magen würde die Nahrung mechanisch klein gemahlen und dann mit dem Magensaft zum Verdauungsbrei flüssig gemacht.

Daran zweifelte Réaumur. Er unterhielt sich darüber mit einem jungen und vielversprechenden Kollegen und Freund, einem ganz ungewöhnlichen Priester aus Pavia namens Lazzaro Spallanzani. Wenn man beispielsweise, so meinte Réaumur damals, einem Raubvogel eine kleine, mit einem Fleischbrocken gefüllte und durchlöcherte Metallkapsel zu schlucken geben würde, die der Vogel dann wie das unverdauliche Gewölle wieder hervorwürgt, könnte man doch sehen, ob das Fleisch in der Kapsel noch

Geschichte: Der magische Zauberstab

Ein in eine durchlöcherte Metallkapsel eingeschlossenes Stück Fleisch wird im Magen des Raubvogels verdaut

unversehrt geblieben ist, weil es sich nicht mechanisch zerkleinern ließ. Oder ob es verdaut werden würde durch die im Magen vermutete verwandelnde Kraft.

Réaumur stellte erste Versuche in dieser Weise an und sah, daß tatsächlich das Fleisch aus der vom Raubvogel wieder hervorgewürgten durchlöcherten Metallkapsel verschwunden war. Daß der Magen also die Nahrung nicht, wie bislang angenommen, mechanisch zerkleinert hatte.

Dieser Versuch gefiel Lazzaro Spallanzani. Der Jesuit und Biologe liebte überhaupt stets höchst ungewöhnliche und eigentlich gegen die biblische Ordnung verstoßende Experimente. Mit genialen Experimenten hat er die Kraft der Regeneration an der Fähigkeit von Eidechsen nachgewiesen, ihren Schwanz zu verlieren und neu zu bilden. Er war der erste Mensch, der eine künstliche Befruchtung durchführte, nämlich bei Hunden, was selbst zu jener Zeit eine etwas außerhalb der Norm liegende Tätigkeit für einen, wenn auch jesuitischen, Priester darstellte.

Doch es dauerte noch rund 30 Jahre, ehe Spallanzani dazu kam, sich mit den Versuchen von Réaumur näher zu beschäftigen. Er ging zu diesem Zweck im Jahr 1783 in eine Falknerei und ließ die mit Fleischbrocken gefüllten und mit Löchern versehenen Metallkapseln an Milane und Bussarde verfüttern. Wie bei Réaumur waren auch hier die wieder herausgewürgten Metallkapseln leer.

Das genügte Spallanzani nicht. Er ging weiter. Er folgerte daraus, daß die Kraft der Nahrungsverwandlung sich demnach im Magensaft befinden mußte. Er füllte deshalb die gleichen Metallkapseln diesmal mit einem kleinen Schwamm, der im Magen des Raubvogels den Magensaft aufsog. Diesen Magensaft setzte er dann in einem Gefäß den Fleischstücken zu, die zur großen Befriedigung von Spallanzani dadurch aufgelöst wurden. Damit war zum ersten Mal geklärt, daß es im Magensaft eine eiweißauflösende Substanz geben mußte. Seine Erkenntnis wurde überraschend schnell verbreitet. Schon zwei Jahre nach diesem Versuch erschien in Leipzig ein Buch in deutscher Sprache mit dem wohlklingenden Titel: »Herrn Abt Spallanzani's Versuche über das Verdauungs-Geschäfte des Menschen, und verschiedener Tierarten; nebst einigen Bemerkungen des Herrn Senebier«.

Wobei man diese im Anhang des Buches angefügten Bemerkungen von Jean Senebier keinesfalls übergehen sollte. Denn dieser Jean Senebier (1742–1809) – wiederum ein jüngerer Freund von Spallanzani, wiederum ein ungemein vielseitiger und einfallsreicher Naturwissenschaftler, wiederum ein Mann der Kirche, sogar ein Minister für kirchliche Angelegenheiten der Republik Genf – hatte aus den Erkenntnissen von Spallanzani ohne Zögern Konsequenzen gezogen und den tierischen Magensaft bei einigen Patienten auf schlecht heilende Wunden und offene Beingeschwüre gestrichen.

Mit Erfolg. Das wuchernde, entzündete Gewebe wurde aufgelöst, der Heilvorgang konnte einsetzen. Senebier war nicht der erste Anwender von eiweißauflösenden, sogenannten proteolytischen Enzymen in der Medizin. Die hat es bereits in grauer Vorzeit gegeben. Nur war er wohl der erste Enzymtherapeut, der wenigstens eine Ahnung davon hatte, was er hierbei eigentlich anstellte.

Die Entdeckung der Enzyme

Natürlich wollte man endlich herausbekommen, was wohl im Magensaft diese Auflösung bewirken mochte. Man stellte fest, daß der Magensaft auch Salzsäure enthält. Und ein halbes Jahrhundert lang stand für die Wissenschaft deshalb felsenfest: es ist die Salzsäure, die das Eiweiß in der Nahrung spaltet und für den Körper nutzbar macht. Auch wenn diesbezügliche Versuche diese Annahme nicht bestätigten. Die Lehrmeinung war da nie besonders pingelig.

Erst 1836, also fast hundert Jahre nach den ersten Versuchen von Réaumur, konnte der Arzt und Biochemiker Theodor Schwann, dem wir auch die ersten Erkenntnisse über die Zellstruktur und den zellulären Stoffwechsel verdanken, einen Stoff aus dem Magensaft isolieren und konzentrieren, der in der Lage war, Eiweiß besonders stark zu spalten und aufzulösen. Er nannte diesen Stoff Pepsin.

Pepsin zählte offensichtlich zu diesen seit Urzeiten gesuchten besonderen Stoffen, deren Energie auf rätselhafte Weise dazu führt, Eiweiß, den Grundbaustein allen Lebens, zu verändern. Für diese Art von Stoffen gab es damals noch keinen Namen.

Man konnte nur darüber spekulieren, wie die Wirkung derartiger Stoffe zustande kommt. Einer, der bei diesen theoretischen Überlegungen die richtige Fährte witterte, der erspürte, welcher Mechanismus die entscheidende Rolle spielt, war der schwedische Naturwissenschaftler Jöns Jacob Freiherr von Berzelius, der im gleichen Jahr, in dem Schwann das Pepsin beschrieben hatte, eine Arbeit veröffentlichte, in der es hieß: »Wir bekommen begründeten Anlaß zu vermuten, daß in den lebenden Pflanzen und Tieren Tausende von katalytischen Prozessen zwischen Geweben und

Flüssigkeiten vor sich gehen und die Menge ungleichartiger Zersetzungen hervorbringen, die wir künftig vielleicht in der katalytischen Kraft des organischen Gewebes, woraus die Organe des lebenden Körpers bestehen, entdecken werden.«

Katalysatoren! Das war es also. Besser gesagt Biokatalysatoren. Demnach bestimmte Stoffe, deren Anwesenheit wie ein Katalysator die Veränderung einer organischen Substanz bewirkt und beschleunigt. Viele Kräfte, die außerhalb der menschlichen Zelle eine Verwandlung bewirken – beispielsweise die alkoholische Gärung –, sind ebenfalls Biokatalysatoren. Das hatte übrigens schon Schwann behauptet.

Die Unterscheidung zwischen innerhalb einer lebenden Zelle und außerhalb einer lebenden Zelle wirksamen Biokatalysatoren ist ein Thema, für das sich besonders der berühmte Louis Pasteur engagierte. Er war es auch, der für die zur Gärung – fachlich nannte man die Gärung Fermentatio – verantwortlichen Biokatalysatoren erstmals den Begriff »Fermente« benutzte. Allerdings galt die Bezeichnung bald nur noch für die innerhalb einer lebenden Zelle reagierenden Fermente.

Erst der deutsche naturwissenschaftliche Philosoph, Mediziner und Professor für Physiologie in Heidelberg, Willy Kühne, gab den auch außerhalb einer lebenden Zelle das Eiweiß verändernden Biokatalysatoren im Jahr 1878 den Namen »Enzyme«. Der Begriff ist also nicht viel älter als hundert Jahre.

Offiziell wurde das nun folgende Durcheinander von »Ferment« und »Enzym« bereits 1897 beendet und man legte sozusagen amtlich fest, daß für alle Biokatalysatoren die Bezeichnung »Enzym« zu gelten habe. Viel hat es nicht geholfen. Bis zum heutigen Tage werden die beiden Begriffe häufig noch zur allgemeinen Verwirrung nebeneinander oder gar gegeneinander gebraucht. Vergessen wir also die Fermente und bleiben wir bei der Bezeichnung »Enzyme«.

Es wird langsam Zeit, wenigstens in etwa zu erklären, welch unglaublich faszinierende Alleskönner diese Enzyme sind. Es wird Zeit, ein wenig den Schleier zu lüften, der den magischen Zauberstab des Lebens immer noch umgibt.

3. KAPITEL

Biochemie: Das gelöste Rätsel

Wir haben entdeckt, woraus Enzyme bestehen und wie sie wirken. Tonnenschwere wissenschaftliche Arbeiten über die Natur der Enzyme warten noch auf ihre Beachtung und werden von der Flut der nachfolgenden Arbeiten fast erstickt. Biochemiker können mit Recht von sich behaupten, gerade in den letzten Jahren gewaltige Fortschritte in der Enträtselung der Enzymvorgänge gemacht zu haben.

Darum behaupten wir einfach mal, das Rätsel sei gelöst. Obgleich wir ehrlicherweise einschränken müßten, daß erst einige der Rätsel gelöst sind und eine nicht einmal zu ahnende Anzahl von weiteren Rätseln noch geknackt werden muß, ehe wir den magischen Zauberstab tatsächlich in der Hand halten.

Was in diesem Kapitel über die Natur der Enzyme erklärt wird, ist nur das kleine Einmaleins der Biochemie. Der Leser wird sicherlich außerordentlich dankbar dafür sein, denn jedes noch tiefere Einsteigen in diese Materie wäre zwar ungemein beeindruckend, aber für den normalen Menschen auch ungemein verwirrend und ermüdend.

Anwesend zu sein genügt

Fangen wir ganz simpel an mit dem Begriff »Katalysator«. Sie wissen doch: Das ist beispielsweise das Ding, das man hoffentlich auch in Ihren neuen Wagen eingebaut hat. Es dient dazu, zusammen mit der Wärme des Auspuffgases das hochgiftige Kohlenmonoxid in das weniger gefährliche Kohlendioxid zu verwandeln. Das erledigt der Katalysator durch seine Anwesenheit, ohne sich selbst dabei in irgendeiner Weise zu verändern.

Es macht ihm überhaupt nichts aus, und er bedarf dazu keiner eigenen Energie.

Wollte man versuchen, das Kohlenmonoxid ohne den Katalysator zu Kohlendioxid umzubauen, müßte man dazu einen Apparat in das Auto einbauen, der so groß ist wie der gesamte Automotor und der noch dazu zum Betrieb mehr Energie benötigen würde als der Motor selbst.

Die Natur hat sich noch nie eine derartige Verschwendung von Aufwand und Energie geleistet. Sie wählt immer den ökonomischsten Weg und hat darin alle Ingenieure der Welt weit übertroffen. Der Trick mit den Katalysatoren ist deshalb ein besonderer Liebling der Natur. Kleine Ursache, große Wirkung.

Noch ein Beispiel. Der von wahrer Leidenschaft gepackte Jüngling, der plötzlich das Foto seiner Geliebten erblickt, wird von dem Foto verändert: Seine Wangen erröten, sein Puls geht schneller, sein Atem ebenfalls, noch einige andere körperlichen Reaktionen mögen erfolgen. Alles nur durch die Anwesenheit des Katalysators, nämlich des von all dem nicht berührten und nicht veränderten Foto.

Wählen wir ein zur Chemie etwas passenderes Beispiel, um dementsprechend ernstgenommen zu werden. Nehmen Sie ein Stück Würfelzucker, halten Sie ein brennendes Streichholz daran. Der Zucker wird nicht brennen. Nun streuen Sie etwas Zigarettenasche auf den Zucker, irgend jemand in der Familie ist vielleicht noch Raucher, halten Sie wieder das Streichholz an den Zucker – jetzt brennt er.

In der Asche befindet sich der zur Verbrennung, also zur biochemischen Reaktion benötigte Katalysator.

Es gibt organische und nichtorganische Katalysatoren. Wir kümmern uns hier nur um die organischen, um die Enzyme. Es sind, um es trocken und fachlich zu formulieren, großmolekulare, komplex strukturierte, biokatalytisch aktive Eiweißkörper.

Auch wenn es sich anhört wie ein Vortrag aus der Volkshochschule, folgen Sie bitte geduldig noch ein paar Seiten lang der Beschreibung einiger grundlegender Eigenschaften dieser Enzyme. Danach wird der Leser belohnt, weil er sicherlich erheblich besser versteht, was in seinem Organismus passiert, warum er gesund ist, warum er unter Umständen krank ist und warum er möglicherweise dank des Einsatzes von Enzymen wieder gesund werden kann.

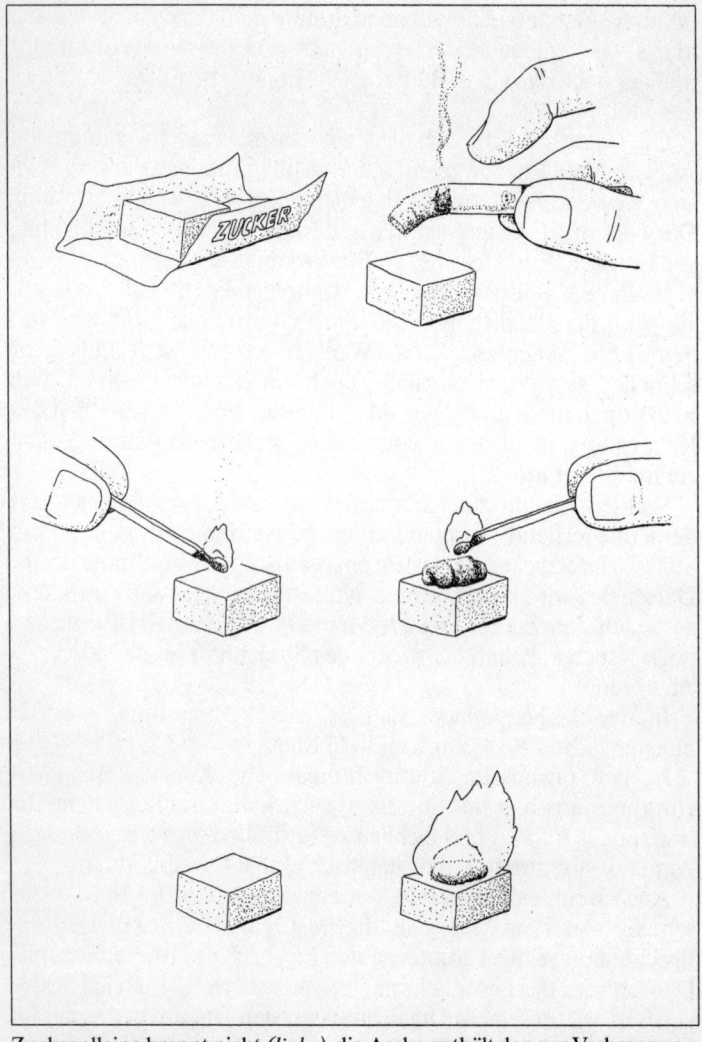

Zucker alleine brennt nicht *(links)*, die Asche enthält den zur Verbrennung benötigten Katalysator *(rechts)*

Wie sie entstehen, wie sie wirken

Man weiß seit über hundert Jahren, daß Enzyme aus Eiweiß bestehen. Man weiß zudem längst, daß dieses Eiweiß aus einer Kette von Aminosäuren besteht. Aber erst seit 1959 hat man dank der immer feineren Analysetechnik zum ersten Mal genau feststellen können, aus wie vielen verschiedenen Aminosäuren die Enzyme gebildet werden. Es sind 20 Stück, mit deren Namen wir Sie nicht weiter behelligen möchten.

Alle Enzyme unterscheiden sich lediglich in der Anzahl und Reihenfolge dieser 20 verschiedenen, zu einer mehr oder weniger langen Kette zusammengebastelten Aminosäuren. Sie sehen deshalb auch alle ein bißchen anders aus. Generell kann man sie sich so vorstellen: Die lange Perlenkette der aneinandergeknüpften Ami-

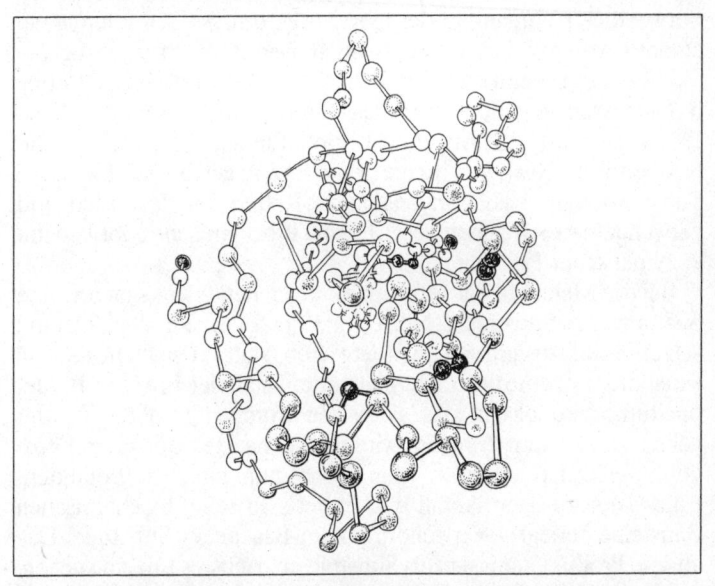

Enzymmolekül: »Die lange Perlenkette der aneinandergeknüpften Aminosäuren kringelt sich wie ein Bindfadenknäuel ...« (die dunkel gezeichneten Stellen des Moleküls sind am aktiven Zentrum beteiligt)

nosäuren kringelt sich wie ein Bindfadenknäuel und bildet dann an einer Stelle eine Höhle. Eine ganz präzise geformte Öffnung. Diese Öffnung ist das, worauf es eigentlich ankommt. Sie ist das aktive Zentrum.

Die Enzyme sind ziemlich große Moleküle, jedenfalls nach den Begriffen der Biochemiker. Nur ein Beispiel für die Größe: Das Enzym Trypsin, eines der ersten erforschten Enzyme aus den Anfangszeiten der Enzymwissenschaft, würde – wenn der Mensch 40 000 Kilometer groß wäre und sich deshalb einmal um den gesamten Äquator herumlegen könnte – ganze zehn Zentimeter groß sein.

In jedem Organismus befinden sich in unvorstellbarer Menge unendlich verschiedenartige biochemische Gebilde, die man Substrate nennt. Die sausen als Baustoffe für irgendeinen zum Leben notwendigen Vorgang in der Gegend herum. Sie kommen an so einem Enzym vorbei, werden vom aktiven Zentrum angezogen – und nur dann, wenn sie exakt in diese spezifisch geformte Öffnung hineinpassen, geschieht etwas: Das Substrat und das Enzym bilden für einen winzigen Augenblick eine Einheit. Jetzt erfolgt die biochemische Reaktion, für die dieses Enzym gebaut ist. Um riesige Substrate legen sich übrigens ganze Ketten von Enzymen und verwandeln sie häppchenweise. Es sind Biochemische Fabriken mit enzymatischer Fließbandaktivität.

Bei der Mehrzahl der Enzymwirkungen handelt es sich um eine Spaltung des Substrates. Nur etwa 3 bis 5 Prozent aller Enzyme setzen etwas zusammen, synthetisieren, statt zu spalten. Es sind »anabole« Enzyme und nicht spaltende »katabole« Enzyme. Bei der Spaltung wird das in das aktive Zentrum eingepaßte Substrat geknackt, aus dem Zentrum wird das geknackte Substrat in Form von zwei Teilen entlassen. Man spricht nun von zwei Produkten. Eines ist sozusagen Abfall und findet – in seine biochemischen Bausteine zerlegt – Verwendung zum Bau neuer Substrate. Das andere Produkt kann sich als Substrat ein nächstes Enzym suchen, um dort wiederum verändert zu werden. Bis endlich die Form enzymatisch entsteht, die für irgendeine Aufgabe im Organismus angefordert wurde.

Schlüssel und Schloß

Wie wir sehen, sind die Enzyme nicht gerade Universalgenies, sondern ziemlich einseitige Spezialisten. Jedes Enzym ist, wie die Biochemiker es nennen, substratspezifisch. Oder fast. Keine Regel ohne Ausnahme. Aber im großen und ganzen kann man sagen, daß jede Enzymsorte nur fähig ist, eine ganz bestimmte Art von Substrat in sein exakt geformtes aktives Zentrum aufzunehmen und zu verändern.

Außerdem ist jede Enzymsorte wirkungsspezifisch. Das bedeu-

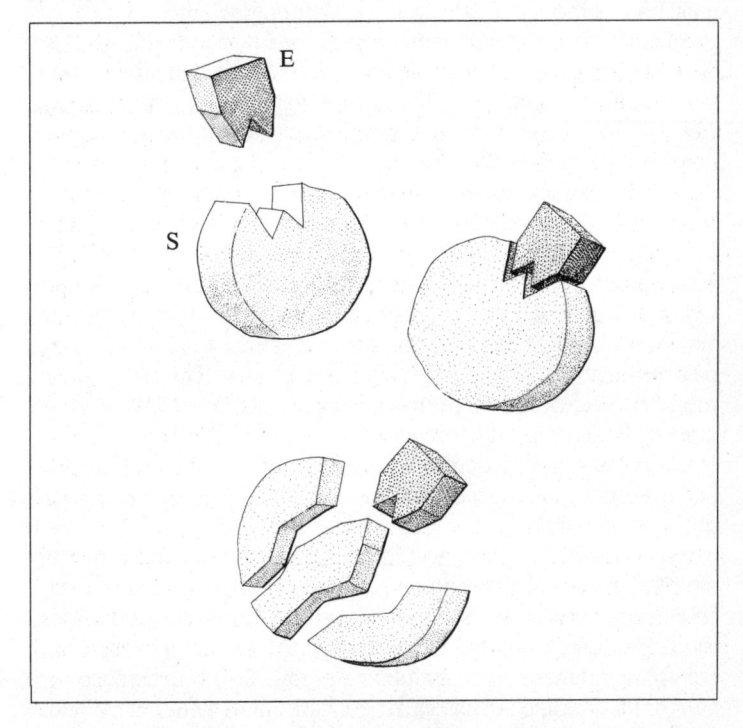

Ein Substrat (S) paßt genau in das aktive Zentrum eines Enzyms (E). Das Substrat wird gespalten, das Enzym bleibt unverändert

tet, es kann mit dem Substrat nur eine einzige bestimmte Veränderung vornehmen, nur eine einzige Wirkung erzeugen.

Das hat einer der alten Biochemiker, Professor Fischer, einmal sehr schön am Beispiel von Schloß und Schlüssel illustriert. Das Enzym ist das Schloß, das zu einem ganz bestimmten Schlüsselloch gehört. Das Substrat ist der Schlüssel. Nur wenn der Bart des Schlüssels exakt in das Schlüsselloch paßt, kann etwas bewegt werden. Und zwar nur auf eine einzige, bestimmte Weise: der Schlüssel kann entweder nur nach links oder nach rechts gedreht werden, oder es kann ein Riegel geöffnet werden oder ein Hahn aufschnappen oder sonst etwas Sinnvolles geschehen.

Spätestens hier drängt sich die logische Frage auf: »Wenn es so viele verschiedene Substrate und so viele verschiedene Reaktionen gibt und immer ganz spezielle Enzyme dafür benötigt werden, wie viele verschiedene Enzymsorten benötigen wir denn dann in unserem Organismus?«

Eine Frage, an deren Antwort die Enzymforscher bis heute arbeiten. Im Jahre 1831 kannte man erst ein Enzym genauer. Im Jahre 1930 waren es ganze 80. Und 1984 hatte man rund 2500 verschiedene Enzyme in Klassen, Unterklassen und Unter-Unterklassen eingeteilt. Ein Ende der Suche ist nicht abzusehen, auch wenn manche Wissenschaftler glauben, das Ende vom Tunnel bald erreicht zu haben. Hier sind noch einige Überraschungen möglich. Sind es Zehntausende? Sind es noch mehr? Werden wir jemals alle Enzyme erkennen?

Es gibt, so hat es jedenfalls die allmächtige Enzymkommission der Internationalen Union für Biochemie »endgültig« festgelegt, sechs Gruppen von Enzymen mit 6 grundsätzlich verschiedenen Enzymwirkungen. Die eine Gruppe sorgt beispielsweise für die Übertragung von Elektronen von einem Spender zu einem Empfänger, was unter anderem für die Zellatmung entscheidend wichtig ist. Eine andere überträgt dagegen ganze Molekülgruppen von einem Spender auf einen Empfänger, bringt also Bruchstücke von einem Platz einer Aminosäurekette an einen anderen. Wieder andere verändern das Substrat, indem sie nur bestimmte Moleküle des Substrates verlagern. Eine weitere Gruppe kann durch Spaltung energiereicher Substrate für andere Biosynthesen benötigte Energie hervorzaubern. Die fünfte Gruppe läßt jeweils ein Substratmolekül in zwei Teile zerfallen. Die letzte Gruppe schließlich ist die bereits erwähnte Sorte, die zusammengesetzte Verbindungen zu spalten vermag. Da sie es unter Einlagerung von Wasser tut, nennt man sie Hydrolasen. Wenn in der Biochemie etwas mit der Endung »...asen« bezeichnet wird, kann man ziemlich sicher sein, daß es sich um irgendeines der 2500 oder wieviel auch immer Enzyme handelt. Nur zu Beginn der Entdeckungszeit gab man den Enzymen noch Namen, die meist mit »...in« endeten, wie das schon erwähnte Pepsin oder das Trypsin. Sie zählen zu den ersten Enzymen, die man besser kennenlernte.

Die Gruppe der Hydrolasen werden in diesem Buch deshalb hervorgehoben, weil sie für uns eine besondere Bedeutung haben. Es sind Enzyme, von denen wir schon sehr viel wissen. Und die wir gezielt zur Wiederherstellung und zum Schutz unserer Gesundheit einsetzen können.

Alle 2500 oder wieviel auch immer verschiedenen Enzyme stellt unser Körper übrigens unentwegt in Massen selbst her. Das ist eine großartige Leistung, allerdings mit einer kleinen Einschränkung: für eine Anzahl von diesen Enzymen fehlt uns zur Herstellung des aktiven Zentrums ein Stück zur Perfektion der Paßform. Das Substrat würde darum unverändert wieder aus der Höhle des Wirkzentrums verschwinden. Um das zu verhindern, benötigen wir ein Ergänzungsstück – man spricht von einem Co-Enzym –, und zur Herstellung solcher die Paßform des aktiven Zentrums perfektionierenden Co-Enzyme müssen wir dringend das dafür benötigte Material zu uns nehmen, weil unser Organismus es leider nicht selbst aus vorhandenen Bausteinen enzymatisch zusammensetzen kann.

Ein Stück fehlt im Puzzlespiel

Wir müssen das fehlende Material für die Co-Enzyme mit der Nahrung zu uns nehmen. Auch wenn es zum Teil nur winzige Mengen sind, ohne diese Zufuhr des Baumaterials für die Co-

Enzyme funktioniert die Herstellung bestimmter Enzyme nicht. Ohne diese Enzyme wiederum gerät der gesamte Enzymhaushalt aus dem Gleichgewicht, wir werden krank. Wenn die Materiallieferung auf längere Zeit ausfällt, sterben wir sogar.

Dieses Baumaterial für die Co-Enzyme kennt wohl wirklich jeder Mensch: Vitamine, Spurenelemente und Minerale. Und wohl jeder Mensch weiß, daß sie lebenswichtig sind.

Nicht jedes Vitamin hat die Aufgabe, sich für die Herstellung von Co-Enzymen zur Verfügung zu stellen. In der Hauptsache sind es die Vitamine B 1, B 2, B 6, B 12 sowie Vitamin C und einige weniger geläufige Vitamine.

Vitamin B 1 ist unter anderem in der Schale des Reiskorns enthalten. Wer sich fast ausschließlich von poliertem Reis ernährt, leidet unter B 1-Mangel und erkrankt an der geradezu klassischen Avitaminose Beriberi. Übrigens ein singhalesisches Wort, das »große Schwäche« bedeutet. Mangel an B 2 führt dagegen zu einer Form der Blutarmut, die man als perniziöse Anämie bezeichnet. Oder denken Sie an die Seefahrer aus vergangener Zeit, die monatelang kein frisches Gemüse und Obst zu essen bekamen und durch den Mangel an Vitamin C an Skorbut erkrankten.

Im Grunde entsteht immer eine Erkrankung bei gestörtem Enzymhaushalt. Nicht nur mancher Vitaminmangel, auch das Fehlen anderen Materials zum Bau von Co-Enzymen führt zu Störungen. Dazu gehören Metalle und Minerale: Kupfer und Eisen, Nickel, Mangan, Molybdän, Selen. Das wichtige Magnesium sowie Natrium und Kalium. Oder Zink. Allein das Spurenelement Zink ist als Bestandteil bestimmter Co-Enzyme für die Herstellung von 80 verschiedenen Enzymen unbedingt erforderlich.

Diese Co-Enzyme sind etwas ganz anderes als Enzyme. Enzyme bestehen aus Eiweiß, die Co-Enzyme bestehen nicht aus Eiweiß. Enzyme sind recht große Moleküle, Co-Enzyme sind recht kleine Moleküle. Enzyme werden bei ihrer Tätigkeit im eigentlichen Sinn nicht verbraucht, Co-Enzyme werden bei ihrer Tätigkeit verbraucht und müssen ständig regeneriert oder erneuert werden.

Aber das alles führt schon wieder viel zu weit in den Dschungel der Biochemie. Lassen wir es dabei. Oder doch noch eine ganz

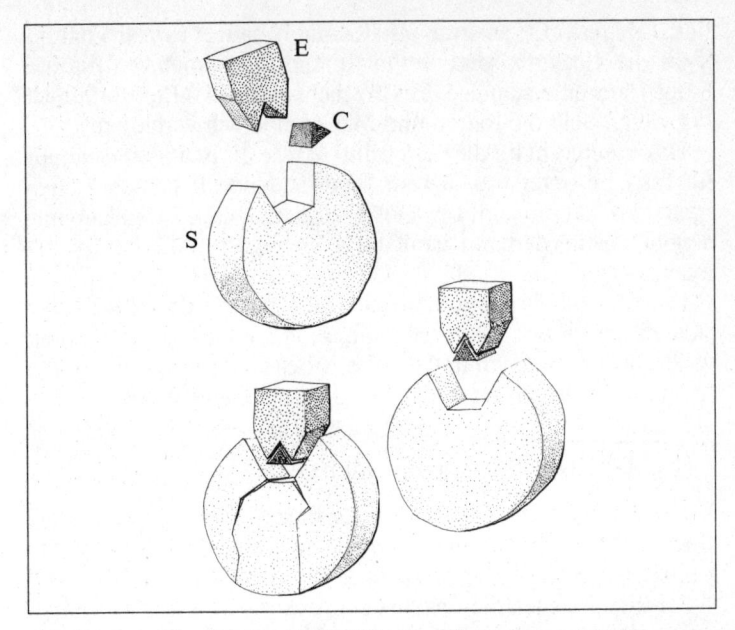

Das Substrat (S) paßt erst mit dem Enzym (E) zusammen, nachdem das aktive Zentrum durch ein Co-Enzym (C) ergänzt wurde

interessante Geschichte im Zusammenhang mit den Co-Enzymen: Es gibt einige Stoffe, die solchen Co-Enzym-Bausteinen fast genau entsprechen. Sie sind ihnen zum Verwechseln ähnlich. Und tatsächlich irrt sich der Organismus bisweilen und läßt diesen ähnlichen Stoff an sein aktives Zentrum. Dann funktioniert das damit ergänzte Enzym natürlich nicht und der eingebaute Fehler macht uns krank.

Auf diese Weise kann man beispielsweise ganz einfach Ratten vergiften. Denn ein häufig eingesetztes Ratten- und Mäusegift enthält einen pflanzlichen Duftstoff, das Kumarin. Kumarin sieht für den menschlichen und tierischen Organismus fast exakt so aus wie das Co-Enzym Vitamin K, das eine entscheidende Rolle zur Herstellung von Enzymen spielt, die zur Blutgerinnung unerläßlich sind. Erhält der Organismus also Kumarin, baut er es statt Vitamin K in die Enzyme. Und schon funktionieren mehrere für die Blutgerinnung zuständige Enzyme nicht mehr. Das Blut verflüssigt sich derart, daß die Ratten und Mäuse innerlich verbluten.

Das ist schlecht für die Ratten und Mäuse. Es ist andererseits gut für manche unter »zu dickem Blut« leidende Patienten, denen man nämlich in geringer Dosis kumarinhaltige Medikamente eingibt oder injiziert und damit das zu klebrige Blut wieder flüssiger macht.

Es ist erstaunlich, wie man die Tätigkeit der Enzyme bereits steuern und gezielt einsetzen kann, seitdem man ziemlich genau weiß, wie sie aussehen und welche Arbeitsbedingungen sie gerne hätten. Auf diese Bedingungen sind sie stark angewiesen.

Beste Arbeitsbedingungen erwünscht

Die Frage, ob man eine derart segensreiche Wirkung, wie sie die Enzyme lediglich dank ihrer Anwesenheit ausüben, als »Arbeit« bezeichnen kann, sollen Soziologen beantworten.

Jedenfalls stellen die Enzyme einige Ansprüche an ihre Umgebung, ehe sie sich wohlfühlen und optimal wirken. Sie sind beispielsweise temperaturabhängig. Die im Menschen wirkenden Enzyme entwickeln die höchste Aktivität im Bereich der Körpertemperatur, ansteigend bis zum hohen Fieber. Bei etwa 40°C Fieber sind die Enzyme in einem wahren Rausch der Aktivität. Im Falle einer Krise erhöht unser Körper deshalb – natürlich auch mit Hilfe von Enzymen –, seine Temperatur und entwickelt Fieber zur stärkeren Aktivierung der für die Bekämpfung der Krise dringend erforderlichen Enzyme. Das macht unser Körper allerdings ungern und nur im Notfall. Denn wenn die Temperatur ein wenig weiter erhöht wird, wenn der optimale Höhepunkt nur etwas überschritten wird, fällt die gesamte Enzymtätigkeit in sich zusammen. Das Eiweiß der Enzyme koaguliert, verfestigt sich und verliert seine Funktionsfähigkeit. Damit stirbt der Mensch. Andererseits verringert sich die Enzymtätigkeit mit sinkender Temperatur. Darum halten Sie auch Butter und Käse im Kühlschrank schön frisch, denn die verringerte Enzymtätigkeit verändert das Leben in Butter und Käse viel langsamer.

Wenn Chirurgen abgetrennte Finger oder Zehen wieder annähen sollen, raten sie dringend, das abgetrennte Glied beim Transport in das Krankenhaus etwa wie Sekt kühl zu halten. Nur Frost verträgt es nicht so gut, also nicht unter 0 °C aufbewahren. So ähnlich ist es auch beim Transport von Leber, Nieren und anderen Organen zur Organverpflanzung.

Bei der Gelegenheit können wir auch die Frage beantworten, die in unserem von Uhr und Tachometer so stark beherrschten Zeitalter naheliegt: Wie schnell sind Enzyme? Wie lange brauchen sie, um ein Substrat in das aktive Zentrum zu locken, es zu verändern und wieder auszustoßen?

Die Antwort darauf ist wieder einmal typisch für die Enzymologie: Es kommt immer darauf an. Denn jedes Enzym entwickelt ein eigenes Tempo, das sich zudem nach den jeweils vorliegenden Arbeitsbedingungen richtet. Man kann sich jedoch eine ungefähre Vorstellung von der Geschwindigkeit der Enzymwirkung machen, wenn man an das lahmste aller Enzyme denkt, das wir zur Zeit kennen, nämlich das Lysozym (es hilft z. B. bei der Vernichtung von Bakterien), das die Veränderung von rund 30 Substratmolekülen pro Minute schafft. Also ganze zwei Sekunden dafür braucht. Da ist der schnellste Spalter unter den Enzymen schon etwas anderes, nämlich die Carboanhydrase (vergessen Sie den Namen gleich wieder), die in einer Minute phantastische 36 Millionen Substrate verändert.

Ehe Sie die Carboanhydrase deswegen grenzenlos bewundern und nichts von dem lahmen Lysozym halten, sei Ihnen gesagt, daß die Geschwindigkeit der Substratumwandlung nicht immer gleichbedeutend ist mit der Wirkungsintensität. Warum das im Einzelnen so ist, würde eine umständliche Wanderung durch den Dschungel der Biochemie zur Erklärung erfordern. Es hat natürlich etwas mit den Arbeitsbedingungen zu tun.

Eine weitere von den Enzymen geforderte ideale Arbeitsbedingung ist übrigens das richtige Milieu. Jede Enzymsorte fühlt sich in einem bestimmten Milieu wohl. Sie braucht entweder eine eher sauere oder eine eher basische Umgebung. Auf biochemisch gesagt: Jedes Enzym besitzt ein pH-Optimum.

Außerdem macht das Enzym seine Arbeitslust davon abhängig, ob viel Substrat auf Veränderung wartet oder ob schon viel daraus entstandenes Produkt herumschwimmt. Je mehr Substrat, je höher die Enzymaktivität. Je mehr Produkt, um so geringer die Enzymaktivität.

Leben und sterben für das Allgemeinwohl

Wie bereits mehrfach erwähnt wurde, ist diese Tätigkeit keine Tätigkeit im eigentlichen Sinne, sondern lediglich die – eine bestimmte Wirkung auslösende – Anwesenheit eines dadurch nicht veränderten Eiweißkörpers. Wobei auch diese Aussage wieder einmal nicht so hundertprozentig stimmt.

Jedes Eiweiß verändert sich im Laufe der Zeit und besitzt kein ewiges Leben. Es altert. Deshalb altern auch Enzyme. Sie lassen in ihrer Perfektion immer mehr zu wünschen übrig, irgendwann ist das aktive Zentrum nicht mehr so paßgetreu geformt, Fehler schleichen sich ein. Wenn ein Enzym derartige Verschleißerscheinungen zeigt, wenn es überaltert ist, dann kommt ein anderes Enzym und macht mit ihm kurzen Prozeß. Der Kollege wird zerspalten, aufgelöst und abtransportiert, ohne auch nur ein Dankeschön zu hören. Der Kannibalismus funktioniert, weil Enzyme denaturiertes, sozusagen schlecht gewordenes Eiweiß bevorzugen. Und wenn der Kollege denaturiert, dann ist das eben ein besonderer Leckerbissen.

Manche Enzyme leben nur rund 20 Minuten und müssen danach von neuhergestellten Enzymen dieser Sorte ersetzt werden. Andere bleiben mehrere Wochen aktiv, ehe auch sie aus Altersgründen ausscheiden.

Daß Enzyme andere Enzyme auffressen, sollte man nicht als Feindschaft verstehen. Im Gegenteil, zu den besonders faszinierenden Eigenschaften des Enzymsystems zählt die unglaublich große Fähigkeit aller Enzyme, miteinander zu kooperieren. Sich, wenn erforderlich, zu Gemeinschaften zusammenzuschließen, die wiederum mit anderen Enzymgemeinschaften ständig Informationen

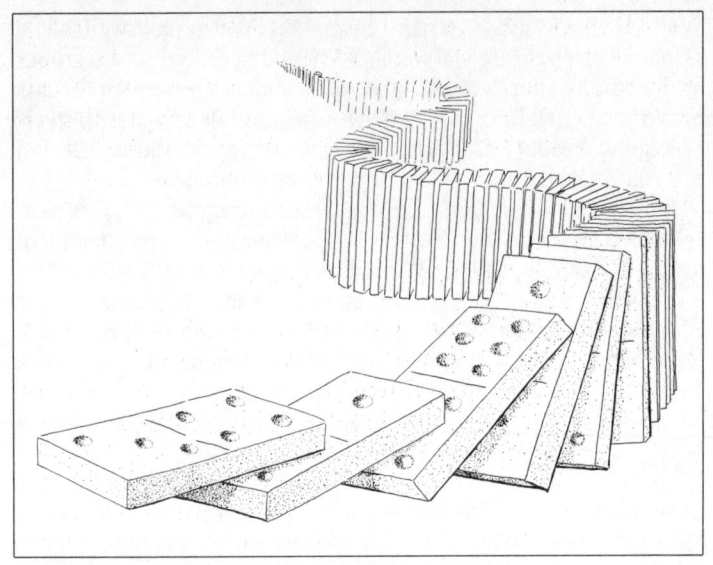

Enzymkaskade: Wie hier ein Dominostein den nächsten anstößt, dieser wieder den nächsten u. s. w., aktiviert ein Enzym das nächste, dieses ein weiteres und so fort

austauschen und somit die Harmonie innerhalb aller Lebensvorgänge aufrechterhalten: Das Gleichgewicht aller Systeme und das gemeinsame Streben in eine gleiche Richtung.

Das kann kein einzelnes Enzym bewerkstelligen. Hier kann nicht jedes Enzym vor sich hin werkeln und hoffen, daß es so schon richtig sein wird. Wenn wir begreifen würden, wie alle Enzyme ohne Diktatur freiwillig miteinander einem gemeinsamen Lebensziel zustreben, könnten wir daraus eine ideale Staatsform entwickeln. Um bestimmte wichtige große Aufgaben im Organismus zu erledigen und dort das System im idealen Gleichgewicht zwischen Zuwenig und Zuviel zu halten, arbeiten Enzyme oft in hintereinander geschalteten Stufen, in sogenannten Enzymkaskaden.

Ein Enzym aktiviert das nächste Enzym, das wiederum aktiviert noch ein Enzym, bis endlich ein letztes Enzym die beabsichtigte

Wirkung auslöst. Das geschieht einmal aus Sparsamkeit, weil solche kleinen Einzelschritte viel weniger Energie erfordern als ein großer und komplizierter Schritt. Und zum anderen geschieht es aus Sicherheit. Zum Beispiel bei der Blutgerinnung oder der Blutverflüssigung. Bei der Verengung oder Erweiterung der Blutgefäße. Bei der Alarmierung und Aktivierung der Abwehrkräfte.

Bei diesen Vorgängen darf der Organismus nie weit von dem schmalen Weg zwischen Zuviel und Zuwenig abweichen, darf nicht in ein Extrem verfallen. Wir würden sonst an Arteriosklerose erkranken oder als Bluter in Gefahr geraten, wir würden unter Bluthochdruck oder zu niedrigem Blutdruck leiden, oder bei einem fehlerhaft arbeitenden Abwehrsystem dem nächsten Angriff von Körperfeinden erliegen.

Sicher ist sicher

Diese Risiken bestehen, weil Enzyme nun einmal ziemlich sture Spezialisten sind, die wie auf Knopfdruck ihre Wirkung ausüben. Denen es vollkommen egal ist, ob das Substrat, das ihnen präsentiert wird, aus dem menschlichen Organismus stammt, aus Tieren oder Pflanzen. Wenn die Form des Substrates mit dem aktiven Zentrum übereinstimmt, die allgemeinen Arbeitsbedingungen in Ordnung sind, dann üben die Enzyme ihre spezifische Wirkung aus, fertig. Das macht einerseits ihre vielfache Anwendbarkeit aus, andererseits kann das aber auch gefährlich werden, falls sie unkontrolliert drauflosarbeiten. Deshalb gibt es in jedem lebenden Organismus nicht nur die erforderlichen Enzyme, sondern auch stets eine doppelte Sicherung gegen den unbeabsichtigten Einsatz dieser Enzyme.

Das leuchtet ein. Denn immer wieder wird gefragt, warum die eiweißauflösenden Enzyme eigentlich nicht auch uns selbst auflösen. Schließlich bestehen wir zum größten Teil aus Eiweiß. Oder denken Sie an das Pepsin: Pepsin verdaut im Magen das Eiweiß der Nahrung. Warum verdaut es dann nicht auch den ebenfalls aus Eiweiß bestehenden Magen?

Die doppelte Sicherung funktioniert – wieder vereinfacht ausgedrückt – etwa folgendermaßen: Die Enzyme, die wir in unserem Organismus ständig neu herstellen, sind zunächst nicht aktiv. Denn sie besitzen an einer Stelle der Aminosäurenkette spezielle Aminosäuren, die jede Aktivität zunächst blockieren. Wie der Sicherungshebel bei einer Waffe.

So schwimmen die harmlosen Enzyme also überall im Blut- und Lymphstrom umher, es sind zig-Millionen absolut ungefährlicher Gebilde. Erst dann, wenn an einem Ort im Organismus eine bestimmte Enzymreaktion benötigt wird, beißt ein für diesen Zweck wiederum extra aktiviertes Enzym den Sicherungshebel vom Enzym ab. Jetzt erst ist es bereit zum Empfang und zur Veränderung seines passenden Substrates. Das ist also die erste Sicherung.

Die zweite Sicherung bilden die Enzymhemmer. In der Biochemie bezeichnet man sie als Enzyminhibitoren. Diese körpereigenen Enzyminhibitoren sind in der Lage, bei einer zu großen Anzahl aktiver Enzyme durch Anlagerung an das aktive Zentrum diese Enzyme außer Gefecht zu setzen. Manche Enzyminhibitoren bleiben für den Rest der Lebenszeit dieses Enzyms dort kleben, andere verschwinden wieder und das nur vorübergehend gehemmte Enzym kann danach wieder aktiv weitermachen.

Es gibt auch körperfremde Enzyminhibitoren. Zum Beispiel das bereits erwähnte Rattengift Kumarin. Überhaupt gehören viele Gifte dazu. Schlangengifte und Insektengifte wirken durch Enzyminhibitoren, die in dem vom Gift betroffenen Organismus gewisse Enzyme schachmatt setzen und dadurch den Stoffwechsel derart aus dem Gleichgewicht bringen, daß der Organismus sterben kann, falls man nicht rechtzeitig die fehlenden Enzyme ersetzt.

Man hat zahlreiche weitere Stoffe entdeckt, mit deren Hilfe man gezielt bestimmte Enzyme neutralisieren kann, um damit absichtlich störend in den Ablauf des Stoffwechselgeschehens eingreifen zu können. Das berühmteste Medikament der Welt funktioniert nach diesem Prinzip. Man wußte das zwar lange Zeit nicht und hat es – auch ohne den Grund zu kennen – jahrzehntelang in unvorstellbaren Mengen verabreicht, weil es nun einmal wirkt: Aspirin.

Aspirin besteht aus Acetylsalicylsäure. Diese Säure kann sich als

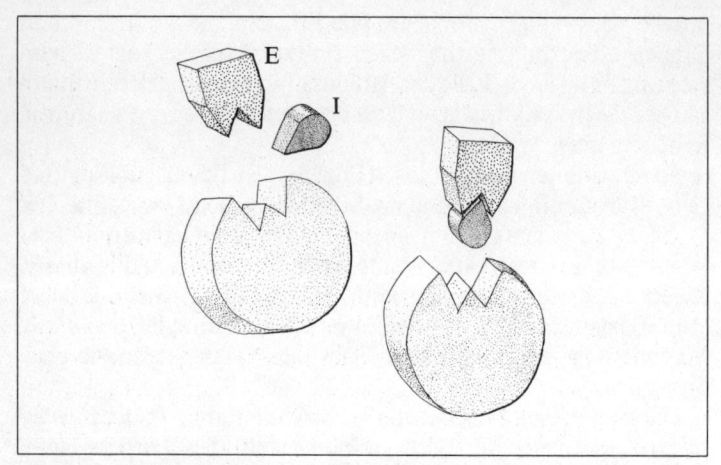

Ein Enzyminhibitor (I) blockiert das aktive Zentrum des Enzyms (E)

fremder Stoff fest an ein Enzym mit dem komplizierten Namen Cyclooxygenase anlagern, das im Blutgerinnungs- und Entzündungsablauf eine Rolle spielt. Auf diese Weise hemmt die Säure die Blutgerinnung, und das Blut wird deshalb dünnflüssiger. Sie hemmt den Entzündungsvorgang, damit werden die Entzündungen und der Schmerz verringert.

Oder denken Sie an die Antibiotika, etwa an das Penicillin. Oder an Steroide, also etwa an Kortison. Immer geht es um eine gewollte Störung der Aktivität bestimmter Enzyme durch das hemmende Anlagern an das Wirkzentrum.

Das sind nur ein paar Beispiele für die Nutzung unseres Wissens über die Enzyme. Ein Wissen, das hier nur angedeutet werden kann, um die Geduld des Lesers nicht allzusehr zu strapazieren.

Geduld, die sich lohnt. Wenn Sie tatsächlich dieses Kapitel bis zu dieser Zeile einigermaßen aufmerksam gelesen haben, zählen Sie zu dem kleinen Teil der Menschheit, der so viel über etwas weiß, was letztendlich entscheidend über unsere Gesundheit, unsere Gesundung und unser ganzes Leben bestimmt.

4. KAPITEL

Natur und Technik: Der Geist aus der Flasche

Märchen, jedenfalls die uralten Märchen sind voller Bedeutung und Symbolkraft. Wie die Märchen von Tausendundeinernacht, die Geschichte von dem jungen Mann, der zwischen Wasser und Erde am Strand eine Flasche findet, sie öffnet – und es entsteigt ein Hauch, der sich zu dem Geist formt, der alles schafft, was immer der Mann begehrt. Das ist eng verbunden mit dem alchemistischen Wissen der Araber. Es erinnert an die Versuche der Alchemisten des Mittelalters, aus der gläsernen Retorte den Spiritus des wahren Elixiers zu zaubern. Es hat zu tun mit der einzigen Kraft, die man seit Jahrtausenden tatsächlich in der Flasche wußte und die fähig ist zu vielen Wundern: die Kraft, die den süßen Saft der Trauben zu Wein verwandelt.

Man ahnte, daß eine solche Kraft in allem verborgen sein muß, was Leben hat. Es war nur die Frage, wie man sie aus der Verborgenheit herausholen und zu einem willigen Diener machen könnte, der alle Wünsche erfüllt: Wie wird der Traum von der Dressur der allmächtigen Enzyme wahr?

Es hat keinen Sinn aufzuzählen, wo die Enzyme in der Natur verborgen sind. Sie befinden sich schließlich überall, im Menschen, in den Tieren, in den Pflanzen und in den winzigen Mikroorganismen, die an der Grenze zwischen belebter und unbelebter Materie stehen. Wir können uns höchstens einzelne Beispiele dafür herauspicken, wie die Natur die Enzyme nutzt. Zu welchen besonderen Zwecken sie – außer zur Produktion und Reproduktion des Lebens – eingesetzt werden.

Seit Adam und Eva: Enzyme in der Natur

Als Adam in den von Eva angebotenen Apfel biß, hätte er, falls er in diesem Augenblick nicht mit anderen Dingen beschäftigt gewesen wäre, bereits solch ein Beispiel beobachten können. Der

Mit Hilfe von Enzymen bildet der Apfel über der Bißstelle eine Schutzschicht

Apfel überzog sich an der Bißstelle mit einer immer bräunlicher werdenden Schicht. Dieser von Enzymen ausgelöste Vorgang dient dem sofort einsetzenden Versuch des Apfels, diese große Wunde zu verschließen. Es ist eine Schutzschicht, die das Innere vor Austrocknung, Bakterien, Schimmelpilzen und anderen Gefahren bewahren soll. Zugleich soll unter der Schutzschicht ein Heilungsvorgang ermöglicht werden durch andere dafür geeignete Enzyme.

Und wenn Sie sich verletzen, bildet sich nach diesem gleichen Prinzip über der Wunde sofort eine von alarmierten und aktivierten Enzymen gebildete Schutzschicht.

Der Schutz vor feindlichen Einflüssen, aber auch der Angriff auf Feinde, wird auf vielfältige Weise in der Natur mit raffinierten Enzymsystemen bewerkstelligt.

Pilze sind eigentlich schutzlos. Da sie keine Stachel tragen, keine harte Schale haben, versuchen einige sich dadurch vor dem Gefressenwerden zu schützen, daß sie Gifte enthalten, die den Fresser enzymatisch schädigen. Wir Menschen besitzen keine

Enzyme in unserem Organismus, die fähig wären, die Pilzgifte einzufangen, aufzulösen und abzutransportieren.

Manche Tiere allerdings haben im Laufe der Evolution gelernt, derartige Enzyme zu entwickeln. Schweine zum Beispiel, die uns ansonsten physiologisch erstaunlich ähnlich sind, besitzen im Gegensatz zu uns Enzyme, die das Eiweiß von Pilzgiften knacken können. Hergestellt wird dieses Spezialenzym von einem Bakterium im Magen des Schweines. Es gibt viele Tiere, die dank ihrer Enzyme gegen Schlangenbisse oder Insektenstiche unempfindlich sind, an denen andere Tiere sterben würden.

Für diesen Enzymkrieg gibt es auch unter Pflanzen ein kurioses Beispiel. In Afrika wächst eine Pflanze, die so ähnlich aussieht wie unser Vergißmeinnicht. Es ist eine ungemein empfindliche, zarte Pflanze, die noch dazu viel Platz zum Gedeihen benötigt. Normalerweise würde sie von den benachbarten Pflanzen rigoros überwuchert werden und eingehen. Deshalb bildet sie ein fluorhaltiges Gift, das mit dem Regenwasser an die Wurzeln der benachbarten Pflanzen geschwemmt wird. Die Nachbarpflanzen besitzen kein passendes Enzym, um dieses Gift aufzulösen, sie gehen allesamt ein. Bis auf ein einziges kleines und unscheinbares Kraut, das genau das hier erforderliche Enzym entwickelt hat und deshalb überlebt. Nach einem längeren Regen wächst an diesen Stellen bald nur noch die empfindliche giftspritzende »Mörderpflanze« und das kleine, unscheinbare Kraut mit dem enzymatischen Gegenmittel.

Eine ungewöhnliche Geschichte. Aber die Natur hat noch merkwürdigere Phänomene zu bieten: Enzyme schaffen es, Licht zu produzieren, ohne zusätzliche Energie dafür aufzuwenden. Also kaltes Licht. Jedes Glühwürmchen ist dazu in der Lage. Dieses Phänomen nennt man Biolumineszenz, also etwa »Lebenslicht«. Nicht nur die Glühwürmchen und ihre blinkenden Verwandten in vielen tropischen Ländern lassen ihr Lebenslicht leuchten. Biolumineszenz findet man auch bei vielen Fischen, Krebsen, Schwämmen in der Dunkelheit der Meerestiefen, aber auch bei Käfern, Tausendfüßlern und Würmern. Ein besonders leuchtendes Beispiel dafür ist der sogenannte Eisenbahnwurm aus Uruguay. Er bringt es sogar fertig, zweifarbig zu glühen: rechts und links an den Seiten des

Körpers leuchten in einer Reihe lauter kleine grüne Lichter, vorn am Kopf hat er dagegen zwei rote Lämpchen. Nur er allein weiß bis jetzt, warum.

Auf der Suche nach einem weiteren Lebewesen, das zur Biolumineszenz fähig ist, brauchen wir nicht in Meerestiefen zu tauchen oder nach Uruguay zu reisen. Wir selbst sind in dieser Beziehung ziemliche Leuchten, wenn auch schwache: Die Makrophagen – wichtige Freßzellen in unserem Immunsystem – können leuchten. Auch im Darm kann es zum Leuchten kommen. Das lassen wir durch körperfremde Mikroorganismen erledigen, die über ein dafür speziell wirkendes Enzym verfügen.

Es scheint kaum Grenzen für die Enzyme zu geben. So hat es die Natur fertiggebracht, die eigentlich temperaturabhängigen Enzyme im Organismus von Embryos einer Garnelenart so zu verpacken, daß die Embryos quasi unbegrenzt im ewigen Eis oder in der Trockenheit der Wüste überleben können. Man hat Mikroorganismen entdeckt, deren Enzyme sich in 100°C heißer Vulkanlava wohlfühlen, und sterben, wenn die Lava nicht mehr kocht. Es gibt also Leben in der Lava der Vulkane. Es gibt auch Leben im Schwefel, weil Schwefelbakterien sich enzymatisch vom Schwefel ernähren können. Es gibt in manchen Eisenerzminen winzige Mikroorganismen, die Eisen enzymatisch umwandeln. Der Traum, Metalle lebendig zu machen, nähert sich hier der Realität.

Die Alchemisten ahnten, was den dienstbaren Geist in der Flasche bewegt. Die Wissenschaft liefert nach und nach die Erklärung.

Nach der Natur die Technik

Je mehr die Wissenschaft über die Welt der Enzyme erfahren hat, um so stärker wurde verständlicherweise der Wunsch, diesen wundervollen Geist aus der Flasche zu locken und uns dienstbar zu machen.

Das Gebiet, auf dem die Wissenschaftler das zu erreichen suchen, ist die Biotechnologie. Sie entwickelte sich bislang in vier Stufen:

Nach der Natur die Technik

1. Vom Beginn der Menschheit an bis etwa zum Jahr 1800, als man einige biologisch ablaufende Prozesse zwar ständig einsetzte, aber kaum eine Ahnung hatte, welcher Mechanismus diesen Prozessen zugrunde liegt.
2. Die Zeit zwischen 1800 und 1900, eine Periode, in der man die ersten wichtigen Prinzipien der Biochemie entdeckte und die biologische Umwandlung von Stoffen bewußt zu nutzen begann.
3. Die Zeit nach 1900, als die Industrie die grenzenlosen Möglichkeiten der Biotechnologie erkannte und in immer größerem Ausmaß entwickelte und einsetzte.
4. Die Zeit seit 1970, dem Beginn der Gentechnologie, und damit dem Beginn eines Zeitalters, in dem uns die Dressur der Enzyme zu gelingen scheint.

Bereits in der Bibel gibt es zahlreiche Hinweise auf die Biotechnologie. Denn dort ist die Rede von der Verwandlung der Trauben in Wein, von dem Teig zu Brot, von der Milch zu Käse. Wer sich hinsetzt zu einem Glas Wein, einem Stück Brot und einem Stück Käse, der nimmt damit die ältesten Ergebnisse einer vom Menschen gezielt eingesetzten Biotechnologie zu sich. Es ist der Grundstock, auf dem die Bioindustrie alles weitere aufgebaut hat. Bis hin zu dem heute erreichten Standard, der unser tägliches Leben und sicherlich unser Überleben auf der Erde bestimmt.

Eine Rettung vor irgendwelchen drohenden Umweltkatastrophen ohne den Einsatz gentechnologisch gesteuerter Enzymtechnik ist wohl nicht denkbar.

Bleiben wir bei den etwas einfacheren Dingen der Biotechnologie. Den mengenmäßig größten Verbrauch an Enzymen haben wohl die Bierbrauer.

Zigtausende von Tonnen mit dem Malz verbundener Amylasen sorgen für die Gärung. Das sind Verdauungsenzyme, wie wir sie auch in unserem Organismus bilden. Es hat mit der Umsetzung von Stärke in Zucker zu tun, mit Gärung, und wird heute von den Brauereien mit immer komplizierteren und raffinierteren biotechnologischen Prozessen gesteuert.

Amylase ist es auch, die in der Hefe den Teig zu Brot verwandelt.

Amylase ist demnach auch das ursprüngliche »Enzym«, denn das aus dem Griechischen entlehnte Wort bedeutet »im Sauerteig«. Damit war die darin enthaltene, die Verwandlung bewirkende Hefe gemeint. Wie wir heute wissen: die Amylase.

Stärke wird durch Amylase zerlegt. Das ist ein aus der Nahrungsmittelindustrie nicht mehr fortzudenkender Prozeß. Lieferant für die Amylase waren früher Malz, Getreide, aber auch Mikroorganismen wie etwa Schimmelpilze. Schokoladensirup wird beispielsweise hergestellt, indem man Kakaostärke von verschiedenen aus Pilzen gewonnenen Amylasen zersetzen läßt.

Heute hat man die Herstellung der meisten Amylasen ziemlich sicher im Griff. Die Bioindustrie kann sie fast nach Bedarf liefern. Dieser Bedarf ist riesig und beschränkt sich nicht auf die Amylasen, sondern umfaßt eine kaum noch zu überschauende Anzahl weiterer Enzyme. Sie werden beispielsweise zur Konservierung vieler Lebensmittel benötigt, etwa zur längeren Haltbarkeit von Mayonnaise oder auch Milchpulver und Corn Flakes, um Süßstoffe herzustellen, um Obstsäfte zu klären und tausend andere Dinge mehr.

Die Zartmacher

Die Fleischindustrie setzt voll auf Enzyme, wenn es darum geht, das Fleisch zart zu machen. Daß Enzyme fähig sind, das Eiweiß des Fleisches zu spalten, weiß man zumindest seit den berühmten Versuchen von Réaumur und Spallanzani. Man weiß auch, warum Fleisch zart wird, wenn man es in Kühlhäusern »abhängen« läßt. Bei dieser Temperatur arbeiten die eiweißspaltenden Enzyme, die Proteasen, mit gebremster Kraft. Man kann deshalb gut kontrollieren, wie das Fleisch langsam schön zart wird. Es landet dann in unseren Töpfen und Pfannen, wenn der richtige Zeitpunkt der enzymatischen Zersetzung gekommen ist, ehe das Fleisch also durch die weitere Spaltung ungenießbar wird. Bei höheren Temperaturen wäre die Tätigkeit der Proteasen derart angekurbelt, daß sie das Fleisch rasch zersetzen, sogar verflüssigen würde. Zusätzlich wäre es den Angriffen von Bakterien ausgesetzt.

Nichts als Käse

Die Erfindung des Käses ist, wenn wir einer alten Legende Glauben schenken dürfen, durch eine Fügung des Schicksals einem arabischen Händler geglückt, Allah sei Dank. Dieser Händler schaukelte ahnungslos auf seinem Kamel quer durch die Wüste und hatte zu seiner Erfrischung Milch mitgenommen, die er in einem aus Schafsmagen hergestellten Beutel an die Seite des Kamels gehängt hatte. Die Hitze der Sonne, das Schaukeln des Kamels und das im Schafsmagen noch verbliebene Verdauungsenzym, das sogenannte Labferment, veränderten unterwegs die Milch zu weichem Käse und zu Molke. So hatte der arabische Händler zu essen und zu trinken. Und wurde zum Vater des Käses.

Die »Erfindung« des Käses

Bald war klar, daß dieses im Schafsmagen befindliche Labferment der eigentliche Starter jeder Käsebildung ist. Es wird heute in der Biotechnologie nicht mehr Labferment genannt, sondern Chymosin oder Rennin. Es war sogar das erste Enzym, das man isolieren konnte.

Jahrhundertelang wurde Chymosin zur Käseherstellung benutzt. Man holte es sich aus dem vierten Magenteil aller Wiederkäuer. Allerdings nur bei den ganz jungen, bei Kälbern und Lämmern. Wenn die Kälber und Lämmer nämlich erst einmal anfingen, Gras zu fressen, erschien in dem Magenteil neben Chymosin auch das Verdauungsenzym Pepsin. Und das konnte man zur Käseherstellung nicht gebrauchen, es verändert u. a. den Geschmack. Übrigens hat auch der Säugling dieses Chymosin in seinem Magen, das bei veränderter Nahrungsaufnahme aus seinem Verdauungssystem verschwindet. Spuckt ein nur mit Milch gefüttertes Baby etwas von der Milch wieder aus, riecht es käsig. Schuld daran ist das Chymosin.

Früher hatte man genügend aus Kalbsmagen gewonnenes Chymosin zur Verfügung. Aber mit der steigenden Fleischproduktion gab es immer weniger ganz jung geschlachtete Milchkälber und mit der steigenden Käseproduktion gab es einen immer größeren Bedarf an Chymosin.

Man suchte deshalb nach Ersatzenzymen, doch sie waren alle nicht so gut geeignet wie das Chymosin. Der italienische Käse wird übrigens häufig zusätzlich mit einem aus den Halsdrüsen der Kälber und Lämmer gewonnenen Enzym hergestellt, eine Besonderheit, die den typischen pikanten Geschmack vieler italienischer Käsesorten erzeugt.

Die Bioindustrie hat mittlerweile das Problem der Chymosinproduktion elegant gelöst. Es ist gelungen, das Enzym zu dressieren. Es wird von billigen und willigen Mikroorganismen vermehrt.

Eine saubere Sache

Die schon erwähnten Proteasen und Amylasen, mit denen man bereits so viel bei der Herstellung von Nahrungsmitteln in der Nahrungsmittelindustrie erreicht hat, wurden auch von der Waschmittelindustrie bei der Herstellung von Waschmitteln eingesetzt. Dabei ergab sich ein kleines Problem: Die aus tierischen Proteasen gewonnenen Enzyme lösten zwar Schmutzpartikel auf, aber sie taten es nicht in der Kochwäsche. Denn bei den hohen Temperaturen starben die Enzyme.

Auch dieses Problem wurde gelöst. Indem man ähnliche Enzyme aus bestimmten Bakterien auswählte, die etwas weniger temperaturempfindlich waren und die man auf dem Wege der Fermentation gut vermehren konnte. Das war die Geburt der enzymatischen Detergentien.

Die ersten mit diesen Detergentien arbeitenden Waschmittel kamen nicht etwa in den USA auf den Markt, wie man annehmen würde, sondern 1963 in Holland. Allerdings nur als Vorwaschmittel bis 40 Grad. Denn viel mehr Hitze vertrugen auch diese Bakterien-Enzyme nicht.

Das erste enzymatische Vollwaschmittel, dem man fast so viel Hitzestabilität eingeimpft hatte, wie sie die Enzyme in der Vulkanlava besitzen, erschien dann 1967 auf dem Markt. Durch sie kam es bisweilen zu Hautirritationen und Allergien. Die Enzyme wurden darum mehrfach verändert und schließlich verboten. Die Bioindustrie ist noch heute damit beschäftigt, die optimalen Enzyme zu finden, um sie in die Waschmittel einzubauen.

Bei der Fleckenentfernung und chemischen Reinigung spielen selbstverständlich die eiweißauflösenden Enzyme ebenfalls eine große Rolle. Ebenso bei der Reinigung von Abflußrohren, bei der Trinkwasseraufbereitung, in der Textilindustrie und Lederindustrie, bei der Vernichtung der in der Papierindustrie massenhaft anfallenden Cellulose und bei der Auflösung von Ölteppichen. Dies nur als kleine Auswahl.

Enzymherstellung nach Wunsch

Die bisher erzielten Erfolge in der Biotechnologie sind bewundernswert. Der dienstbare Geist aus der Flasche ist zwar noch nicht bereit, alle unsere Wünsche zu erfüllen. Aber wir sind auf dem besten Wege dazu, seitdem es gelungen ist, dank geduldiger Forschung –

die Japaner sind hier führend – immer mehr Enzyme zu zähmen und ihnen etwas von der Empfindlichkeit zu nehmen.

Das gelang hauptsächlich mit Hilfe der Mikroorganismen. Ein Begriff, der nun schon mehrfach aufgetaucht ist. Mikroorganismen sind mit dem bloßen Auge nicht sichtbare pflanzliche und tierische Kleinlebewesen: Bakterien, Pilze, Algen und Einzeller wie Amöben, Geißeltierchen, Wimperntierchen und viele andere. Bei manchen Mikroorganismen rätselt man sogar, ob sie nun Tiere oder Pflanzen sind. Sie alle besitzen einen einfachen Enzymhaushalt und sind gern bereit zur Herstellung anderer Enzyme. Zudem geben sie ihre Enzyme bisweilen freizügig an ihre Umgebung ab. Man kann deshalb ihre Enzyme leicht herausfiltern.

Andere, wesentlich empfindlichere Enzyme können im Labor an feste Stoffe gebunden werden: sie werden immobilisiert. So vertragen sie eine erheblich gröbere Behandlung und leben viel länger. Gerade auf diesem Gebiet der immobilisierten Enzyme erhoffen sich die Biotechniker die größten Fortschritte, bis hin zur generellen Beherrschung der wichtigsten enzymatischen Prozesse.

Die Projekte, an denen sie arbeiten, hören sich phantastisch an. Erinnern Sie sich zum Beispiel noch an das eingefrorene oder eingetrocknete Garnelenbaby? Professor Steven Hand von der University of California in Davis ist hinter dieses Naturgeheimnis gekommen. Er untersuchte nämlich die Embryos dieser Garnelenart, denen es überhaupt nichts ausmacht, wenn man sie einfriert oder trocknet. Man kann sie jahrelang in einem Zustand herumliegen lassen, der nach allen äußeren Zeichen als »tot« gilt. Es gibt noch andere Lebewesen, die in diese Starre verfallen: manche Muscheln und Wüstenpflanzen.

»Wenn man diese Organismen über lange Zeit hinweg trocken daliegen läßt und dann Wasser zusetzt, erwachen sie zu perfekten Lebewesen. Wie Kaffepulver: Wasser zusetzen und schon haben wir aromatischen Kaffee«, erklärte Professor Hand. Er fand heraus, daß dieser Garnelenembryo seine Enzyme in einer dicken Flüssigkeit einlagert, die Trehalose enthält, einen Zucker. Dieser Zuckersirup schützt die Enzyme vor Kälte und Austrocknung.

Daraufhin löste Hand andere, normalerweise sehr temperaturempfindliche Enzyme in einer Trehalose/Zink-Lösung auf, fror sie ein, taute sie auf, fror sie ein, taute sie auf und stellte fest, daß auch nach dieser mehrfachen Prozedur die Aktivität der Enzyme so gut wie nicht gelitten hatte. Wenn die Kinderkrankheiten dieser neuen Methode überwunden sind, wird sie zahllose Anwendungen finden. So wäre es damit möglich, das sehr temperaturempfindliche Insulin zu stabilisieren.

Auf einem ganz anderen Weg, nämlich mit Hilfe der Gentechnik, ist man bei der Firma Genencor in San Francisco dabei, die Aminosäuren in der Kette von Verdauungsenzymen derart umzustöpseln, daß sie sowohl ihre Empfindlichkeit gegenüber Temperaturen und als auch gegenüber dem herrschenden Säure/Basen-Milieu verlieren. Sie werden auch sonst umgepolt: Statt Fette und Öle aufzulösen, sind diese gentechnisch veränderten Enzyme in der Lage, im Gegenteil Fette herzustellen. Sie könnten dann billiges Palmöl zu Kakaobutter verwandeln oder andere Kunststücke vollbringen.

Noch einmal: Es werde Licht

Nicht jeder Fortschritt muß unbedingt ein langerwarteter Segen für die Menschheit sein. Als Nebenprodukt werden bisweilen auch Dinge abfallen, auf die man unter Umständen gut verzichten könnte. Etwa bei der Sache mit der Biolumineszenz. Wir wissen nicht, warum der Eisenbahnwurm in Uruguay zweifarbig leuchtet. Wir wissen dafür, wie er es macht. Wie er biotechnisch sein Lebenslicht anknipst.

Denn Biolumineszenz wird generell immer nach dem gleichen Prinzip erzeugt: ein nach dem Teufel Luzifer benanntes Enzym, die Luziferase, bringt unter Mitwirkung von Sauerstoff ein komplexes Molekül namens Luziferin zum Leuchten.

Diese Prozedur hat man im Labor nachvollzogen: Man hat aus Leuchtkäfern das Luziferin und die Luziferase gewonnen und in einem Teströhrchen mit Magnesiumionen und einem wichtigen energiespendenden biochemischen Stoff namens ATP gemixt. Schon leuchtete der Inhalt des Röhrchens auf.

Dr. David Ow von der University of California in San Diego ist Spezialist auf diesem Gebiet. Er geht mit Luziferin und Luziferase so souverän um, daß es für ihn eine Kleinigkeit ist, irgendeinen lebenden Organismus damit zum Leuchten zu bringen. Er baut etwa in das Erbgut eines Tabakpflanzenkeimes das Luziferase-Gen ein, stellt den Keim in eine Luziferin-Lösung, der Keim beginnt zu sprießen und geheimnisvoll grün zu leuchten.

Das hat durchaus noch einen Sinn. Denn nach der Perfektion dieser Methode kann man Tests wie nie zuvor betreiben. An der Leuchtkraft derart behandelter und durch Klonen vermehrter Pflanzen kann man zum Beispiel tatsächlich optisch sehen, ob das Erbgut durch Mutation verändert wurde oder nicht.

Meeresbiologen am Scripps Oceographic Institute in San Diego gingen bei der Beherrschung der Biolumineszenz einen anderen Weg. Sie holten aus den einfacher zu handhabenden Mikroorganismen, die für das Meeresleuchten verantwortlich sind, ein selbstleuchtendes Genpaket und setzten dieses LUX genannte Genpaket – in dem sich natürlich ebenfalls Luziferin und Luziferase befinden – in krankheitserregende Bakterien. Durch das Leuchten damit infizierter Pflanzen kann man genau verfolgen, wo sich die Bakterien befinden.

In der medizinischen Diagnostik werden biotechnische Kunststücke dieser Art natürlich auch ihren Wert beweisen.

Nur ein Nebenprodukt dieser faszinierenden wissenschaftlichen Errungenschaft ist eben nicht unbedingt das, worauf wir dringend gewartet haben. Man könnte, so überlegten nämlich die amerikanischen Meeresbiologen, dieses Leuchtpaket LUX genauso gut in die Blumen am Straßenrand oder in die Weihnachtsbäume einbringen. Und fährt dann nachts an geheimnisvoll leuchtenden Blumen vorbei oder steht andachtsvoll unter einem Weihnachtsbaum, der aussieht, als wäre er von einer Heerschar von Glühwürmchen besetzt.

Kümmern wir uns lieber um eine Nutzung der Enzyme, auf die es dem Leser sicherlich in der Hauptsache ankommt. Weil es um ihn selbst geht, um ihn und seine Gesundheit: Die Nutzung der Enzyme in der Medizin.

5. KAPITEL

Medizin: Gehorsame Diener

Es steht in der Bibel. Im 2. Buch der Könige, Kapitel 20: »Als König Hiskia in jenen Tagen auf den Tod erkrankte, begab sich der Prophet Jesaja, der Sohn des Amoz, zu ihm und sagte zu ihm: ›So hat der Herr gesprochen: bestelle dein Haus, denn du mußt sterben und wirst nicht wieder gesund werden!‹« König Hiskia war an Krebs erkrankt. Weinend erflehte er von Gott die Errettung. Der Herr erhörte ihn und sagte zu Jesaja, als der Prophet gerade den Vorhof des Palastes verlassen wollte, er habe beschlossen, Hiskia wieder gesund werden zu lassen. Hiskia solle sogar noch weitere fünfzehn Jahre leben. »Darauf sagte Jesaja: ›Bringt ein Feigenpflaster her!‹ Da holten sie ein solches und legten es auf das Geschwür: da wurde er gesund.«

Das ist der älteste belegte Fall einer Enzymptherapie bei Krebs mit dem Erfolg der völligen Heilung. Denn bereits fünf Jahre Überlebenszeit bedeutet beim Krebs nach medizinischer Auffassung eine Heilung.

Auch primitive Naturvölker in Afrika, Asien, Australien und Amerika haben diese von Gott geschenkte Hilfe bei Geschwüren, bei Wunden und anderen Krankheiten gekannt. Manche träufelten den Saft des Feigenbaumes auf die Wunden, andere legten das Fleisch der Papayafrucht darauf. Oder zerquetschten frische Ananas. In diesen Pflanzen sind besonders viele eiweißauflösende Enzyme enthalten, die erwähnten Proteasen.

Ähnliche Methoden wurden bei uns jahrhundertelang von den Kräuterweibern, den Wundärzten und Badern angewandt. Weil es half. Es war Erfahrungsmedizin. Niemand wäre auf die Idee gekommen, solch eine Behandlung abzulehnen, weil man nicht wußte, auf welchem Wege sie wirkt. Eine mögliche Hilfe kranken Menschen aus diesem Grund zu verweigern, das ist erst uns eingefallen.

Nichts gegen die Forschung. Sie ist wichtig und bringt uns immer

Feigen, Papaya und Ananas sind besonders reich an Proteasen

mehr Erkenntnisse, die wir zur Gesundung und Gesunderhaltung nutzen können. Deshalb sollten wir alles Menschenmögliche unternehmen, um sie zu unterstützen.

Wir verdanken der wissenschaftlichen Forschung die Enträtselung der ersten bislang unbekannten Enzyme. Der ersten eifrigen und hilfreichen Heinzelmännchen, die vieles erledigen, was man zum Leben benötigt.

Und die Wissenschaftler sahen natürlich damals schon, welche aufregenden Chancen eine Dressur der Heinzelmännchen zu gehorsamen Dienern der Medizin bieten würde.

Das vorige Jahrhundert ist deshalb der Zeitabschnitt, in dem wir begonnen haben, eine gezielte, bewußte und nicht nur eine blind instinktive Nutzung der Enzyme in der Medizin zu betreiben. Man unterteilte diesen Einsatz der Enzyme in der Medizin grob in drei Gebiete:

a) Analytik und Diagnose
b) Pharmazeutik
c) Therapie

Die Geschichte hatte allerdings zunächst einen Haken. Um bestimmte Enzyme gezielt einsetzen zu können, mußte man nämlich fähig sein, die einzelnen Enzyme auch tatsächlich zu isolieren. Das war nicht einfach. Viele Versuche schlugen fehl. Viele Theorien blieben nur Theorien, weil die Enzyme nicht absolut rein, absolut frei von jeglichem fremden Eiweiß waren. Noch heute ist es eine der Hauptaufgaben in der Enzymologie, auf immer perfekterem und ökonomischerem Wege exakt isolierte Reinenzyme zu gewinnen. Je besser dies gelingt, um so größer werden die Anwendungsgebiete und um so zuverlässiger die Ergebnisse sein.

Es ist zwar atemberaubend, was wir heute in der Analytik mit Hilfe der Enzyme erreichen, und es ist für Biochemiker auch ein lustvolles Thema, an dem ihr ganzes Herz hängt. Aber eine nähere Erläuterung der enzymgesteuerten Analytik würde so gut wie jeden Leser veranlassen, dieses Buch seufzend beiseite zu legen.

Auch über den biotechnologischen Einsatz von Enzymen in der Pharmazeutik soll hier nur ein zwangsläufig ziemlich oberflächlicher Bericht erfolgen. Es genügt völlig zu wissen, daß Hunderte oder sogar Tausende von pharmazeutischen Substanzen mit der raffiniert eingesetzten Hilfe der gehorsamen Diener schnell und sicher hergestellt werden. Schneller und sicherer, als das auf normalem chemischem Weg möglich wäre.

Sechs Tonnen Insulin

Ein besonderes Kapitel ist die Herstellung von Insulin für den Diabetiker. Der Bedarf an diesem Hormon ist riesig. Man schätzt, daß es auf der Erde zur Zeit rund 120 Millionen insulinpflichtige Diabetiker gibt, in der Bundesrepublik sind es etwa 500 000.

Die fünf bis sechs Tonnen Insulin, die jährlich für die Diabetiker benötigt werden, entnimmt man den Bauchspeicheldrüsen geschlachteter Schweine. Um 100 000 Patienten mit Schweine-Insulin zu versorgen, müssen 3,5 Millionen Schweine geschlachtet werden.

Schweine sind uns Menschen zumindest physiologisch ungemein ähnlich. Darum sind sie die einzigen zur Verfügung stehenden Spendertiere für das beim Diabetiker fehlende Insulin. Aber das Schweine-Insulin ist leider doch nicht exakt so geformt wie das Human-Insulin. Es unterscheidet sich nämlich vom Human-Insulin durch eine einzige Aminosäure in der ziemlich langen Aminosäurenkette. Hier kommen deshalb die proteolytischen Enzyme zum Zuge. Durch einen gezielten Spaltvorgang trennt ein in der Pharmazeutik dafür eingesetztes Enzym diese typisch schweinische Aminosäure ab und schon steht Human-Insulin zur Verfügung.

Allerdings bestand lange Zeit das große Problem der Reinigung. Zu Beginn der Insulinproduktion war es nämlich noch nicht möglich, das vom Schwein gewonnene Insulin völlig von Fremdeiweiß zu befreien. In den menschlichen Organismus eingebrachtes Fremdeiweiß kann aber zu lebensgefährlichen allergischen Schockzuständen führen. Heute wird nur noch hochgereinigtes Human-Insulin eingesetzt.

Man wird wohl bald ganz auf die Hilfe der Schweine verzichten können. Denn die Gentechnologie ist dabei, das Insulin nunmehr in der enzymatischen Maßschneiderei von dressierten Mikroorganismen herstellen zu lassen. Die Japaner sind auf diesem Gebiet heute noch führend.

Der gewollte Irrtum

Eine sehr wichtige Rolle spielen in der Pharmazeutik auch die bereits erwähnten Enzymhemmer. Nicht etwa unsere körpereigenen, das Gleichgewicht der Kräfte kontrollierenden Enzymhemmer sind gemeint. Sondern jene Stoffe, die manchen Bausteinen zur Herstellung der Co-Enzyme täuschend ähnlich sehen, das aktive Zentrum in dem auf das Co-Enzym wartende Enzym versperren und damit meist für immer inaktivieren.

Das ist eine gezielte Schädigung des Organismus. Weil jede künstlich herbeigeführte Enzymhemmung eigentlich vom Organismus benötigte Stoffwechselschritte unmöglich macht. Deshalb sind enzymhemmende Medikamente wie Steroide (Kortisone), Zytostatika (zur Hemmung der Zellteilung bei Krebskranken) oder Antibiotika (zu deutsch »gegen das Leben«) immer mit dem Risiko von deutlichen Nebenwirkungen verbunden. Man sollte sie nur in wenigen Notfällen auf längere Zeit einnehmen, um diese Nebenwirkungen zu begrenzen.

Eigentlich wäre die Aktivierung bei einer Gesundheitsstörung erwünschter Enzyme sinnvoller als die Hemmung bei der Gesundheitsstörung nicht erwünschter Enzyme. In dieser Richtung hat die Pharmakologie und die Medizin schon viel erreicht, aber noch zu wenig genutzt. Dieses Prinzip wird noch gesondert erklärt.

Wissen, was man hat

Weniger Erklärung ist erforderlich bei der Beschreibung der enzymabhängigen Diagnostik. Denn der Mediziner kennt sie in- und auswendig, doch der Patient hat nicht viel davon, wenn er diese seltsamen Bezeichnungen und Werte enträtseln kann.

Nur soviel: Zu Beginn unseres Jahrhunderts haben besonders in Berlin Forscher wie der Bakteriologe Wassermann und der Internist Wohlgemuth entdeckt, wie man an der Aktivität von spezifischen Enzymen auf Störungen im Organismus schließen kann. Wassermann konnte mit Hilfe tierischer Enzyme das Bestehen einer Syphilis nachweisen, seit Wohlgemuth ist es möglich, aus der Aktivität körpereigener Enzyme mit ziemlicher Sicherheit die Diagnose einer Pankreatitis (Bauchspeicheldrüsenentzündung) zu stellen.

Diese geniale Art, auf Grund der im Blut, in der Gehirn-Rückenmark-Flüssigkeit, im Fruchtwasser, Speichel, Bauchspeicheldrüsensekret, Magensaft und Urin festgestellten Enzymaktivität heute sicher und schnell diagnostische Hinweise zu erhalten, läßt sich aus der täglichen Arbeit des Arztes nicht mehr fortdenken. Sie hat die Diagnostik revolutioniert.

Früher war es zeitraubend, auf der Basis chemischer Reaktionen etwa den Blutzuckerspiegel des Patienten zu bestimmen. Das war kompliziert, dauerte mindestens zwei Stunden, und die Blutzuckerwerte, die man dann erhielt, waren außerdem noch ungenau. Heute ist das in wenigen Minuten erledigt und bringt präzise Aussagen. Jeder, der mit einem nur Pfennige kostenden Teststreifen seinen Harnzucker selbst bestimmen möchte, kann das bestätigen.

Die enzymatische Diagnostik läßt sich noch mehr verfeinern, seitdem man weiß, daß sich spezifische Enzyme nach einem festen Muster in den einzelnen Organen konzentrieren. Es gibt sogenannte Enzymprofile, an denen man ablesen kann, ob hier etwas von der Norm abweicht oder nicht.

Fast alle in unserem Organismus befindlichen 2500 oder wieviel auch immer Enzyme sind in unserem Blut zu finden. Deshalb wird die Reaktion mit dem Blut abgezapfter Enzyme noch lange Zeit sicherlich die gebräuchlichste Diagnosemethode bleiben.

Fehler korrigieren

Zugleich mit der enzymverbundenen Analytik, Diagnose und Pharmazeutik hat man natürlich auch überlegt, wie man diese biotechnologisch hervorgezauberten gehorsamen Diener dazu bringen könnte, in der Therapie ihre guten Dienste zu leisten.

So begann eine neue Ära der Enzymtherapie. Sie wurde eingesetzt, um Störungen des Stoffwechsels zu beheben, also Störungen der Organfunktionen oder der Zellbildung, um Stoffwechselvergiftungen zu beseitigen und genetische Fehler zu reparieren.

Genetische Defekte, das haben die Wissenschaftler bald aus den Erkenntnissen über diese biochemischen Werkzeuge zur Herstellung jeder lebenden Materie geschlossen, müßte man durch den Einsatz von Enzymen entweder korrigieren oder aber neutralisieren können. Außerdem sind genetische Defekte immer auch enzymatische Defekte.

Bis jetzt hat man in der medizinischen Literatur mehr als 150 verschiedene Krankheiten beschrieben, die alle auf genetisch bedingten Enzymfehlern beruhen. Entweder bildet der Organismus des Patienten irgendein Enzym überhaupt nicht, oder er hat an Stelle des fehlenden Enzyms ein ähnliches, viel schwächer wirkendes Enzym gesetzt.

Jeder Mensch wird übrigens bereits mit einem Enzymdefekt geboren. Auch jeder Menschenaffe. Denn Menschen und Menschenaffen fehlt im Gegensatz zu allen anderen Säugetieren das Enzym Urikase. Diese Urikase hat eine wichtige Aufgabe beim Abbau der Harnsäure zu erledigen. Wir schaffen den Harnsäureabbau ohne Urikase nicht so gut wie alle anderen Säugetiere und versuchen den Fehler mühsam mit einem Ersatzenzym auszubügeln. Das Ergebnis: Menschen und Menschenaffen lagern unter Umständen die ungenügend abgebauten Harnsalze meist in Gelenken und ihrer Umgebung ab – und das nennt man dann Gicht.

Einige genetisch bedingte Enzymdefekte findet man auch nur oder überwiegend bei manchen Menschenrassen. So ist die schwarze Bevölkerung von einem genetisch bedingten Enzymdefekt betroffen, die zur sogenannten Sichelzellanämie führen kann, während die Hälfte aller Japaner an einem anderen »vererbten Irrtum des Stoffwechsels« leidet, wie man solche Defekte auch genannt hat. Ihnen fehlt weitgehend das zum Abbau von Alkohol erforderliche Enzym Aldehyd-Dehydrogenase. Steigt bei Alkoholkonsum der Anteil eines hierbei gebildeten Stoffes an, weil er von dem fehlenden Enzym nicht abgebaut wird, führt dieser Stoff zu Überreaktionen, zu starker Erregbarkeit und Unwohlsein. Das erklärt einmal, warum manche Japaner, die ohne Alkohol selten eine Gemütsbewegung erkennen lassen, nach Alkoholgenuß völlig außer Kontrolle zu geraten scheinen und sich sehr unjapanisch benehmen. Und es erklärt, warum so viele Japaner generell abstinent sind, sicherlich in Kenntnis dieser das Gesicht nicht wahrenden Reaktion.

Es erklärt auch, warum Frauen eher alkoholisiert sind als Männer. Denn Frauen fehlt ebenfalls weitgehend das genannte Enzym.

Die genetisch bedingten Enzymdefekte besitzen sehr unterschiedliche Bedeutungen. Manche Defekte führen zu Folgen, die man kaum spürt, andere haben einen merklichen Krankheitswert und einige wenige führen zum Tod, besonders bei Säuglingen und Kindern.

Eine Reparatur der Enzymdefekte durch enzymatische Maßnahmen wird zwar von der konservativen Medizin angestrebt, hat jedoch bis jetzt nicht sehr viel gebracht. So konzentriert man sich auf die Beseitigung der Folgen dieser Defekte.

Gift und Gegengift

Die Folgen bestehen meistens in der Ansammlung und Ablagerung der wegen des Enzymdefektes nicht verarbeiteten Stoffe. Sie wirken dann wie Körpergifte. Bei der Entgiftung mit Hilfe von Enzymen ist man einige Schritte vorangekommen.

Ein berühmtes Beispiel ist die Behandlung von Giftgasopfern. Eines der furchtbarsten Giftgase ist das Nervengas Lost, auch Senfgas genannt. Es wirkt durch Enzymhemmung bei der Übertragung von Nervenimpulsen. Seltsamerweise besitzt eine Art von Tintenfischen genau das Enzym, das dazu fähig ist, den im Senfgas wirkenden Enzymhemmer zu zerstören. Das Tintenfisch-Enzym wurde isoliert und kann nunmehr – rechtzeitig angewendet – das Leben von Giftgasopfern retten.

Ein anderes Beispiel ist die Dialyse bei einer Schädigung der Nieren. Um dem Nierenkranken die zeit- und kostenaufwendige Hämodialyse zu ersparen, arbeitet man intensiv daran, eine kleine künstliche Niere herzustellen. Sie funktioniert bereits bei Tieren. Auf die Verhältnisse beim Menschen übertragen, könnte die künstliche Niere ein etwa zehn Zentimeter langer Schlauch mit einem Durchmesser von zwei Zentimetern sein, der durch die Bauchdecke mit einer Niere verbunden wird. Der Schlauch ist gefüllt mit dem an Kohlenstoff gebundenen Enzym Urease, das zur verzögerten Abgabe von Nylon-Mikrokapseln umgeben ist und langsam an die Niere herangeführt wird. Das wäre dann zwar eine primitive Ausführung einer Niere, aber es könnte genügen, um dem Nierenkranken die übliche Dialyse zur Entgiftung der nicht abgebauten Stoffwechselschlacken aus dem Organismus zu ersparen.

Die künstliche Niere ist also im Bereich des Möglichen. Die künstliche Leber wird dagegen noch eine Weile auf sich warten lassen. Denn die Leber ist schließlich eine überaus komplizierte bis oben hin mit Enzymen vollgestopfte biochemische Fabrik. Diese Fabrik nachzubauen, übersteigt noch das menschliche Vermögen.

Immerhin, eine Funktion der Leber kann man nachahmen. Man kennt nämlich die Enzyme, die in der Leber für die Entfernung einiger Stoffwechselgifte zuständig sind. Diese Enzyme hat man an Mikroorganismen gebunden, und die Mikroorganismen produzieren sie fleißig. Sie entfernen Stoffwechselgifte aus der Leber, indem sie die giftigen Schlacken durch Spaltvorgänge wasserlöslicher machen. Sie können dadurch eher auf natürlichem Wege aus unserem Organismus ausgeschieden werden. Noch gibt es Schwierigkeiten bei der Aktivierung dieser in unseren Stoffwechsel eingeschleusten biochemisch hergestellten Leberenzyme.

Aber bedenkt man die relativ kurze Zeit, die seit den ersten Versuchen in Richtung Enzymtherapie vergangen ist, können die Wissenschaftler sich auf die Schulter klopfen und guter Hoffnung sein, daß sie bis zum Ende des Jahrtausends einen gewaltigen Sprung nach vorn geschafft haben werden.

Rohr frei

Die größten Erfolge hat die konservative Schulmedizin derzeit bei der enzymtherapeutischen Behandlung von Durchblutungsstörungen erzielt. Genauer gesagt bei der Auflösung von Blutpfropfen, den sogenannten Thromben.

Die Thrombolyse, die Auflösung dieser Thromben, ist deshalb auch das Lieblingskind der Enzymologen. Ohne an dieser Stelle die wichtige, aber etwas komplizierte Geschichte mit dem Blutfließgleichgewicht zu schildern, sei nur allgemein gesagt, daß aus verschiedenen Gründen die Blutplättchen in den Arterien und Venen aneinanderkleben und an den Gefäßwänden dann Pfropfen bilden können, die das Gefäß zu verschließen drohen. Was zu vielen schmerzhaften und gefährlichen Folgen führen kann. So können an Engstellen verschleppte Thromben möglicherweise eine tödliche Embolie verursachen. Auch der Herzinfarkt wird meist von einem Thrombus in den Arterien des Herzens verursacht.

Kein Wunder, daß man alles zu unternehmen versucht, um die Thromben aufzulösen, also die sogenannte Thrombolyse zu fördern. Für diese Thrombolyse ist in unserem Körper ein Enzym zuständig, das Plasmin heißt. Das schwimmt in großen Mengen in unserem Blut, hauptsächlich im gesicherten Zustand. Es ist nicht aktiv, weil es an einem Sicherungshebel hängt, der die Aktivierung verhindert. In diesem gesicherten Zustand heißt das Enzym noch Plasminogen. Es muß scharf gemacht werden wie eine Waffe. Diese Aktivierung des Plasmins bestimmt darüber, wie viele und wie rasch Thromben aufgelöst werden. Deshalb geht es bei der Auflösung der gefährlichen Blutpfropfen zunächst immer um die Plasminogenaktivierung.

Das Plasmin wird durch einen Plasminogenaktivator entsichert und scharf gemacht. Und die Plasminogenaktivatoren sind, niemand wird überrascht sein, bestimmte Enzyme. Man kann solche Enzyme per Infusion in den Blutkreislauf oder direkt per Katheter an den Ort schicken, an dem so ein Blutpfropf sitzt. Sie haben nichts anderes zu tun, als dem dort befindlichen inaktiven Plasminogen

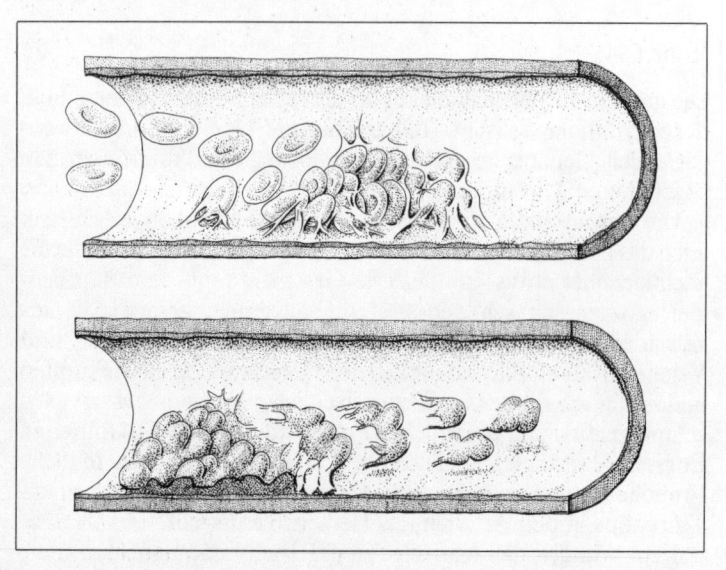

Oben: Blutplättchen kleben aneinander und bilden an der Gefäßwand einen Pfropfen. *Unten:* Thrombolyse: Auflösung des Blutpfropfens

den Sicherungshebel abzuspalten und es dadurch in das aktive Plasmin zu verwandeln. Das Plasmin löst dann gezielt die Thromben auf, alles ist in bester Ordnung.

Die enzymatische Auflösung einer Blutgerinnung wird auch als Fibrinolyse bezeichnet. Das erste in der Schulmedizin zur Thrombolyse eingesetzte Fibrinolytikum wurde aus Kugelbakterien namens *Streptococcus haemolyticus* gewonnen.

Dieser *Streptococcus haemolyticus* findet sich hauptsächlich in der Mundschleimhaut und kann mit Schuld sein an einer Angina, an Scharlach oder einer Mittelohrentzündung. Ausgerechnet diese Bakterien besitzen ein Co-Enzym, das fähig ist zur Fibrinolyse. Also zur Verwandlung des tatenlos herumschwimmenden Plasminogens zu aktivem Plasmin.

Man hat deshalb dieses Co-Enzym aus dem Streptokokken-Bakterium herausgefischt, mit dem Namen Streptokinase versehen und auf das Plasminogen losgelassen. Per Infusion. Das geschah erstmals vor gut 40 Jahren in Amerika. Man hoffte, auf diese Weise alle mit einer Blutgerinnung verbundenen Krankheiten – vom Verschluß der Beinarterien (dem »Raucherbein«) bis hin zum Herzinfarkt – endgültig besiegt zu haben.

Der Jubel war etwas verfrüht. Denn es stellte sich heraus, daß viele Menschen durch Infektionen mit solchen Streptokokken bereits zahlreiche Antikörper dagegen gebildet haben, was bei intravenösen Gaben von Streptokinase zu Unverträglichkeiten führen kann.

Außerdem kam es bei dem Einsatz der Streptokinase häufig zu allergischen Schockreaktionen, weil man noch nicht wußte, wie man die Streptokinase von jeglichem Fremdeiweiß befreien und in reinstem Zustand einsetzen konnte.

Das Kunststück gelang erst den Hoechst-Werken 1962, als sie eine reine und stabilisierte Streptokinase auf den pharmazeutischen Markt brachte. Sie wurde per Infusion über Stunden hinweg den an Thrombose leidenden Patienten in die Blutbahn geträufelt oder auch mittels Katheter direkt an den Thrombus gebracht.

So ganz glücklich war man jedoch immer noch nicht. Die Kraft dieser Streptokinase zur Plasminogenaktivierung war immer noch nicht groß genug, und zudem gab es einige Probleme mit der exakten Steuerung des Gleichgewichtes zwischen Blutverdünnung und Blutgerinnung. Eine besondere Komplikation konnte dadurch entstehen, daß zuviel Plasminogen aktiviert wurde und sich somit eine Plasminogenerschöpfung einstellen konnte.

Es geht an die Nieren

Auf der Suche nach einem noch besseren und kräftigeren Plasminogenaktivator fand man schließlich ein Enzym, das wir unentwegt mit dem Harn ausscheiden und das darum den Namen Urokinase erhielt. Die Urokinase ist ein ausgezeichnetes Fibrinolytikum: Sie geht auf das Plasminogen zu und aktiviert es direkt zu Plasmin, das nun gezielt das klebrige Eiweiß aus den Blutgerinnseln und Blutpfropfen löst. Die Gefahr ist damit gebannt, das Blutgefäß ist an dieser Stelle nicht mehr verklebt oder durch Thromben verstopft.

Man muß die Urokinase allerdings wie die Streptokinase in der Klinik unter Kontrolle der Blutgerinnung per Infusion oder mittels Katheter direkt in die Gefäße einbringen. Urokinase bringt weniger Probleme bezüglich Allergien oder Unverträglichkeiten.

Probleme gab es eher bei der Gewinnung der Urokinase. Denn die Tatsache, daß wir unentwegt mit dem Harn die Urokinase ausscheiden, bedeutet noch lange nicht, daß dies in nennenswerten Mengen geschieht. Aus 2300 Litern Harn können ganze 29 Milligramm gereinigte Urokinase gewonnen werden. Das machte die Anwendung natürlich zunächst ziemlich teuer. Erst in neuerer Zeit ist es im Labor gelungen, Zellgewebe aus den Nieren zu züchten und mit einigen biotechnischen Tricks dazu zu bringen, Urokinase herzustellen.

Aber die Mediziner waren mit dem Erreichten noch nicht zufrieden. Die Anwendung der Urokinase bei Patienten mit Thrombose blieb noch immer eine komplizierte und nicht billige Angelegenheit, die nur in der Klinik möglich war. Man suchte deshalb nach weiteren Enzymen, die vielleicht noch mehr bei der Plasminogenaktivierung leisten können, noch sicherer und noch einfacher anzuwenden sind. Man prüfte Tiere, die über Gifte verfügen, die durch enzymatische Auflösung von Eiweiß im Blut wirken. Man machte Versuche mit Bienen-, Kröten- und Schlangengiften. Sie haben in bestimmten Fällen durchaus einen Platz in der Pharmakologie. Zur Steuerung der Plasminogenaktivierung sind sie weniger geeignet.

Auch mit Hyaluronidase hat man versucht, Thromben aufzulösen. Das ist ein besonderes eiweißauflösendes Enzym verschiedener Herkunft. Unter anderem verdanken Sie der Hyaluronidase Ihre Entstehung. Denn im Hoden des Mannes wird jeder Samen mit Hyaluronidase versehen, die zur Aufgabe hat, beim Andocken an die weibliche Eizelle den sogenannten Zellkitt des Eis aufzulösen und so dem Sperma das Eindringen und damit die Befruchtung zu ermöglichen.

Eine neue Form der enzymatischen Thrombolyse in einer sich noch ständig wandelnden Therapie, ist der Einsatz von t-PA (tissue Plasminogen-Activator), einem rasch und relativ sicher wirkenden Plasminogenaktivator. So sollen nunmehr nach und nach alle Rettungswagen in der Bundesrepublik mit einem Infusionsbesteck für t-PA ausgerüstet werden, damit im Notfall das Sanitätspersonal bei einem Infarktpatienten bereits an Ort und Stelle das t-PA infundieren und damit das Leben des Patienten mit ziemlicher Sicherheit retten kann.

Enzyme essen?

Die Frage, ob wir uns auch selbst mit Enzymen behandeln und schützen können, liegt natürlich nahe. Die Antwort: Ja.

Wir tun es so gut wie täglich, indem wir mit der Nahrung viele Enzyme zu uns nehmen, die dazu beitragen, uns gesund zu erhalten. In Kräutern, in Zwiebeln, im Knoblauch, im Quark, im Joghurt, überall sind Enzyme enthalten, die nicht nur eine gesunde Verdauung bewirken.

Weil die meisten Leser, die schon einmal etwas von Enzymen gehört haben, den Begriff wahrscheinlich mit diesen Verdauungsenzymen verbinden, soll das Thema in einem eigenen Kapitel kurz dargestellt werden.

6. KAPITEL

Verdauung: Mittel zum Leben

Was immer wir essen, ob Gänsebraten mit Knödel, ob Schokoladentorte mit Sahne oder Knäckebrot mit Radieschen, wir nehmen damit fast nichts anderes zu uns als Eiweiß, Fett und Kohlenhydrate. Um diese drei Grundnahrungsstoffe in für uns verwertbare biochemische Stoffe zu verwandeln, benötigen wir drei Gruppen von Enzymen: die eiweißspaltenden »proteolytischen« Enzyme (Proteasen), die fettspaltenden »lipolytischen« Enzyme (Lipasen) und die kohlenhydratspaltenden »amylolytischen« Enzyme (Amylasen).

Dieser enzymatische Umbau beginnt schon, wenn wir einen Bissen in den Mund schieben. Denn die Nahrung wird bereits beim Kauen durch die im Speichel enthaltenen Amylasen darauf hin kontrolliert, ob Arbeit für sie da ist. Ob von ihnen Kohlenhydrate aufgeschlossen und verarbeitet werden müssen. Unser Organismus zeigt nämlich eine gewisse Vorliebe für die Kohlenhydrate. Auf sie stürzt sich das Verdauungssystem zuerst, dann erst auf das Eiweiß und zuletzt auf das Fett.

Begleiten wir die Nahrung vom Mund auf dem Weg zur weiteren Verarbeitung. Die hoffentlich gut zerkaute, mit dem Speichel zu Brei vermengte Nahrung wird durch die Speiseröhre zum Magen transportiert. Je besser die Nahrung durch das Kauen und den Speichel bereits zerkleinert und aufgeschlossen wurde, um so besser für den Magen. Er nimmt die Sendung aus der Speiseröhre in Empfang und meldet über bestimmte Hormone an die Gallenblase und die Bauchspeicheldrüse, daß man sich durch die Bereitstellung von genügend Enzymen auf Arbeit im Darm vorbereiten solle.

Außerdem kümmern sich die auch im Magen befindlichen Amylasen um die von den Kollegen im Speichel schon begonnene Umarbeitung der Kohlenhydrate. Gleichzeitig wird das im Nahrungsbrei enthaltene Eiweiß aufgeschlossen. Für diese Aufgabe produziert der Magen jeden Tag zwischen einem und zwei

Liter Magensaft, der hauptsächlich aus Salzsäure und mehreren eiweißspaltenden Proteasen wie dem Pepsin und Kathepsin besteht. Bei Säuglingen kommt noch das für die Nutzung des Milcheiweisses besonders wichtige Labferment hinzu, das Enzym Chymosin.

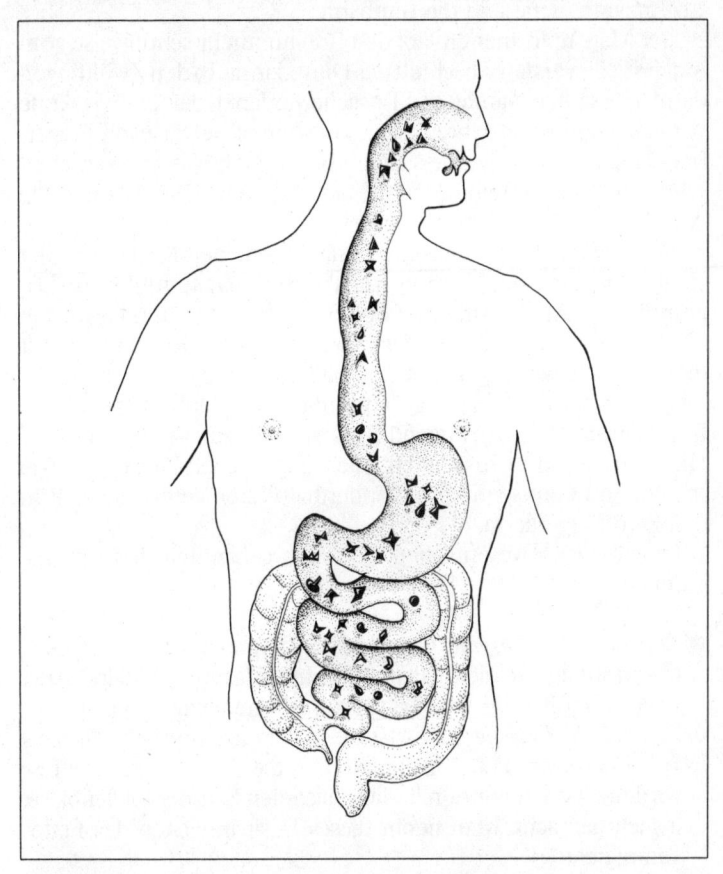

Eine große Zahl von Enzymen sorgt im Magen-Darm-Trakt für die Verdauung

Die Salzsäure muß die eiweißspaltenden Enzyme erst aktivieren und ermöglicht dadurch die Wirkung dieser Proteasen. Die Salzsäure regt die Hormonproduktion im Magen an, zerstört manche im Nahrungsbrei mitgelieferte Bakterien, und fördert zudem die Aufnahme von Mineralstoffen und Spurenelementen, die teils als Co-Enzyme dienen, in die Blutbahn.

Der Magenpförtner entläßt den Brei nunmehr schubweise vom Magen in den ersten Abschnitt des Dünndarms. In den Zwölffingerdarm, der seinen Namen der Tatsache verdankt, daß er – wie Ärzte vor einigen hundert Jahren festgestellt haben – etwa zwölf Fingerbreit lang ist. Heute würde sich die zur exakten Naturwissenschaft erhobene Medizin eine derart lässig über den Daumen gepeilte Angabe sicherlich nicht mehr leisten.

Auch wenn viele Menschen annehmen, der Magen sei der Hauptschauplatz der Nahrungsverarbeitung, das stimmt nicht. Die gründlichste Arbeit wird im Zwölffingerdarm geleistet. Deswegen ist es auch wichtig, daß der Magen bereits an den Hormonhaushalt die Nachricht weitergegeben hat, daß mit Arbeit zu rechnen ist. Denn das hat dazu geführt, daß mittlerweile dem Darm aus der Bauchspeicheldrüse genügend Pankreas-Saft zur Verfügung steht. Die Bauchspeicheldrüse liefert jeden Tag – neben Hormonen wie Insulin und Glukagon – rund anderthalb Liter Verdauungssaft in den Zwölffingerdarm.

Er enthält im wesentlichen die schon genannten drei Enzymgruppen:

- *Proteolytische Enzyme (Proteasen).* Zu ihnen zählen Trypsin, Chymotrypsin sowie die Peptidasen und Elastasen. Sie sind in der Lage, stündlich bis zu 300 Gramm Eiweiß abzubauen.
- *Lipolytische Enzyme (Lipasen),* die in der Lage sind, stündlich bis zu 175 Gramm Fett abzubauen. Um diese Arbeit zu schaffen, wird das Fett zuvor durch Galle, also den Saft der Gallenblase, löslich gemacht. Man nennt dieses Löslichmachen des Fettes »emulgieren«.
- *Amylolytische Enzyme (Amylasen),* die in der Lage sind, stündlich bis zu 300 Gramm Kohlenhydrate abzubauen.

Zur Aufnahme bereit

Nachdem die Nahrungsstoffe im Zwölffingerdarm durch die Enzyme so verändert worden sind, daß sie nunmehr aus kleinen, für den Körper leicht verwertbaren Bruchstücken bestehen, werden sie in die nächsten beiden Abschnitte des Dünndarms transportiert. Diese Abschnitte heißen in der Medizin Jejunum und Ileum. Hauptsächlich dort erfolgt die Aufnahme der verwertbaren Baustoffe in den Organismus. Sie werden resorbiert.

Die Resorption geschieht in den Dünndarmabschnitten etwa wie das Aussortieren bestimmter Teile auf einem Fließband: Auf der ganzen Strecke werden einzelne Baustoffe herausgepickt und durch die Dünndarmwand in den Blutkreislauf gebracht.

Falls die Aufnahme über die Dünndarmwand in den Blutkreislauf gestört ist, funktioniert natürlich bald das ganze Verdauungssystem nicht mehr. Es entstehen Rückwirkungen bis zum Magen, der davon betroffene Mensch leidet unter unklaren Magen- und Darmbeschwerden.

Daß bei der Aufnahme der Baustoffe aus dem Darm in den Blutkreislauf wieder einmal Enzyme eine entscheidende Rolle spielen, dürfte niemanden mehr verwundern. Es gibt mehrere Enzyme, die als Transportarbeiter der nutzbaren Baustoffe unentbehrlich sind.

Die nicht verwertbaren Baustoffe verbleiben als Schlacken im Darm. Ihnen wird das Wasser entzogen, sie werden eingedickt und landen im Dickdarm, schließlich als Stuhl im Mastdarm. Selbst hier kann es noch zu einer gewissen Feinauswertung kommen, denn im gesamten Verdauungskanal – besonders im Dickdarm und Mastdarm – befinden sich eigenständige Mikroorganismen, die sich aus den verarbeiteten und bereits weitgehend ausgewerteten Nahrungsstoffen, die eigentlich nur noch Verdauungsmüll sind, etwas heraussuchen, was ihnen zum Leben dient.

Es sind fremde Lebewesen, die sich in unserem Darm eingenistet haben: Schmarotzer. Unser Körper unternimmt seltsamerweise nichts gegen die Schmarotzer, obgleich sie als Fremdkörper eigentlich von unserem Immunsystem erkannt und angegriffen werden müßten. Aber hier wurde auf interessante Weise ein Waffenstillstand geschlossen, der einmal bei dem Problem der Abstoßung nach Organverpflanzungen eine Hilfe bedeuten könnte.

Unser Körper macht diese Ausnahme bei den fremden Bakterien der Darmflora, weil er dabei profitiert. Es ist ein Geschäft auf Gegenseitigkeit, eine Symbiose. Bei dem Verdauungsvorgang dieser Mikroorganismen fallen nämlich wiederum Nebenprodukte an, die unser Körper gut gebrauchen kann. Zum Beispiel das Vitamin K, das bei der Blutgerinnung benötigt wird.

Manche Mikroorganismen sind übrigens zur Biolumineszenz fähig, jener enzymatisch bewerkstelligten »energielosen« Leuchtkraft, über die bereits berichtet wurde. So glimmen also in unserem Darm ständig ganz schwache Lichter.

Eßt mehr Enzyme!

Mit der Nahrung nehmen wir neben den drei Grundstoffen Eiweiß, Fett und Kohlenhydrate (und Alkohol, der eine Sonderrolle spielt) auch noch einige andere Stoffe in geringen Mengen zu uns: Vitamine, Mineralstoffe, Spurenelemente und natürlich auch Enzyme. Welche Enzyme das sind und wie viele es sind, das hängt von der Art der Nahrung und dem Zustand ab, in dem sich die Nahrung befindet. Frische, natürlich gereifte Ananas ist beispielsweise reich an dem eiweißspaltenden Enzym Bromelain, in der Ananas aus der Dose dürfte sich kaum noch etwas davon finden.

Und mit dem Erhitzen der Nahrung haben unsere Vorfahren zwar unserer Zunge und unseren Zähnen möglicherweise einen Gefallen getan, aber dafür weniger unserem Verdauungssystem, denn mit dem Erhitzen werden so gut wie alle Enzyme in der Nahrung zerstört.

Auch die Nahrungsmittelindustrie hat nicht immer alles unternommen, um den Gesundheitswert der Lebensmittel zu sichern. Zu den Produkten, in denen kein Leben mehr enthalten ist, gehören die sogenannten Auszugsmehle und der raffinierte Zucker. Es sind leere Kohlenhydrate, die zu vielen Zivilisationskrankheiten beitragen, unter denen wir heute leiden.

Wir können nicht erwarten, daß alle Schnellrestaurants aus Rücksicht auf unseren Enzymbedarf nunmehr aufhören, Pommes frites, Ketchup, Weißbrötchen und Cola-Getränke der üblichen Art zu verkaufen. Es ist auch nicht damit zu rechnen, daß wir plötzlich damit beginnen, das Fleisch nicht mehr zu grillen oder auf andere Weise weniger gesunde Nahrungsmittel in gesunde Lebensmittel zu verwandeln.

Immerhin wäre schon etwas gewonnen, wenn wir beispielsweise vor der Hauptmahlzeit einen Salatteller auf den Tisch stellen würden, mit Karotten, Fenchel, Lauch, roten Rüben oder Sellerie. Wenn wir das Gemüse nur dünsten würden. Und wenn wir – auch das ist auf Umwegen ein Enzymhemmer – mit dem Salz sparsamer umgehen würden. Oder wenn wir zum schwerverdaulichen Fleisch wenigstens so enzymreiche Lebensmittel wie rohes Sauerkraut, Zwiebeln, Knoblauch oder frische Kräuter als Verdauungshilfe reichen würden.

Die Japaner sündigen zwar in mancher Hinsicht bei ihren Eßgewohnheiten, auf der anderen Seite achten sie instinktiv auf gesunde Ernährung, wenn sie rohen Fisch und rohe Meeresfrüchte essen. Aus hoffentlich sauberen Gewässern. Und beim Fleisch benutzen sie verhältnismäßig viel Sojasauce.

Diese Sojasauce ist vielleicht das älteste »Enzymmittel« überhaupt. Denn schon seit Jahrtausenden weiß man in Asien um deren verdauungsfördernde Wirkung. Zu ihrer Herstellung wird Sojamehl mit Gerste oder Reis vermischt und mit Hilfe eines Pilzes zur Gärung gebracht. Dieser Schlauchpilz *(Aspergillus oryzae)* enthält stark wirksame Enzyme, denen man den schönen Namen Pronasen gegeben hat. Die Pronasen behalten in der erst nach Jahren der Gärung gebrauchsfertigen Sojasauce – auch die berühmte Worcestersauce ist dem Prinzip nach kaum etwas anderes – ihre Kraft, die sie bei der Spaltung des Fleischeiweisses einsetzen. Man hat in Japan mittlerweile diesen Schlauchpilz hochgezüchtet und daraus sozusagen Super-Pronasen gewonnen.

Wir essen generell nun einmal leider nicht immer das, was uns Instinkt und Vernunft einreden. Wir essen nicht zur richtigen Zeit in der richtigen Menge auf die richtige Weise die richtigen Lebensmittel. Die Folgen können Verdauungsstörungen sein, Fettablagerungen, Übergewicht. Und damit verbunden wiederum zahlreiche weitere Gesundheitsstörungen bis hin zu Herz- und Kreislauferkrankungen. Mit den üblichen angepriesenen Abmagerungsdiäten und Abführmitteln sind nur kurzfristige Besserungen zu erzielen, die sich in einer vorübergehenden Gewichtsreduzierung erschöpfen und auf die Dauer den Gesundheitszustand eher verschlimmern.

Hilfe für die Verdauung

Um den überlasteten Verdauungsapparat zu stützen, können wir natürlich Verdauungsenzyme schlucken. Es gibt Dutzende von Mitteln dieser Art. Das bekannteste ist wohl der Pepsin-Wein, der das zur Eiweißverdauung notwendige Enzym Pepsin enthält.

Wir sollten vielleicht auch der Bierhefe mehr Aufmerksamkeit schenken. Denn die Zellen der frischen Brauereihefe stellen unserem Organismus reichlich Vitamine, Mineralstoffe und Spurenelemente zur Verfügung, die im Darm eine Enzymaktivität ankurbeln, die einer Generalreinigung gleichkommt. Gesundheitsschädliche Bakterien werden dabei entfernt und gesundheitsfördernde Bakterien können sich an deren Stelle ansiedeln. Dieser Frühjahrsputz des Darmes läßt sich auch durch die Einnahme von Präparaten verstärken, in denen sich die nützlichen Schmarotzer befinden, die fremden Gäste in der Darmflora.

Die allgemein bekannten Enzympräparate, die man häufig bei gestörter Verdauung, bei Völlegefühl, Aufstoßen, Blähungen, Verstopfung oder Durchfall verordnet bekommt oder sich in der Apotheke oder der Drogerie besorgt, werden meist aus dem Bauchspeicheldrüsensaft von Schweinen gewonnen und enthalten viele Enzyme, die zur Aufspaltung von Eiweiß, Fett und Kohlenhydraten erforderlich sind. Einige dieser Präparate sind auch mit dem genannten Schlauchpilz *(Aspergillus oryzae)* oder mit Ochsengalle und anderen Helfern angereichert.

Mehrere dieser Präparate werden durch eine Ummantelung vor den Angriffen der Salzsäure im Magen geschützt, um ihre Aktivität erst im Dünndarm voll einzusetzen. Sie unterstützen dort die von der Bauchspeicheldrüse gelieferten Enzyme, die gerade bei älteren Menschen oft überfordert ist, weil sich die Sünden der falschen Ernährung im Alter summieren und zugleich die körpereigene Enzymproduktion immer schwächer wird.

Diese Enzympräparate leisten bei der Verdauung, besonders im Dünndarm, oft sehr gute Dienste. Warum sollten sie nicht auch im gesamten Organismus so segensreich wirken? Das tun sie nicht, weil sie nicht in den gesamten Organismus gelangen. Sie schaffen nicht den wundersamen Weg durch die Darmwand in die Blut- und Lymphbahnen. Sie können deswegen nicht dort eingesetzt werden, wo sie sicherlich noch dringender und in noch größeren Mengen benötigt werden als im Verdauungstrakt.

Also kann man die Enzyme nicht einfach schlucken und damit dem gesamten Organismus zur Verfügung stellen? Genau das ist ein selbst unter Medizinern weit verbreiteter Irrtum.

Hilfe für den gesamten Organismus

Davon haben die Wissenschaftler lange Zeit geträumt: Anstatt mühsam die vom Organismus benötigten Enzyme per Infusion zu liefern – mit allen damit verbundenen Komplikationen und Einschränkungen – würden sie gern die Enzyme ganz normal wie ein gewöhnliches Medikament dem gesamten Organismus zur Verfügung stellen.

Welche Möglichkeiten tun sich da auf! Der Mensch, der unter einem Mangel an bestimmten Enzymen leidet, könnte diese fehlenden Helfer einfach schlucken. Und wenn ein Kranker einen stark gestiegenen Bedarf an einwandfrei funktionierenden Enzymen hat – und jede Krankheit ist im Grunde mit gestörter Enzymfunktion und mit erhöhtem Enzymbedarf verbunden – könnte man ihm ebenfalls diese Enzyme einfach verordnen.

Viele Wissenschaftler haben davon geträumt und nach einem Blick in ihre Lehrbücher seufzend von diesem Traum wieder Abstand genommen. Denn ihre Lehrbücher besagen: Es funktioniert leider nicht. Es kann nicht funktionieren.

Denn Enzyme kann man zwar schlucken, wir tun es schließlich täglich mit der Nahrung. Man kann auch innerhalb des Verdauungssystems durch die Einnahme von Enzymen gezielt eine begrenzte Enzymtherapie durchführen. Aber das ist auch alles. Weil Enzyme großmolekulare Eiweißkörper sind. Und zwar derart große Moleküle, daß sie nicht durch die engen Darmzotten hindurch den Weg in die Blut- und Lymphbahn und damit in den gesamten Organismus finden. Eine Resorption der Enzyme in den gesamten Organismus ist nicht möglich, heißt es in den alten Lehrbüchern. Diese Lehrbücher kann man wegwerfen.

Richtig ist heute vielmehr diese wissenschaftliche Erkenntnis: Eine systemische, den gesamten Organismus erfassende, gezielte Zufuhr von Enzymen zur sinnvollen und wirkungsvollen Behandlung fast aller chronischer Krankheiten ist möglich. Jetzt.

Das ist wohl die wichtigste Mitteilung in diesem Buch. Und die folgenden Kapitel, in denen diese Behauptung begründet wird, sollten Sie aufmerksam durchlesen. Denn es geht um die heute bereits einsetzbare systemische Enzymtherapie und deren Hilfe bei den meisten chronischen Krankheiten sowie bei Krebs, Virenerkrankungen und beim Altern. Es geht um die Gesundheit und die Lebenserhaltung von jedem Menschen.

7. KAPITEL

Enzymtherapie: Die Gesundmacher

Ein Mensch ist krank. Ganz gleich, was er hat, damit steht erst einmal fest, daß mit seinen Enzymen etwas nicht in Ordnung ist. Wenn seine Enzyme nämlich die Ursache der Gesundheitsstörung beseitigt und den Normalzustand im Organismus erhalten hätten, was schließlich ihre Aufgabe ist, dann wäre der Mensch nicht krank.

Logisch, daß bei fast jeder Gesundheitsstörung deshalb mehr Enzyme von der jeweils erforderlichen Art und Menge schnellstens herangeschafft werden sollten, um ihren schwachen, unterlegenen oder selbst kranken Kollegen kräftig dabei helfen, die Gesundheitsstörung zu beenden.

Man holt sich eine Handvoll von Enzymdragees, schluckt sie und schon wird die frische Hilfstruppe aktiv. Die Gesundmacher tun ihr Werk. Wenn es ganz schnell gehen soll oder ungeheuere Massen benötigt werden, kann man sie auch injizieren oder per Mikroklistier durch den Enddarm einbringen.

Logisch und sinnvoll ist es, Enzyme bereits vorsorglich einzunehmen und damit eine schlagkräftige Truppe bereitzustellen, falls mit Bedrohungen der Gesundheit und damit einem vermehrten Bedarf an Enzymen zu rechnen ist. Bedrohungen von der Erkältung bis zur Sportverletzung.

Ist so etwas wirklich möglich? Ist das nicht eine ziemliche Utopie? Wo liegt hier der Denkfehler, der diesen schönen Wunschtraum in sich zusammenbrechen läßt?

Zunächst einmal: Es ist tatsächlich weitgehend möglich. Wir sind zwar noch nicht so weit, sämtliche 2500 oder wieviel auch immer verschiedenen Enzyme nach Wunsch dem von Störungen bedrohten Organismus per Dragee anzuliefern. Aber jeder Mensch kann heute bereits eine Mischung der wichtigsten Enzyme einnehmen und dem gesamten Organismus zuführen. Sie stärken die körpereigene Abwehrkraft, sie sind wichtig für alle Entzündungsvorgänge, sie sorgen für die gute Durchblutung, sie helfen bei der Heilung von

Wunden aller Art und greifen sogar regulierend beim Wachstum entarteter Zellen ein und bekämpfen Viren. Das ist ein beeindruckendes Programm. Es umschließt so gut wie alle heute noch als chronisch bezeichnete Krankheiten.

Warum denn nicht gleich?

Die Einnahme solcher Enzymmischungen zur Behandlung von derartigen Krankheiten sowie zu deren Vorsorge wird seit mehr als 30 Jahren erfolgreich praktiziert. Da wundert man sich natürlich, warum eine so grundlegende, vielseitige, erfolgreich erscheinende Methode nicht längst zum Standard jeder ärztlichen Praxis gehört. Warum nicht jeder von uns längst diese fast allmächtigen Gesundmacher im Badezimmer neben dem Zahnputzbecher zur Einnahme parat hat.

Es liegt hauptsächlich an den von der etablierten Medizin immer noch vermuteten Denkfehlern. Und an dieser weitverbreiteten Einstellung: »Das kann doch nicht sein, sonst würden wir es doch alle machen.«

Versuchen wir deshalb, die vermuteten Denkfehler auszuräumen und die Vorurteile zu widerlegen. Denn die systemische Enzymtherapie funktioniert.

Schon kommt der erste Einwand: Was heißt hier »systemische« Enzymtherapie? Genaugenommen ist zum Beispiel auch die Infusion von Urokinase oder anderen Enzymen über die Ellbogenvene in den Blutkreislauf eine systemische Enzymtherapie. Schließlich gelangen auch hier die Enzyme in das gesamte System des Organismus. Mögen sich die Vertreter der »systemischen Enzymtherapie« und der konservativen Schulmedizin selbst darüber einigen, wie sie die Behandlungsweise bezeichnen. Es ist für uns von keinerlei Bedeutung.

Der Unterschied zur bisherigen Nutzung der Enzyme liegt hauptsächlich darin, was man die »perorale Phase« der Enzymtherapie nennt. Also die Einführung der Enzyme in den gesamten Organismus durch das Einnehmen oder, im ähnlichen Sinn, durch Mikroklistiere in den Enddarm.

Vor rund 40 Jahren begann diese perorale Phase, wenn man von den rein instinktiven oder traditionell weitergegebenen Anwendungen bei Naturvölkern oder im Altertum absieht.

In Amerika wagten es jedenfalls einige Wissenschaftler, zunächst rein pragmatisch und ohne Rücksicht auf geltende Lehrmeinungen, zur Behandlung von Entzündungsprozessen und von Blutgerinnungsstörungen dafür geeignete Enzyme – wie die Streptokinase und das Trypsin – den Patienten als Medikament zu verabreichen. Es wirkte zwar nicht so deutlich wie bei der Infusion, aber zeigte weniger Nebenwirkungen, war einfacher und sicherer zu handhaben.

Bei uns in Deutschland war es der Biochemiker Gaschler, der 1937 erstmals gegen bestimmte Krebsformen wirksame einzelne Enzyme nicht nur injizierte, sondern auch als Medikament einnehmen ließ.

Die Vermutung, daß Enzyme gegen Krebs einzusetzen sind, war nicht neu. Das hatten unbewußt schon die Mayas und andere Völker getan, wenn sie beispielsweise Papayablätter und Papayasaft auf bösartige Geschwüre auftrugen. Das darin enthaltene Papain ist ein stark wirksames Enzym zur Auflösung von »ungesundem« Eiweiß. Schon zu Beginn dieses Jahrhunderts hatte der Arzt Dr. Beard es unternommen, den Bauchspeicheldrüsensaft frisch geschlachteter Kälber seinen Krebspatienten zu injizieren, wobei er derart sensationell erscheinende Erfolge erzielte, daß man ihn als Scharlatan verlachte. Man ahmte seine Versuche mit einem Bauchspeicheldrüsensaft nach, der aber keine lebenden Enzyme mehr enthielt. Natürlich wirkte das überhaupt nicht und die Enzymtherapie bei Krebs war damit erst einmal wissenschaftlich erledigt. Darüber soll im Kapitel über Krebs noch berichtet werden und über die Rolle, die hier ein ungewöhnlicher Mensch spielte.

Ein ganz ungewöhnlicher Mensch

Er war vielleicht einer der letzten großen universell denkenden und arbeitenden Wissenschaftler. Eine Figur wie aus einem Roman.

Machen wir eine erholsame Pause bei den sicherlich interessanten, aber für manche Leser vielleicht etwas trockenen biochemischen Erklärungen der Enzyme. Erzählen wir ein wenig von ihm und seinem Leben. Es macht auch verständlicher, wie es zu der als »systemisch« bezeichneten Enzymtherapie kommen konnte.

Es geht um Max Wolf. Rein äußerlich eher unscheinbar, nur 1,55 Meter groß, mit einem mächtigen Schädel und einem spärlichen Haarkranz. Nach Hollywood-Begriffen nicht unbedingt ein schöner Mann. Aber er besaß eine derart starke Ausstrahlung, daß jeder neben ihm verblaßte, sobald er den Raum betrat. Es gibt Menschen, die ihm nur kurz begegnet sind und heute noch schwören, er sei nicht kleingewachsen, sondern ein Riese von Gestalt gewesen. Er wirkte wie ein Magnet auf die schönsten Frauen, die genialsten Wissenschaftler, die berühmtesten Künstler, die mächtigsten Politiker. Sie folgten ihm fasziniert, was immer er sagte und tat.

Sein Lebensweg ist eng verwoben mit der Naturgeschichte und Kultur unseres Jahrhunderts. Geboren 1885 als Sohn eines sehr deutschnational gesinnten Vaters und einer jüdischen Mutter im konfliktgeladenen Wien der damals noch glanzvollen k. u. k.-Monarchie, aufgewachsen in Böhmen und mit zwölf Jahren aus eigenem Entschluß aus dem zu dieser Zeit nicht besonders harmonischen Elternhaus entflohen. Er fuhr mit der Bahn allein nach Wien und verdiente seinen Lebensunterhalt durch Nachhilfeunterrricht für reiche, aber unbegabte Mitschüler. Er beendete die Schule schneller als alle anderen, studierte Hoch- und Tiefbau, wurde Ingenieur und machte allerlei technische Erfindungen. So erhielt er Patente für technische Anlagen zum automatischen Anhalten fehlgeleiteter Eisenbahnzüge. Bis ihn diese ganze technische Geschichte langweilte. Er entwickelte sein erstaunliches Zeichen- und Maltalent, wurde zum Künstler und erhielt in kurzer Zeit den Titel eines »k. u. k. Hofmalers S. M. des Kaisers Franz Joseph von Österreich«.

Bei Ausbruch des Ersten Weltkrieges befand sich der damals 29jährige k. u. k. Hofmaler Max Wolf zufällig gerade in New York, wo er einen Bruder besuchte. Mehr oder weniger unfreiwillig – eigentlich wollte er sich zur kaiserlichen Armee und zum aktiven Dienst an der Front melden – blieb er in New York und begann, weil

Ein ganz ungewöhnlicher Mensch 77

Professor Max Wolf

sein Bruder Medizin studiert hatte, ein Medizinstudium. Nach wenigen Semestern hielt er bereits eigene Vorlesungen an der Universität, denn dieser merkwürdige Mensch wußte bereits mehr als die meisten ihn unterrichtenden Professoren.

Kurz nach Beendigung des Studiums lud man ihn ein, ständig weitere Vorlesungen über Medizin zu halten und ernannte ihn zum Professor der Medizin an der Fordham University in New York. In seinem Leben erwarb er insgesamt sieben verschiedene Doktorgrade. Neben seiner Tätigkeit als Universitätsprofessor eröffnete er zusammen mit seinem Bruder eine ärztliche Praxis, bildete sich zum Gynäkologen aus und leitete dann die größte Entbindungsklinik mitten zwischen dem Italiener- und Schwarzenviertel von New York, in der jährlich mehr als 4000 Geburten registriert wurden. An den Wochenenden arbeitete Wolf zusätzlich als Facharzt für Hals-, Nasen- und Ohrenleiden. Sein besonderes Interesse galt den Hormondrüsen. Da es in der gesamten Medizinliteratur noch kein einziges Lehrbuch über das Hormonsystem gab, setzte er sich hin und verfaßte ein Lehrbuch über die Endokrinologie. Die Ärzte stürzten sich darauf, und sein Bruder, dem er das Copyright überlassen hatte, wurde prompt zum Millionär. Was damals noch einiges bedeutete.

Eiweiß und eine blaue Rose

Maxe Wolf, wie er von seinen Freunden genannt wurde, hatte anderes zu tun, als dieser Million nachzutrauern. Ihn beschäftigte bereits ein weiteres wissenschaftliches Neuland: die angewandte Genetik. Er unternahm auf eigene Faust einige Forschungen auf diesem Gebiet und schuf viele Grundlagen für das, was heute in der modernen Gentechnologie genutzt wird.

So sah er den steigenden Eiweißbedarf für die Ernährung der Menschheit voraus und überlegte, ob dieser Eiweißbedarf rascher, billiger und besser als über die Agrarwirtschaft durch die Züchtung eiweißherstellender Bakterien gedeckt werden könnte.

Er fütterte bestimmte Bakterien extrem stark mit Aminosäuren, den Bausteinen des Eiweisses. Gleichzeitig erhöhte er die Mutationsrate, also die Neigung zur genetischen Veränderung, durch UV-Bestrahlung und die Zugabe von Colchizin, dem zellenverändernden Gift der Herbstzeitlose. Die meisten Bakterien gingen bei dieser Behandlung ein, nur wenige tolerierten den hohen Eiweißgehalt. Diese eiweißtolerierenden Bakterien wurden isoliert und nochmals dieser Prozedur unterworfen. Die immer weiter geführte Auslese an eiweißtolerierenden Bakterien führte schließlich zu einem Bakterienstamm, dessen Trockensubstanz zu 85% aus Eiweiß bestand und der zudem dermaßen an das Eiweiß gewöhnt war, daß er danach regelrecht süchtig wurde und – wenn man die Zufuhr von Eiweiß drosselte – das Eiweiß aus Stickstoff, Salzen und Zellulose selbst herstellte. Dabei gediehen diese Bakterien prächtig und vermehrten sich eifrig.

Das Verfahren von Professor Wolf, mittels eiweißproduzierender Bakterien Eiweiß für die menschliche Ernährung zu gewinnen, wurde patentiert. Das Patent schenkte Wolf damals Gandhi und Präsident Roosevelt. Es liegt noch immer in irgendwelchen Patentarchiven.

Finanziert hatte diese nicht gerade billigen Versuche übrigens einer seiner Freunde, nämlich der damalige Vizepräsident der USA, Henry A. Wallace, der eigentlich ein Biologe und Genetiker war und unter anderem bessere Weizensorten und größere Erdbeeren gezüchtet hatte.

Mehr spaßeshalber stellte Wolf für ihn durch genetische Manipulationen die erste »blaue« Rose der Welt her. Wichtiger war, daß Wolf auf ähnliche Weise immunisierende Bakterien züchten konnte, mit denen man die seinerzeit in den USA grassierende Euterentzündung bei Milchkühen erfolgreich bekämpfte.

Bei seiner intensiven Beschäftigung mit der Genetik wurde Wolf immer stärker die Schlüsselrolle der für jegliches Leben und jegliche Lebenstätigkeit entscheidenden Enzyme bewußt. Als er erkannte, welche immensen Möglichkeiten in einer besseren Beherrschung der im Organismus stattfindenden Enzymtätigkeit verborgen lagen, schränkte er seine bisherigen breitgefächerten Interessen weitgehend ein und konzentrierte sich von nun an auf die Enzymforschung.

Was ist eine Normalsubstanz?

Aus diesem Grund nahm er mit dem Wiener Arzt Professor Dr. Ernst Freund näheren Kontakt auf. Anfang der dreißiger Jahre ging eine geradezu sensationell klingende Meldung durch die Welt. Danach hatten Professor Freund und seine Mitarbeiterin Frau Dr. Kaminer entdeckt, daß es im Blut gesunder Menschen eine Substanz gibt, die imstande ist, Krebszellen anzugreifen und zu vernichten, und die somit einen Krebsschutz bildet. Diese Substanz fehle im Blut der Krebskranken oder sei nur außerordentlich schwach vorhanden. Professor Freund gab dieser Substanz den Namen »Normalsubstanz«, ohne erklären zu können, woraus diese Normalsubstanz bestehen mochte oder wie sie wohl wirken könnte.

Wolf reiste damals regelmäßig per Ozeandampfer nach Europa, um mit seinen europäischen Kollegen Erfahrungen auszutauschen. Bei diesem Austausch informierte sich Wolf übrigens auch über die moderne Röntgen- oder Strahlentherapie gegen Krebs und führte sie in Amerika ein.

Die Normalsubstanz von Professor Freund faszinierte ihn außerordentlich. Als Professor Freund starb, übernahm er die weitere Erforschung der Normalsubstanz und folgerte bald ganz richtig, daß es sich dabei nur um Enzyme handeln konnte.

Er stellte fest, daß die Substanz, die normalerweise bei Gesunden vorhanden ist und bei Krebskranken nur in geringeren Mengen gefunden wird oder ganz fehlt, aus den zur wichtigen Gruppe der Hydrolasen zählenden Enzymen und zu den über Co-Enzyme zur Aktivierung erforderlichen Bausteinen besteht. Er untersuchte die Hydrolasen daraufhin näher und konnte nachweisen, daß sie nicht nur beim Krebsgeschehen eine große Rolle spielen, sondern Art, Menge und Qualität dieser Enzyme generell bei allen Gesundheitsstörungen von ausschlaggebender Bedeutung sind.

Daraus ergab sich für Max Wolf die logische Konsequenz, daß die Zufuhr der richtigen Art, Menge und Qualität von Hydrolasen für die Wiederherstellung und Sicherung jeglicher Gesundheitsstörungen eine grundlegende medizinische Maßnahme darstellt, die geeignet ist, die Medizin zu revolutionieren.

Das Biological Research Institute in New York

Professor Max Wolf gründete in New York das »Biological Research Institute« und holte sich als wichtigste Mitarbeiterin Helen Benitez, die langjährige Leiterin des Labors für Zellkulturtechnik an der Neurochirurgischen Abteilung der Columbia University.

Die erste Aufgabe der Biochemikerin war es, Hydrolasen aus pflanzlichen und tierischen Stoffen zu isolieren und von den Bestandteilen zu reinigen, die man als Fremdeiweiß bezeichnete, auch wenn theoretisch diese Hydrolasen selbst aus »fremdem« Eiweiß bestanden. Nun sind alle Enzyme zwar sehr pingelig, wenn es darum geht, welches Substrat sie aufnehmen und was sie dann damit speziell anfangen, aber es ist ihnen völlig egal, ob sie das in einem menschlichen, tierischen, pflanzlichen oder einem Mikroorganismus tun. Sie sind erfreulicherweise nicht artspezifisch. Sonst könnten wir kein einziges der in der Nahrung enthaltenen Enzyme übernehmen und in unserem Organismus benutzen. Die ganze Enzymtherapie wäre so gut wie unmöglich.

Mit den gereinigten Hydrolasen wurden nun zigtausende von Tests unternommen. Es kam darauf an, welche Hydrolasen aus welchen tierischen, pflanzlichen oder mikrobiellen Stoffen welche Aktivitäten entwickelten.

Man brachte die Hydrolasen in unterschiedlicher Konzentration im Labor auf Zellkulturen, die Krebszellen enthielten. An der Auflösung der Krebszellen wurde die jeweilige Eignung gemessen. In unendlich zeitraubenden Versuchsreihen wurden die besten Enzyme aus der riesigen Menge der zur Verfügung stehenden Hydrolasen herausgefiltert.

Sie wurden schließlich zu optimal erscheinenden Gemischen vereint, wobei darauf geachtet wurde, daß die jeweilige Enzymtätigkeit der einzelnen Enzyme sich mit den anderen Enzymen ergänzte, sie verstärkte, und außerdem ein möglichst breites Spektrum aller erwünschten Reaktionen abgedeckt wurde.

Nach mehreren Jahren schälten sich besonders zwei Enzymmischungen heraus. Eine schien mehr die entzündlichen Gesundheitsstörungen zu beeinflussen, die andere mehr die degenerativen

Gesundheitsstörungen. Man nannte die im »Biological Research Institute« kombinierten und aus pflanzlichen und tierischen Grundstoffen gewonnenen Enzyme »Wolf-Benitez-Enzymgemische«. Das wurde später zu »WOBE-Enzymen« abgekürzt. Heute stehen sie uns hauptsächlich unter den Namen WOBE-Mugos und Wobenzym zur Verfügung. Bis es jedoch dazu kam, daß man die Enzymgemische überall in der Welt als Medikament anbieten konnte, mußte noch sehr viel Arbeit geleistet werden.

Probleme der richtigen Verpackung der Enzymgemische zu festen Dragees mußten gelöst werden, die optimale Aufnahme in den Organismus mußte untersucht werden. Und es mußte die Unschädlichkeit der auf natürlichem Wege eingenommenen Enzymgemische nachgewiesen werden.

Um das zu erreichen, verfütterte Professor Wolf seine Enzymgemische an Tiere in einer unvorstellbar hohen Dosierung. Er wollte wissen, ob eine derartige Menge an aktivierten, das Eiweiß auflösenden Enzymen nicht vielleicht doch außer Kontrolle geraten und den Organismus, in den sie eingebracht werden, angreifen und auflösen würden. Doch es passierte nichts. Die Enzyme taten nur brav das, was von ihnen verlangt wurde und spielten nicht verrückt.

Immer wieder wurden weitere Versuche angestellt, um eventuelle Risiken aufzudecken. Um sicher zu sein, daß der menschliche Organismus sich auch nach langfristiger Einnahme der Enzymgemische nicht daran gewöhnt und unter Umständen deshalb seine körpereigene Enzymbildung einstellt.

An den Überprüfungen der Sicherheit dieser neuen Art von Medikamenten war auch der deutsche Biologe Karl Ransberger beteiligt, der als junger Mann Ende der fünfziger Jahre Max Wolf kennengelernt hatte. Zusammen mit Professor Haubold. Professor Haubold war ein bekannter Arzt und Wissenschaftler aus München, mit einer nicht ganz so spektakulären, aber immerhin ebenfalls sehr ungewöhnlichen Laufbahn wie Wolf. Haubold beschäftigte sich damals gerade sehr intensiv mit der Vitaminforschung und arbeitete mit Ransberger an dem Zusammenhang zwischen Vitamin-A-Mangel und bestimmten Krankheiten, etwa der Kinderlähmung.

Es ging darum, das bei der zur Behandlung in großer Menge erforderliche und damit Nebenwirkungen auslösende Vitamin A so in den Organismus einzubringen, daß diese Schädigung so gering wie möglich gehalten wurden. Das schafften sie dank einer Vitamin A-Emulsion, die so ähnlich aufgenommen wird wie die Muttermilch vom Säugling.

Die Probleme der sicheren Aufnahme des Vitamins einerseits und die Probleme der sicheren Aufnahme der Enzyme in den Organismus andererseits ergänzten sich ideal. Es gab darüber hinaus viele Gemeinsamkeiten. Ransberger erkannte das Ausmaß dieses faszinierenden Gebietes und beschloß als knapp Dreißigjähriger, sich von nun an nur noch den Enzymen und den Vitamin-Emulsionen zu widmen.

Zunächst arbeitete Ransberger im »Biological Research Institute« mit, dann gründete er zusammen mit Wolf in München die bis heute bestehende und tätige »Medizinische Enzymforschungsgesellschaft«, um dort viele weitere Forschungsvorhaben durchzuführen.

Künstler, Politiker, Milliardäre, Stars

Von Anfang an hat Professor Wolf im vollen Vertrauen auf die Ungefährlichkeit und Wirksamkeit seiner Enzymgemische diese neuen Medikamente seinen Patienten gegeben. Und wurde durch die erzielten Erfolge belohnt.

Zu seinen Patienten zählten ungemein reiche und außerordentlich berühmte Leute. Sie erhielten die ungewöhnlichen, anderen Ärzten recht rätselhaft erscheinenden Medikamente, die zunächst auch nur in sehr begrenzter Menge hergestellt werden konnten und deshalb allgemein kaum zur Verfügung standen. Die Medikamente erwarben so den Ruf, wieder einmal nur etwas für die Reichen und Großen dieser Welt zu sein.

Daß Professor Wolf, der auf Äußerlichkeiten, auf Glanz und Gloria immer herzlich wenig Wert gelegt hatte, zu einem umschwärmten Leibarzt der High Society von Amerika wurde, lag an einer nicht übermäßig begabten Pianistin, die in den zwanziger

Jahren in New York im Orchester der Metropolitan Opera spielte und eines Tages einen Verkehrsunfall erlitt, bei dem sie leicht verletzt wurde. Man brachte sie in die Praxis des nächsten Arztes. Es war die HNO-Praxis von Professor Wolf.

Die Pianistin wurde von ihm versorgt, aber sie konnte das Honorar nicht bezahlen. Auf eigenen Wunsch arbeitete sie es bei ihm als Sprechstundenhilfe ab. Sie hieß Edith, war sehr wach, sehr klug und sehr den schönen Dingen des Lebens zugetan. Sie sah, wie genial dieser Max Wolf war, wie erfolgreich als Arzt, aber auch wie hilflos in vielen praktischen Belangen. So beschloß sie in ihrer energischen Art, sich um all das zu kümmern und heiratete ihn.

Das ging eine Weile gut. Doch ohne sein Wissen setzte sie eines Tages ein Inserat in die New York Times mit dem Text: »Gegen 1000 Dollar jährlich garantieren wir Ihnen und Ihrer Familie die Gesundheit. Professor Dr. Max Wolf.«

Nach diesem eklatanten Verstoß gegen jegliche ärztliche Standesehre mußte Wolf seine Professur aufgeben. Er nahm das nächste Schiff nach Europa und fuhr ohne seine etwas vorschnelle Frau Edith nach Wien zurück, wo er die ganze Medizin an den Nagel hängte und dafür wieder zu malen begann.

Frau Edith war darüber sehr erstaunt. Sie hielt die Idee mit dem Inserat nach wie vor für eine gute Sache und überbrückte zunächst einmal die abrupte Trennung von ihrem Max, indem sie einem jungen, gutaussehenden und wohlhabenden Mann nach Venedig folgte, um sich dort mit ihm zu amüsieren. Nur stellte sich der junge, gutaussehende und wohlhabende Mann sehr bald als überhaupt nicht amüsant heraus, sondern als sterbenslangweilig.

Sie ließ ihn deshalb am Lido von Venedig stehen, bzw. liegen, reiste nach Wien zu ihrem Mann und überzeugte ihn davon, daß man nicht einfach aufgibt. Daß man nicht fliehen, sondern kämpfen soll. So hängte er diesmal den Malerkittel an den Nagel, zog wieder den Arztkittel an und kehrte mit Frau Edith nach New York zurück, wo die Ärzteschaft ihn kopfschüttelnd, aber in Gnaden wieder in ihre Reihen aufnahm und ihm den Professortitel zurückgab.

So ganz ohne Wirkung war die ungewöhnliche Werbemethode von Frau Edith nicht. Immer mehr Berühmtheiten suchten ihn auf.

Die ersten Künstler, die zu ihm fanden, wurden durch seine Frau auf ihn aufmerksam. Sie schilderte in der Metropolitan Opera die fachliche Größe ihres kleinen Max in schillernden Farben. Zuerst aus Neugier, dann jedoch aus Begeisterung ließen sich Musiker, Sänger und Dirigenten der Met nun von ihm behandeln. Die Begeisterung für ihn war schließlich so groß, daß man ihn zum Hausarzt der Met ernannte. Eine Aufgabe, die der von Medizin und Kunst gleichermaßen angezogene Wolf viele Jahre lang mit großer Freude erfüllte.

Sie waren alle bei ihm: Caruso, Richard Tauber, Leo Slezak, Lily Pons, Lotte Lehmann, Furtwängler, Toscanini. Bei Schaljapin knipste Wolf, lediglich unter örtlicher Betäubung, einmal eine Wucherung im Rachen des göttlichen Sängers weg. Und zwar mit einer gewöhnlichen Nagelschere. Es war eine Operation, die kein anderer HNO-Arzt wegen des hohen Versicherungsrisikos vornehmen wollte. Ein falscher Schnitt und die Stimme wäre verloren gewesen.

Erna Sack ging zu ihm, aber auch solche selten in der Met zu hörenden Künstler wie Mario Lanza und Julie Andrews ließen sich von ihm behandeln. Julie Andrews begann erst nach einer Operation durch Wolf mit dem Singen. Es war ein Gesang, von dem der auf künstlerischem Gebiet zeitlebens recht konservativ eingestellte Wolf nicht besonders viel hielt.

Als Picasso einmal erkrankte und von Wolf die mittlerweile in Künstlerkreisen wie ein Geheimtip gehandelten WOBE-Enzymgemische zugeschickt bekommen hatte und danach gesundete, übersandte er Wolf zum Dank eines seiner Bilder. Wolf warf nur einen einzigen vernichtenden Blick auf das Gemälde von Picasso und gab es postwendend einem britischen Auktionshaus zum Verkauf. Das war nichts für den ehemaligen k. u. k. Hofmaler Seiner Majestät des Kaisers Franz Joseph von Österreich.

Ganz Hollywood pilgerte nach New York zu Wolf. Sie kamen alle. Von Rodolfo Valentino bis zu Marilyn Monroe, von Greta Garbo bis zu Clark Gable, von Gloria Swanson bis zu Gary Cooper. Chaplin kam zu ihm, Lionel Barrymore, Tallulah Bankhead, Mary Pickford, Marlene Dietrich.

Die Tradition in der Künstlerschaft, sich dieser neuartigen Medikamente zu bedienen und damit die Gesundheit möglichst zu erhalten, blieb bis auf den heutigen Tag bestehen. In vielen Theatern, Opernhäusern, Film- und Fernsehstudios wird man auch bei uns Künstler entdecken, die immer wieder nach den typisch orangerot gefärbten Dragees greifen. Oder sie sogar jahrelang vorsorglich Tag für Tag einnehmen. Wie Willy Millowitsch und Heidi Kabel, die sich einmal beide gegenseitig etwas Gutes tun wollten. Das Gute war in diesem Fall je eine Dose mit 800 Wobenzym-Dragees. Sie hatten dieses Medikament für ihr ureigenes Geheimnis gehalten, von dem nur sie etwas erfahren hätten.

Zu Wolf kamen natürlich auch die Reichen und Mächtigen. Die Mitglieder der großen Familien Amerikas. Die Vanderbilts, allen voran der alte Cornell Vanderbilt, die Rockefellers, die Kennedys. Präsidenten wie Truman und Eisenhower ließen sich von ihm behandeln. Edgar Hoover, Gründer und Leiter des amerikanischen Bundeskriminalamtes FBI, kam sogar bis nach München, um sich im Privathaus von Ransberger besonders viele Enzyme dieser Art verabreichen zu lassen. Er kündigte sich nie vorher an. Erst wenn Ransberger plötzlich stumme, breitschultrige Gestalten durch seinen Garten streifen sah, wußte er, daß bald der FBI-Chef auftauchen würde.

Wo immer Professor Wolf erschien, erschien auch die dort ansässige Prominenz. So besuchten ihn der Herzog von Windsor, Lord Mountbatten, Somerset Maugham, aber auch der Diktator Trujillo und die seinerzeit wahrscheinlich reichste Frau der Welt, Marjorie Merriweather Post sowie die taubstumme und blinde Helene Keller.

Das Ende und ein Anfang

Er hat einmal ein dickes Manuskript ohne Punkt und Komma heruntergetippt, vollgespickt mit hunderten von Anekdoten und wissenschaftlichen Bonbons: seine bislang nie veröffentlichten Memoiren. Er schrieb zum Schluß: Hundert Jahre alt wolle er werden.

Das ist wohl das einzige, was Max Wolf nicht geglückt ist, denn er starb mit 91 Jahren. Bis zu seinem Ende war er aktiv, geistig wach, ständig mit Zukunftsplänen beschäftigt, ungemein schwierig und ungeduldig, ungemein liebenswert und hilfsbereit, wissend lehrend und bis zum Schluß noch immer lernend.

1976 stellte man bei ihm Magenkrebs fest. Bereits inoperabel wurde er von seinen Kollegen als unbehandelbar aufgegeben. Man flog ihn auf seinen Wunsch nach Bonn und injizierte ihm in einer darauf spezialisierten Krebsklinik sein Enzymgemisch unter anderem direkt in den Tumor. Der Magentumor wurde daraufhin von den Hydrolasen zersetzt und aufgelöst. Doch die Belastung der Nieren mit dem Gift war zu groß, die Nieren versagten. Als Professor Max Wolf mit einem leichten Lächeln in den Mundwinkeln starb, saß Karl Ransberger an seinem Bett und schloß ihm die Augen.

Eigentlich bestand die Gefahr, daß mit dem Tod von Max Wolf auch die Enzymgemische sterben würden. Denn man könnte Wolf als das beste Enzym bezeichnen, das imstande war, innerhalb der Medizin eine positive Veränderung zu bewirken.

Ransberger übernahm mit dem wissenschaftlichen Erbe von Professor Wolf deshalb eine gewaltige Last. Vor ihm lag nicht nur die Aufgabe, umständlich und dementsprechend teuer herzustellende Medikamente in ständig steigender Qualität und Quantität für die Allgemeinheit auf den Markt zu bringen.

Es galt zudem, einer immer noch skeptischen, verständnislosen oder sogar rigoros ablehnenden Fachwelt zu beweisen, was Wolf erst in Ansätzen gelungen war: daß diese Medikamente sicher in der Anwendung sind, keine nennenswerten Nebenwirkungen besitzen, mit anderen Medikamenten verträglich sind, allgemein genutzt werden können und tatsächlich im menschlichen Organismus die behaupteten gesundheitsfördernden Wirkungen auslösen.

Es galt nachzuweisen, daß keine Utopie vorlag. Daß keine Denkfehler den Wunschtraum vom Einsatz der Gesundmacher zum Zerplatzen bringen konnten. Einige Ergebnisse der seitdem von Ransberger und seinen Mitarbeitern geleisteten Arbeit sollen zeigen, daß dieser Nachweis gelungen ist.

8. KAPITEL

Heilmittel: Wirksam und sicher

Es fängt schon damit an, daß die Leute in den Gesundheitsbehörden aller Länder – da sind sie sich alle einig, ob die FDA in Amerika, bei uns das BGA oder die Behörden sonstwo – die Hände über dem Kopf zusammenschlagen, wenn sie lesen, was alles in den Enzymgemischen von Wolf und Benitez enthalten ist: Enzyme tierischer Herkunft wie Pankreatin, Chymotrypsin, Trypsin, Amylase, Lipase sowie Enzyme pflanzlicher Herkunft wie Papain und Bromelain, dazu noch etwas Vitamin P und in einem anderen Gemisch auch noch Hydrolysate aus Kalbsthymus und weitere Proteasen.

Kombinationspräparate! Da kann man doch im Labor überhaupt keine sichere Aussage erhalten, welche Inhaltsstoffe nun welche Wirkung erzielen, ob sie sich gegenseitig stören oder was da eigentlich los ist.

Eine Forderung der Behörden ist die Forderung nach Ordnung. Immer nur ein Wirkstoff im Medikament. Damit man genau kontrollieren kann, was dieser Wirkstoff tut. Diese Forderung vertreten auch eifrige Prediger einer besseren Pharmazeutik und die Autoren von etwas einseitiger Optik geprägter Veröffentlichungen.

Wir müßten demnach aufhören, ein Stück Brot zu essen oder ein Glas Wasser zu trinken. Denn das sind reine Kombinationspräparate, noch dazu mit nicht standardisierter Zusammensetzung und einem nicht exakt definierten Synergismus. Unter Synergismus versteht man in der Pharmakologie die sich gegenseitig unterstützende Wirkung mehrerer Arzneimittel oder deren Inhaltsstoffe. Brot und Wasser sind demnach pharmakologisch absolut abzulehnen oder sollten nur auf Rezept, mit ellenlangen Warnhinweisen auf dem Beipackzettel versehen, verkauft werden.

Die ganze Geschichte mit der Verteufelung aller Kombinationspräparate ist wirklich eine aus dem Nebel grauer Theorien heraus geborene Idee, die nicht gerade von praktischem Verständnis der biochemischen Gesetze zeugt. Daß einige Kombinationspräparate tatsächlich ein ziemlicher Unfug sind, bedeutet noch lange nicht, daß alle Kombinationspräparate zweifelhafte Medikamente sind, die man aus den Regalen der Apotheken entfernen sollte.

Für die Enzymgemische, um die es hier geht, gibt es erfreulicherweise handfeste Beweise, daß die Kombination mehrerer Enzyme nicht etwa nach dem Motto gewählt wurde: Tun wir einfach alles rein in die Medikamente, irgendwas wird dann schon helfen.

Richtig kombiniert

Jedes Enzym ist ein Spezialist, paßt zu einem bestimmten Substrat und verändert es nur auf eine bestimmte Weise und ist nur in einem bestimmten Säure/Basen-Milieu richtig aktiv. Wenn eine Gesundheitsstörung vorliegt, dann ist das so, als ob ein Haus brennt. Da wäre es wenig hilfreich, nur einen Schlauch hinzulegen oder eine Leiter zu holen. Es werden viele Dinge benötigt, es muß eins in das andere greifen. Fehlt ein Eimer in der Eimerkette bis zum Brandherd, wird das Feuer nicht gelöscht.

Also muß man dem Organismus auch eine möglichst große Palette von Enzymen anbieten, damit diese Lücke möglichst nicht entsteht.

Ein zweiter Grund für die Kombination der Enzyme ist die Tatsache, daß dem Organismus erheblich besser und schneller geholfen ist, wenn verschiedene Enzyme gleichzeitig unterschiedliche Abschnitte eines Substrates verändern. Man muß sich vorstellen, daß die Substrate meistens nicht völlig in dem aktiven Zentrum des Enzyms verschwinden, sondern nur ein winziger Abschnitt des Substrates hineinpaßt. Es gibt Riesensubstrate, die von unzähligen verschiedenen Enzymen bearbeitet und zerspalten werden. Das ist so, als ob handtellergroße Krebse einen Flugzeugträger zerschnipseln und versenken würden.

Ein dritter Vorteil der Kombination besteht darin, daß sie zwar zum Teil Enzyme der gleichen Art enthalten, die aber verschiedener Herkunft sind. Auf diese Weise wird die unterschiedliche Aktivität ausgeglichen, die bei Enzymen gleicher Herkunft bestehen kann.

Schließlich gibt es ein etwas einfacheres Beispiel für die Vorteile

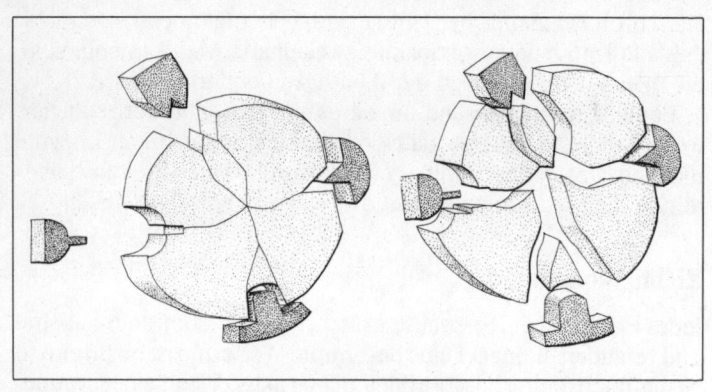

Verschiedene Enzyme spalten ein großes Substrat

von ausgewogenen Enzymkombinationen. Nämlich deren größere und breitere Wirkung bei der praktischen Anwendung gegenüber den Monoenzym-Präparaten mit nur einem Einzelenzym als Wirkstoff.

Es existieren mittlerweile mehrere Monoenzym-Präparate, die man – mit einer begrenzteren Wirkung gegen manche Krankheiten oder Verdauungsbeschwerden – ebenfalls einnehmen kann. Das berühmteste ist das Enzym-Präparat Aniflazym, mit dem weltweit größten Umsatz. Es enthält das Enzym Serrapeptase, das aus einem Mikroorganismus isoliert wird, der im Darm der Seidenraupe lebt. Das Präparat wird von der Firma Takeda hergestellt und zählt in Japan zu den am häufigsten verwendeten Medikamenten. Andere Monoenzym-Präparate enthalten das aus dem Bauchspeicheldrüsensaft gewonnene Pankreatin oder das aus der Papayafrucht gewonnene Papain oder das aus der Ananas gewonnene Bromelain.

Man kann sie alle in speziellen Fällen durchaus mit Nutzen einsetzen. Nur darf man sich von den Einzelenzym-Mitteln nicht eine derart umfassende und deutliche Wirkung erwarten, wie es mit den Enzymkombinationen nach Wolf und Benitez nun einmal möglich ist.

Abgesehen davon sind genaugenommen die meisten Einzelenzym-Mittel in Wirklichkeit auch kleine Kombinationspräparate. Denn das Pankreatin enthält beispielsweise nicht nur ein Enzym, sondern mindestens ein Dutzend. Auch Papain und Bromelain sind in sich bereits Kombinationen mehrerer Enzyme.

Genug kombiniert. Nunmehr haben wir langsam die Information mitbekommen: Die relativ große Zahl der verschiedenen in den Enzymgemischen kombinierten Inhaltsstoffe ist kein Nachteil, sondern ein Vorteil. Es ist ein weiterer Grund für die außerordentlich bemerkenswerte Wirkung der Mittel auf so vielen unterschiedlichen Gebieten.

Die Frage nach der Sicherheit

Damit ist jedoch noch nicht die Frage beantwortet, ob die WOBE-Enzyme vielleicht doch gefährlich sind. Ob das Risiko besteht, die fremden Enzyme könnten sich zusammentun, verrückt spielen und anfangen, uns in die Einzelteile zu zerlegen. Die Frage nach der Sicherheit der Medikamente ist natürlich auch deshalb besonders wichtig, weil Enzymgemische wie das Wobenzym unter Umständen über lange Zeit hinweg und in relativ hohen Dosen eingenommen werden sollten.

Es geht hier um Fragen wie diese: Ab wann werden die zugeführten Enzyme zum Gift, welche Nebenwirkungen können sie verursachen, wie verändern sie das Wachstum der Leibesfrucht bei Schwangeren, wie verändern sie möglicherweise die Zellen?

Man hat an zahllose Hunde, Kaninchen, Meerschweinchen und Ratten diese Medikamente zentnerweise verfüttert. Ehe die Tierschützer auf die Barrikaden gehen, sei rasch mitgeteilt, daß es den Tieren kaum etwas geschadet hat. Einigen hat es lediglich vorübergehend den Appetit und die Stimmung verdorben.

Eine tödliche Dosis der Medikamente konnte nicht ermittelt werden, da die Tiere auch völlig unsinnig anmutende Mengen schadlos überlebt haben. So gab man Meerschweinchen und Ratten beispielsweise sechs Monate lang täglich eine Dosis Wobenzym, die bei einem 60 Kilo schweren Menschen etwa 250 Dragees pro Tag entsprechen würde. Die Tiere zeigten keinerlei negativen Wirkungen. Man gab über kürzere Zeit hinweg Rattenweibchen eine uns Menschen entsprechende Dosis von mehr als 2500 Dragees täglich. Ihre Organe wurden dadurch nur schwerer und sie wirkten ein wenig müde.

Auch Zellveränderungen, also Mutationen, löste das Wobenzym nicht aus. Man gab die im Wobenzym enthaltene Enzymmischung immer wieder in Zellkulturen und suchte nach irgendwelchen Anzeichen einer Zellgiftigkeit oder einer Mutation. Man fand nichts. Die Enzympräparate erwiesen sich als sicher.

Nicht für jeden: Die Gegenanzeigen

Selbstverständlich gibt es eine Einschränkung, bei der man nicht auf Tierexperimente angewiesen ist, um festzustellen: In der Schwangerschaft sollte man mit der Einnahme von Enzympräparaten vorsichtig sein, weil man prinzipiell mit der Einnahme von Medikamenten während der Schwangerschaft zurückhaltend sein muß. Auch wenn nur bei einer extrem hohen Dosis der Enzyme das neue Leben im Mutterleib dadurch vielleicht geschädigt werden könnte, darf man dieses wohl nur theoretische Risiko nicht eingehen. Auch stillende Mütter sollten die Einnahme vermeiden, weil die Enzyme die Muttermilch verändern könnten.

Die zweite Gegenanzeige, die eine Anwendung der Enzympräparate einschränkt, betrifft Bluter oder andere Kranke, deren Blut so dünnflüssig ist, daß bei jeder kleinen Verletzung die Blutgerinnung nicht einsetzt und der Mensch deshalb zu verbluten droht. Hier ist das Blutfließgleichgewicht derart gestört, daß die in den Enzympräparaten enthaltenen Auflöser der Blutklebstoffe diese krankhafte Blutverflüssigung noch verstärken könnten, weil der Gegenspieler fehlt. Außerdem sollte man direkt vor oder nach chirurgischen Eingriffen, die mit einem erhöhten Blutungsrisiko verbunden sind, die Dosis beachten, um die Blutstillung nicht zu stören. Auch bei Patienten, die mit Medikamenten wie Marcumar auf Dauer eine künstliche Blutverflüssigung vornehmen, fehlt der Gegenspieler, und die Enzympräparate könnten dazu führen, die Verflüssigung zu stark anzukurbeln.

Wechselwirkung und Nebenwirkung

Abgesehen von dieser Ausnahme des Marcumar sind gerade die Wechselwirkungen mit anderen Medikamenten ein weiterer Pluspunkt der Enzympräparate. Man hat nämlich festgestellt, daß eine gleiche Dosis von chemotherapeutischen Medikamenten eine höhere Wirkung ergab, wenn man sie zusammen mit den Enzymen nahm. Das funktioniert bei Antibiotika, Sulfonamiden und anderen Chemotherapeutika. Das sind alles Medikamente mit zum Teil erheblichen Nebenwirkungsrisiken. Wissenschaftliche Untersuchungen zeigten, daß die Enzyme geeignet sind, bei elf problematischen Chemotherapeutika die Wirkung um zwischen acht und 40% zu steigern. Das bedeutet, daß man – um die vom Arzt beabsichtigte Wirkung zu erzielen – die Dosis und damit die Risiken um diese Prozentzahl senken kann. Auch andere Medikamente steigerten ihre Wirkung und ihre Verträglichkeit verbesserte sich, wenn sie zusammen mit Wobenzym eingenommen wurden.

Nun gut. Wechselwirkungen können sich also sogar als positiv herausstellen. Aber wie ist das mit den Nebenwirkungen?

Es kann bei manchen Menschen – man schätzt bei 50% aller Anwender – zu einer harmlosen Veränderung des Stuhls in Beschaffenheit, Farbe und Geruch kommen. Der Geruch erinnert an die Duftmarken der Kater. Das mag als etwas störend empfunden werden, aber es hat weiter keinerlei Bedeutung und vergeht in der Regel nach einigen Tagen wieder. Verursacht wird das Ganze von aktivierten Enzymen, die nach der Einnahme nicht in die Blut- und Lymphbahn wandern, sondern den normalen Weg durch den Darm nehmen. Übrigens riechen die in den Medikamenten enthaltenen Enzyme ebenfalls nicht gerade angenehm. Sie schmecken auch äußerst schlecht, wie jeder weiß, der einmal ahnungslos ein Dragee für ein Bonbon gehalten und zerbissen hat.

Sonst passiert nichts? Seit 1976 wurden die vier im Handel befindlichen Enzympräparate mit den von Wolf und Benitez gefundenen Mischungen mehr als 20 Millionen mal verordnet und weit öfter ohne Verordnung eingenommen. Dabei wurden insgesamt rund 240 Fälle von Nebenwirkungen gemeldet. Das waren meistens Beschwerden wegen gesteigerter Darmgasbildung oder auch leichte Blutungsanstiege nach Operationen oder Verletzungen. Selten kam es bei der Anwendung enzymhaltiger Klistiere zu leichtem Hautbrennen oder Jucken. Allergische Reaktionen gab es selten.

Nur dreimal kam es zu den anaphylaktischen Schockreaktionen auf Fremdeiweiß. Aha, werden die Skeptiker sagen, also doch: Es kommt auch bei diesen gepriesenen und angeblich gefahrlos laufend in großen Mengen einnehmbaren Enzympräparaten zu jenen anaphylaktischen Schockreaktionen, die man schon von der Klinik her bei den Infusionen mit Streptokinase, Urokinase und anderen her kennt. Man darf also auch hier nur mit äußerster Vorsicht vorgehen und sollte es den Ärzten in der Klinik überlassen, so etwas – wenn überhaupt – anzuwenden.

Die anaphylaktischen Schockreaktionen traten nur bei Injektionen mit einem rezeptpflichtigen Enzympräparat auf, das zur Verringerung der Schmerzen bei der Injektion zuvor mit dem örtlichen Betäubungsmittel Lidocain vermischt wird. Und daß es durch eiweißhaltiges Lidocain bisweilen zu anaphylaktischen Reaktionen kommen kann, weiß jeder Zahnarzt. Die gemeldeten drei Fälle gehen deshalb wohl nicht zu Lasten der Enzyme, sondern zu Lasten des auch in der täglichen Praxis der Ärzte ständig eingesetzten Lidocains.

Also: nicht in der Schwangerschaft oder während der Stillzeit, nicht bei Blutern, nicht bei Patienten, die ständig Marcumar einnehmen müssen. Was noch? Der Stuhl kann hell werden und nach Kater riechen, das Mikroklistier kann bisweilen etwas am Po brennen und jucken – ist es demnach doch nicht so weit her mit der Harmlosigkeit dieser allmächtigen Gesundmacher?

Lesen Sie einmal die lange Liste der Gegenanzeigen, Nebenwirkungen, Begleiterscheinungen, Wechselwirkungen, Hinweise und Warnungen bei einigen als sicher bezeichneten Medikamenten. Dann merkt man, daß sich wohl kaum ein anderes Medikament von der Ungefährlichkeit solcher Enzympräparate finden läßt.

Diese Harmlosigkeit haben manche Ärzte, die nicht an die Wirkung der Enzympräparate glauben, auch prompt als Argument benutzt. Sie sagen: »Wenn die Medikamente derart harmlos sind, derart wenige Nebenwirkungen zeigen, dann können sie auch nicht wirken. Denn keine Wirkung ohne Nebenwirkung.« Mit anderen Worten: Je mehr Nebenwirkungen, um so wirksamer und damit um so besser ist ihrer Ansicht nach das Medikament. Man sollte demnach anscheinend nur gefährliche, nebenwirkungsreiche Medikamente im Handel lassen.

Es kommt darauf an, was ankommt

Das Argument der fehlenden Wirkung ist überhaupt die wichtigste Waffe der Gegner jeder »systemischen« Enzymtherapie, mit dem die in ihren Augen wissenschaftlich völlig unhaltbare Methode endgültig vom Tisch gefegt werden könnte.

Darum haben wir es uns bis zum Schluß aufgehoben, um das häufigste Argument in aller Ruhe zu prüfen. Denn es ist ganz klar: Wenn die Enzyme wirklich nicht aus dem Darm über den Blut- und Lymphkreislauf in den gesamten Organismus gelangen, um dort ihre vielfältige und segensreiche Wirkung durch ihre hilfreiche Anwesenheit zu ermöglichen, kann man die Geschichte vergessen.

Es gibt einen Beweis für die Wirksamkeit der Enzympräparate, der zwar überzeugend ist, aber sich etwas irritierend anhört. Nimmt man nämlich Medikamente wie etwa das Wobenzym bei entzündlichen Krankheiten ein, dann merkt der Patient die Wirkung häufig daran, daß die Entzündung stärker wird. Warum und wieso, und weshalb das ein gutes Zeichen einer beginnenden Gesundung sein kann, soll in dem Kapitel über die Entzündung näher erklärt werden. Es handelt sich um die sogenannte Erstverschlimmerung, die wieder abklingt und den Weg frei macht für die Heilung.

Das ist keine Nebenwirkung. Es ist Wirkung. Aber diese Art von Wirkungsnachweis genügt sicherlich den meisten Skeptikern längst nicht. Sie möchten es genau wissen, möchten Arbeiten sehen, Laborwerte, Tests, Kurven, Statistiken. Sie möchten die Aufnahme auf natürlichem Wege eingenommener Fremdenzyme in den gesamten menschlichen Organismus nachgewiesen bekommen: die Resorption.

Mit ausgestrecktem Zeigefinger weisen die Skeptiker auf die Lehrbücher, in denen mit wissenschaftlichem Ernst behauptet wird, Makromoleküle, wie es die Enzyme sind, könnten die Barriere der Darmwände nicht überwinden und in die Blut- und Lymphbahn einfließen.

Was sind Makromoleküle eigentlich? Die Verbindung von zwei oder mehr Atomen nennt man ein Molekül. Binden sich mehr als 1000 Atome zu einem Molekül zusammen, nennt man das ein Makromolekül. Die auf natürlichem Wege in den Organismus eingebrachten Enzympräparate enthalten nun lauter Enzyme, die sogar ziemlich große Makromoleküle sind. Ihre Molekulargewichte schwanken zwischen 18 000 und 60 000 Atomen pro Molekül.

Daß irgend etwas an den alten Lehrbüchern nicht ganz stimmen kann, müßte man eigentlich schon daran sehen, daß Säuglinge – die ohne Schutz vor bakteriellen Erkrankungen geboren werden – mit der Muttermilch die zum Schutz erforderlichen Antikörper aufnehmen, und diese Antikörper nun aus dem Darm über die Blut- und Lymphbahn in den gesamten Organismus des Säuglings gelangen. Die Antikörper sind ebenfalls Makromoleküle von durchaus vergleichbarer Größenordnung wie die Enzyme. Man nennt die Antikörper auch Gammaglobuline.

Um die Resorption solcher Makromoleküle näher zu prüfen, hat Professor Seifert von der Chirurgischen Universitäts-Klinik in Kiel radioaktiv markierte Gammaglobuline des Pferdes an Ratten und Hunde verfüttert und auch von Menschen einnehmen lassen. Diese Gammaglobuline des Pferdes besitzen sogar ein Molekulargewicht von 120 000, sind also extrem groß.

Sie wurden resorbiert. Das heißt, sie gelangten aus dem Darm in das Blut und konnten im gesamten Organismus der Ratten, Hunde und Menschen nachgewiesen werden.

Damit entfiel auch das hilfsweise herangezogene nächste Argument der Gegner, die in Magen und Darm gelangten Fremdenzyme könnten höchstens so eine Art von Zündfunken zur Anregung einer Bildung gleicher körpereigener Enzyme im Gesamtorganismus sein. Ein Signal, mehr nicht.

Aber die Kritiker waren nicht um ein weiteres Gegenargument

verlegen. Klar, hieß es, diese fremden Makromoleküle gelangen deshalb aus dem Darm in Blut und Lymphe, weil sie im Darm enzymatisch zerlegt und so zerkleinert werden, daß sie sich als winzige Einzelteile durch die engen Darmzottem zwängen und in die Blut- und Lymphbahn gelangen können.

Professor Seifert stellte weitere Versuche an und wies dann mit Hilfe immunologischer Testsysteme einwandfrei nach, daß die Gammaglobuline nicht etwa zerkleinert, sondern unzerstört und in ihrer ganzen Größe im Gesamtorganismus angekommen waren.

Die Gegenargumente wurden nun immer fadenscheiniger. Nun gut, hieß es jetzt, vielleicht gilt die Resorption bei Gammaglobulinen oder weiteren Antikörpern. Aber eben nicht für Enzyme. Doch auch dieses Argument wurde von Seifert und anderen Wissenschaftlern einwandfrei widerlegt. Immer mehr Untersuchungen über die Resorption von Makromolekülen über den Darm in den Gesamtorganismus an vielen Universitäten und Kliniken folgten und widerlegten die alten Lehren endgültig.

Man weiß heute, daß die Aufnahme in den Gesamtorganismus zwar abhängig ist von der Größe der Moleküle, aber manche sehr große Makromoleküle sogar besser resorbiert werden als manche kleinere. Man weiß auch, daß die Resorption abhängig ist von der Herkunft der Enzyme, von deren Konzentration und Aktivität, vom Darmmilieu und weiteren individuell verschiedenen Voraussetzungen.

Die zahlreichen Testmethoden zur Bestimmung der Resorptionsrate – also der Bestimmung, wie viele der Enzyme denn im Organismus aufgetaucht sind – haben alle bestätigt, daß eine Resorption stattfindet. Aber sie haben, da sie alle mit etwas unterschiedlichen Meßmethoden durchgeführt werden, keine einheitliche Resorptionsraten ergeben. Diese Einschränkung gilt für alle Makromoleküle, nicht nur für die Enzyme.

Deshalb ist es nun zwar wissenschaftlich unwiderlegbar bewiesen, daß Makromoleküle, wie die in den Enzymgemischen enthaltenen Enzyme, unzerstört über den Darm vom gesamten Organismus aufgenommen werden, aber es gibt wegen der unterschiedlichen Meßverfahren bis jetzt noch keine exakten Werte, wieviel Prozent der eingenommenen Enzyme letztlich die Reise unbeschadet überstehen.

Die Reise bis zum Ziel

Denn natürlich kommt nicht jedes eingenommene oder auf die Haut aufgetragene oder rektal per Mikroklistier eingeführte Enzym unbeschadet und putzmunter an dem Ort im Körper an, an dem seine Anwesenheit dringend erwartet wird. Die Truppe der Enzyme erleidet unterwegs zum Teil erhebliche Verluste. Nur die stärksten, tapfersten oder vom Glück begünstigten Enzyme kommen zum Schluß aktiv an.

Man glaubte lange Zeit, die in Form von Dragees oder Tabletten eingenommenen Enzyme würden bereits im eiweißspaltenden Magen zerlegt werden. Auch einige der Enzympräparate nach Wolf und Benitez sind magensaftresistent verarbeitet und haben einen Schutzmantel, der sich erst im Darm auflöst. Unterdessen hat sich erwiesen, daß die Enzympräparate von den Magensäften nicht in dem Maß angegriffen werden, wie man es zunächst befürchtete.

Im Darm werden einige der Enzyme, die ja im inaktiven Zustand geschluckt werden, bereits aktiviert. Sie können dort Völlegefühl und Blähungen auslösen sowie zur Veränderung des Stuhls in der Beschaffenheit, in Farbe und Geruch führen. Auf noch direkterem Weg in den Darm gelangen die Enzyme nach rektaler Verabreichung also mit Hilfe von Mikroklistieren.

Man hat lange gerätselt, wie die Makromoleküle es schaffen, sich durch die engen Darmzotten oder zwischen den Darmzotten den Weg in die Blut- und Lymphbahnen zu erzwingen. Es scheint drei verschiedene geniale Methoden zu geben, mit denen Makromoleküle die Barriere überwinden. Es würde zu weit führen, hier lange und komplizierte Erklärungen über diese Mechanismen folgen zu lassen. Es geschieht jedenfalls so ähnlich wie bei der Rückführung des im Darm nicht genutzten Pankreassaftes. Die gesunde Bauchspeicheldrüse produziert relativ große Mengen des mit Enzymen arbeitenden Saftes, die nicht vollständig verbraucht werden. Die sparsame Natur holt sich deshalb den nicht genutzten Saft immer

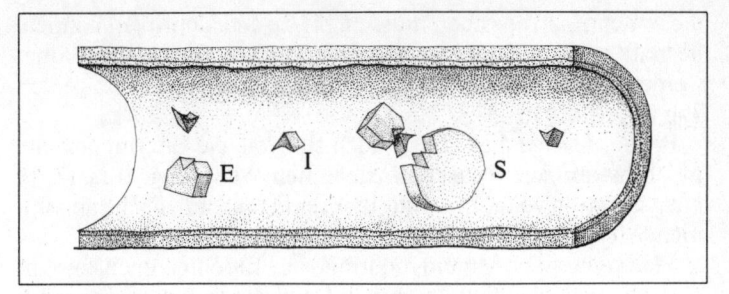

Enzymhemmer (I) legen im Blut ankommende Enzyme lahm

wieder in die Bauchspeicheldrüse zurück. Und zwar tritt er durch den Darm aus und gelangt dann über den Blutkreislauf wieder zur Bauchspeicheldrüse zurück. Ein ganz eigenartiger kleiner Kreislauf, der in der Medizin noch ein Aschenputteldasein führt, aber mehr Beachtung verdient.

So genial die Methoden auch sein mögen, mit denen die Enzyme die Barriere der Darmzotten überwinden und in die Blut- und Lymphbahn kommen, es ist für die Enzyme immer ein schwieriges und verlustreiches Unterfangen.

Die dadurch gegenüber der ursprünglich eingenommenen Enzymmenge ziemlich reduzierte Truppe wird jetzt noch dazu im Blut von unseren körpereigenen Enzymhemmern angegriffen. Denn unsere Enzymhemmer halten die plötzliche Zufuhr neuer Enzyme automatisch für einen Fehler im System: für eine Störung des Gleichgewichtes. Also stürzen sich die für die ankommende Sorte von Enzymen jeweils zuständigen spezifischen Enzymhemmer auf die Neulinge, klemmen sich dort im aktiven Zentrum fest und legen sie lahm. Erst dann, wenn unser Körper keine freien Enzymhemmer dieser Sorte mehr vorrätig hat, können die restlichen Enzyme tatsächlich ungestört an dem Ort, an dem sie benötigt werden, ihre hilfreiche Anwesenheit zur Verfügung stellen. Übrigens sind immer dort, wo der Organismus krankhaft gestört ist, praktischerweise auch weniger Enzymhemmer anzutreffen, die Chance der ankommenden Enzyme ist also dort größer, nicht neutralisiert zu werden.

Wenn man liest, welchen gefahrvollen und verlustreichen Weg

die armen Enzyme gehen müssen, bis sie endlich wirken können, begreift man, warum in der Regel so viele Dragees verordnet werden. Warum es kaum einen Sinn hat, nur ein einziges Dragee am Tag zu schlucken.

Bei der Gelegenheit: Es ist auch sinnvoll, die Enzympräparate möglichst auf leeren Magen einzunehmen. Wenn Magen und Darm nicht gerade in voller Enzymtätigkeit sind und deshalb die ankommende Truppe eher ungeschoren lassen.

Man sollte sie außerdem mehrmals am Tag einnehmen, zumindest morgens und abends einmal. Denn die in den Enzymgemischen enthaltenen Hydrolasen besitzen nach ihrer Aktivierung (durch Wasser und Sauerstoff) in unserem Organismus eine Lebenszeit von höchstens fünf Stunden.

Viele Dragees mehrmals am Tag einzunehmen – das ist eben nur mit derart ungewöhnlichen Medikamenten möglich, die nichts enthalten, was uns im Allgemeinen selbst bei einer gewaltigen Überdosierung ernsthaft schaden könnte. Nicht zuletzt auch wegen der Tatsache, daß uns schließlich nur ein gewisser Prozentsatz davon im Organismus aktiv zur Verfügung steht. Wieviel ist das? Ein Enzym von hundert? Die bisher vorliegenden Ergebnisse aller wissenschaftlichen Untersuchungen über die Resorptionsrate lassen darauf schließen, daß generell 12–20% der eingenommenen Hydrolasen aktiv dort ihre Wirkung ausüben, wo sie im Organismus benötigt werden.

Die Frage der Resorptionsrate ist für uns nicht besonders wichtig. Sie mag für den Biochemiker von Belang sein. Nicht einmal der Gesetzgeber pocht darauf, die Resorptionsrate zu erfahren. In den Arzneimittelprüfrichtlinien von 1986 heißt es denn auch in der vom Gesetzgeber so eindrucksvoll beherrschten Fachsprache: »Sofern Methoden zur Bestimmung von Stoffkonzentrationen nicht zur Verfügung stehen, können Zeit-Wirkungs-Kurven einer gut meßbaren pharmakodynamischen Wirkung des Stoffes (sogenannte Effektkinetik) akzeptiert werden.«

Das heißt auf weniger gut deutsch: Man muß nicht unbedingt nachweisen, wie viele Wirkstoffe eine bestimmte Wirkung ausüben, solange die Wirkung selbst nachgewiesen wird.

Daß die Enzympräparate wirken, das ist nun hoffentlich deutlich geworden. Jetzt geht es darum, wie sie wirken und wogegen sie wirken. Es geht um das Thema, welche Gesundheitsstörungen mit auf natürlichem Wege einzunehmenden Enzymgemischen zu behandeln und zu beheben sind. Es geht um das Thema der gestörten Körperabwehr, der Entzündungen, der Verletzungen, der Durchblutungsstörungen, der Zellentartungen, der Viruserkrankungen. Und um die Folge einer allgemein sinkenden körpereigenen Enzymtätigkeit, nämlich um das Altern.

9. KAPITEL

Abwehrkraft: Der Körper und nicht der Arzt

Gibt es kein wichtigeres Thema als ausgerechnet die körpereigene Abwehrkraft? Gibt es denn nicht die großen Krankheiten, deren Behandlung uns brennender interessiert als eine Diskussion über ein für die Abwehr zuständiges Immunsystem, das sowieso derart kompliziert ist, daß selbst Ärzte manchmal Mühe haben, alles in die Reihe zu bekommen?

Gibt es nicht. Deshalb beginnen wir mit dem, das allem zugrunde liegt, was mit Gesundheit und Krankheit zu tun hat: mit der Immunologie. Und mit der Möglichkeit, das Immunsystem so zu stärken, daß es in der Lage ist, unsere Gesundheit zu erhalten und Krankes zu heilen.

Denn nicht die Medizin »heilt«, nicht das Medikament. Kein Arzt kann eine Wunde heilen. Er kann zur Heilung beitragen, er kann auf vielfältige Weise den Körper entlasten, ihn unterstützen. Aber die Heilung und Erhaltung der Gesundheit ist die Aufgabe des körpereigenen Abwehrsystems.

Erstaunlicherweise gab es vor rund 30 Jahren das Wort Immunsystem noch nicht im Sprachgebrauch der Ärzte. Man sucht in den medizinischen Wörterbüchern jener Zeit vergeblich nach Hinweisen auf das System, das unseren Organismus in jeder Sekunde des Lebens schützt, das die ständig eindringenden Feinde wie Bakterien oder Viren angreift und vernichtet, das Gifte und Schlacken zerlegt und abtransportiert. Man sucht vergeblich nach Hinweisen auf das wichtigste System, das immer an erster Stelle stehen sollte.

Heute erscheint es uns undenkbar, über die Behandlung von Krankheiten ohne Einbeziehung der Abwehr, der Entgiftung, der Ausleitung zu diskutieren. Vom Schnupfen bis zu Aids gibt es wohl nichts, was man ohne die Beschäftigung mit der Immunologie angehen könnte.

Darüber zu berichten, ist nicht einfach. Einmal handelt es sich bei dem Immunsystem vielleicht um das komplizierteste, mit Hunderten von Regelmechanismen versehene Organsystem überhaupt, zum anderen sind die Erkenntnisse über dieses unerhört aufwendige Regelsystem noch ziemlich frisch und längst nicht voll ausgeschöpft. Außerdem bereitet die Umsetzung dieser fast ausschließlich in Fach-Chinesisch veröffentlichten Erkenntnisse in eine allgemein verständliche Form dementsprechende Probleme.

Jeder Versuch, die Grundzüge des körpereigenen Abwehrsystems zu schildern oder zu erklären, was passiert, wenn das Abwehrsystem versagt oder sogar selbst zur Krankheitsursache wird, schlängelt sich deshalb zwischen der Bemühung um fachliche Richtigkeit und der Bemühung um Verständlichkeit hindurch. Diesen Slalom sollten Sie ruhig mitmachen, weil am Ziel etwas Wertvolles wartet: ein Wissen über das Prinzip, das Ihr Leben schützt und ein Wissen, wie man dem Leben helfen kann.

Feinde finden, festhalten und fressen

Genaugenommen gibt es nicht nur ein Immunsystem, es gibt mindestens zwei. Fangen wir einmal an mit dem ganz allgemeinen, dem unspezifischen Abwehrsystem. Es entgiftet den Organismus hauptsächlich durch die dicken, großen, auf alle schädlichen Stoffe gierigen Freßzellen.

Das sind Makrophagen, zu deutsch die Großfresser. Nicht nur von außen eindringende Mikroorganismen oder chemische Gifte, sondern auch körpereigene Schlacken, absterbende, nicht mehr funktionstüchtige Zellen und im Körper gebildete Giftstoffe werden von den überall millionenfach ständig herumschwimmenden Makrophagen entdeckt, umflossen, eingesogen, aufgelöst – da haben wir wieder mal unsere Enzyme – und ausgespuckt oder abtransportiert.

Diese durch Makrophagen erfolgende Entgiftung und Ausleitung von Schadstoffen aller Art ist für die Erhaltung der Gesundheit natürlich außerordentlich wichtig. Man sollte die hungrigen Makrophagen deshalb hegen und pflegen. Aber leider geschieht das nur noch selten. Denn die Einnahme vieler moderner chemotherapeutischer Medikamente, aber auch die zahlreichen Umweltgifte und

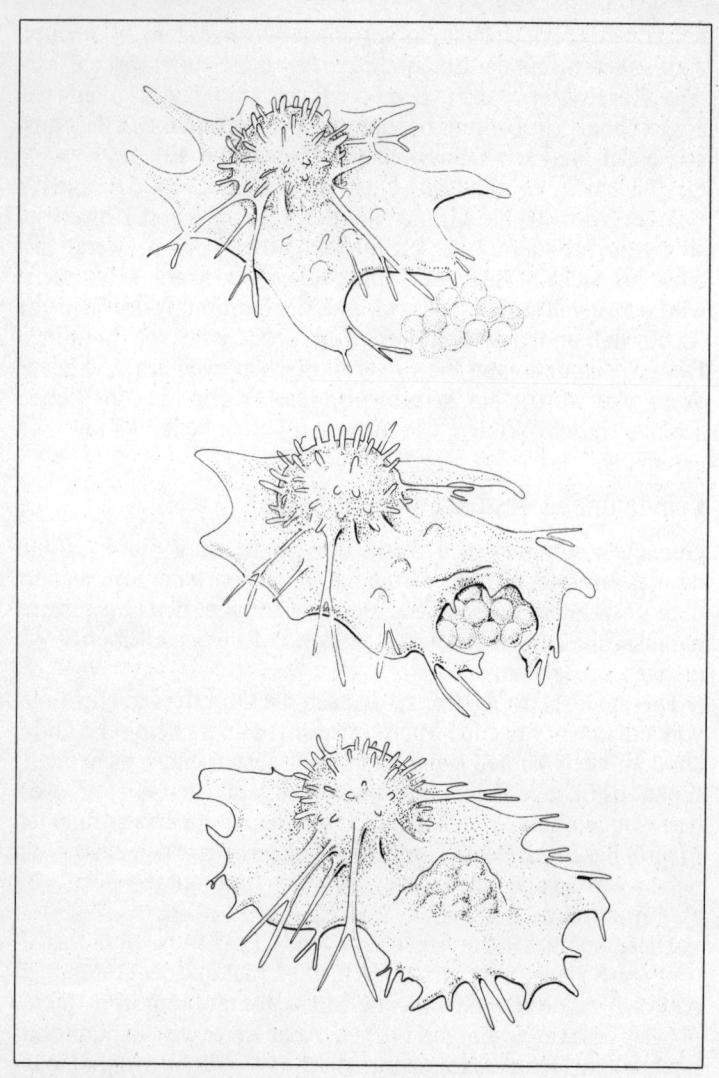

Makrophage frißt Bakterien

eine von den Ernährungsfehlern bis zum Drogenmißbrauch den Körper belastende ungesunde Lebensweise verursachen eine Hemmung der Makrophagen.

Werden die Makrophagen deutlich oder über längere Zeit hinweg gehemmt, lagern sich dadurch immer mehr Stoffwechselschlacken und Gifte im Blut, in der Lymphe und in den Geweben an, dann entstehen daraus chronische Krankheiten.

Neben dieser allgemeinen, unspezifischen Abwehr mit den alles fressenden Makrophagen bewahrt uns auch die spezielle, die spezifische Abwehr vor der Verschlackung und Vergiftung.

Aus dem Knochenmark werden zunächst primitive Stammzellen gebildet, die sich danach erst in T-Zellen und B-Zellen teilen. Die T-Zellen bekommen ihre Spezialausbildung in der Thymusdrüse – daher das »T« – und die B-Zellen bekommen ihre Spezialausbildung in... nun ja, irgendwo. Vielleicht in bestimmten Darmabschnitten, in der Milz oder sonstwo. Genau weiß man es noch nicht. Man weiß es nur bei den Vögeln. Da gibt es eine kleine Tasche im Darm, auf lateinisch *bursa*, so wie »Börse«, und von diesem *bursa* kommt das »B« bei den B-Lymphozyten. Die ganze Skala der zu unterscheidenden T- und B-Zellen ausführlich zu erklären, bringt in einem Kapitel über die Nutzung der Enzyme zur Stärkung des Immunsystems herzlich wenig. Konzentrieren wir uns darum nur auf einen Mechanismus bei der Geschichte. Die B-Zellen besitzen die Fähigkeit, ganz spezielle Antikörper zu bilden und diese massenhaft in Blut und Lymphe auf den Weg zu schicken, um nach ganz speziellen Feinden zu suchen.

Der Antikörper sieht etwa y-förmig aus. Er hat unten ein langes Bein und spaltet sich oben in zwei besonders geformte Greifarme. Damit tastet er unentwegt alle Substanzen ab, denen er begegnet. Die Substanzen tragen fast alle auf der Außenhaut ihre nur ihnen eigenen Erkennungszeichen. Passen die Greifarme in die Erkennungszeichen, rasten die Greifarme dort ein und bleiben fest am Erkennungszeichen haften. Denn die Antikörper haben nur für Fremdes geformte Greifarme. Mit diesem raffinierten Mechanismus ist unser Körper in der Lage, zellzerstörende Maßnahmen nur dann vorzunehmen, wenn er ganz sicher sein kann, daß sie sich

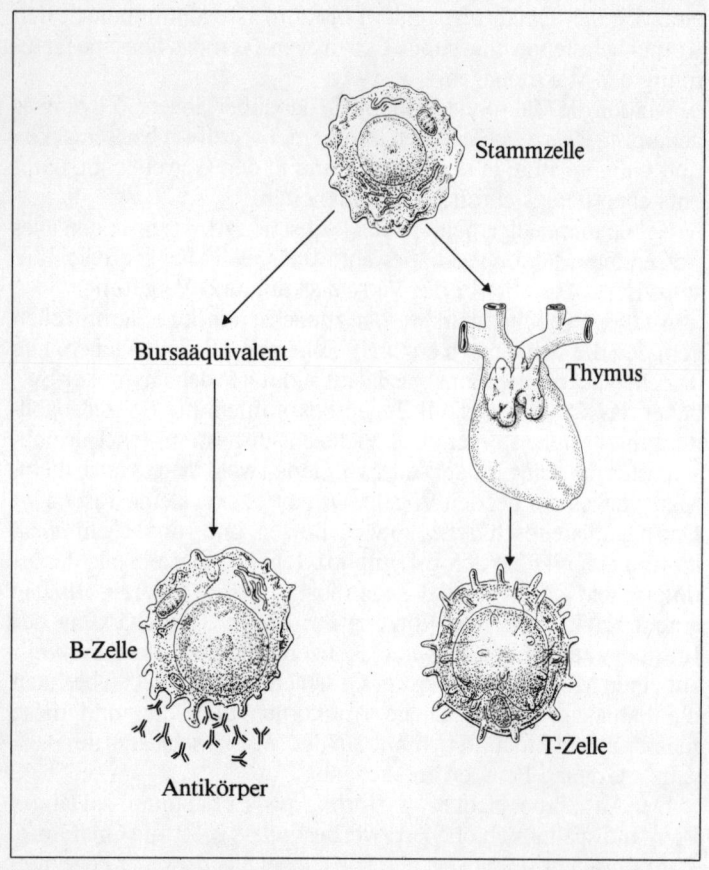

Bildung von B- und T-Zellen

gegen fremde Körperfeinde richten. Ein wunderbares System, allerdings mit kleinen, aber folgenschweren Fehlern.

Fremde Zellen wie Bakterien und Viren werden als Feinde, sogenannte *Antigene* erkannt, aber auch Chemikalien oder entartete körpereigene Zellen sind Antigene. Krebszellen bilden bei ihrer

Feinde finden, festhalten und fressen 107

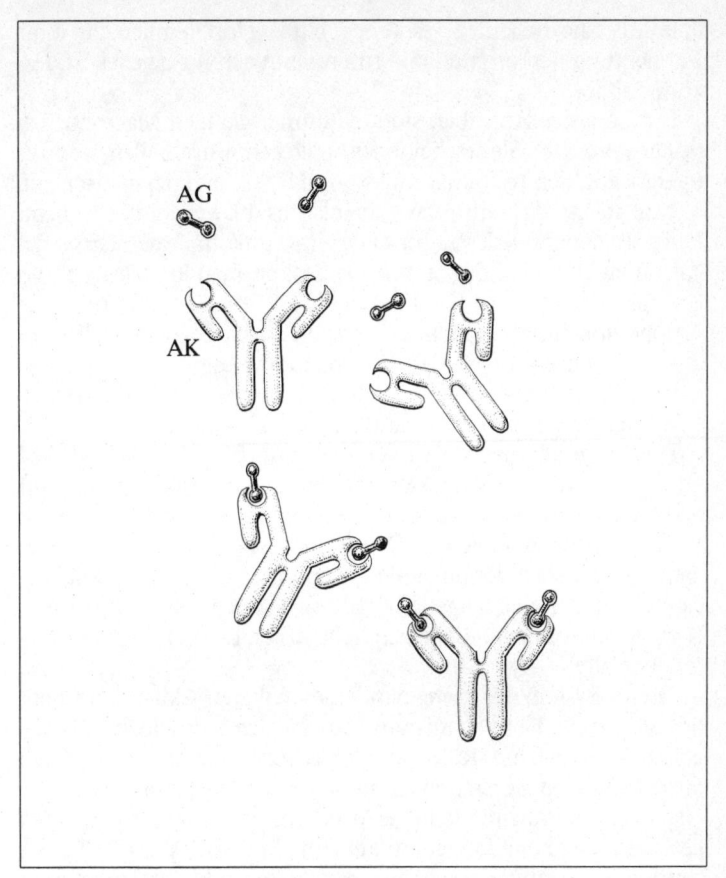

Antikörper (AK) binden Antigene (AG)

Entartung von der eigentlich braven körpereigenen Zelle zur bösartigen Krebszelle fremde Erkennungszeichen und sind erst dadurch von den Antikörpern theoretisch zu erwischen und dingfest zu machen. Antikörper, die sich an ein Antigen koppeln, bilden einen Immunkomplex. Jeder Immunkomplex sendet Signale aus, die bedeuten, es möge bitte sofort jemand zu ihrer Vernichtung herkommen. Sie rufen demnach ihr eigenes Todeskommando.

Für derartige Aufgaben sind die immer gierigen Makrophagen bestens geeignet. Sie erscheinen deshalb gerne, umfließen, wenn es irgend geht, den Immunkomplex, und lösen ihn enzymatisch auf.

Nur reicht das unserem Organismus bisweilen noch nicht. Doppelt genäht hält besser. Die Immunkomplexe alarmieren darum auch noch das zweite Todeskommando, nämlich das Komplementsystem. Darunter versteht man eine großartige Truppe von mindestens neun verschiedenen Enzymen, die den etwas irreführenden Namen Komplemente tragen. Sie sind, was man leicht vergißt, in Wirklichkeit nichts anderes als eine weitere Sorte der berühmten eiweißauflösenden Enzyme.

Der Immunkomplex alarmiert stets nur das erste Komplement des Systems. Es erscheint, klemmt sich an den Antikörper und ruft nun das zweite Komplement heran. So geht das immer weiter, eines aktiviert immer das nächste. Das erinnert etwas an Dominosteine, die sich nacheinander umstoßen, wenn man den ersten Dominostein in der Reihe angetippt hat. Erst das letzte, das neunte Komplement ist dann der eigentliche Killer. Die den Feind zerstörende Waffe.

Dieses System der nacheinandergeschalteten Aktivierung dient der Sicherung. Der Organismus möchte alles vermeiden, was den gefährlichen letzten Killer möglicherweise zur Unzeit und am falschen Ort aktivieren und damit unser Leben vernichten könnte. Nach diesem Prinzip sind in der Waffentechnik auch Atomraketen gesichert. Die können nicht mit einem Knopfdruck abgeschossen werden, dazu müssen ebenfalls erst mehrere hintereinander geschaltete Vorstufen aktiviert werden, um ein Versehen möglichst auszuschließen. Theoretisch.

Aber das mit der Theorie ist eben immer so eine Sache. In der Praxis kann immer etwas schiefgehen. Und das geschieht leider manchmal bei der körpereigenen Abwehr und der Auflösung von Immunkomplexen. Die Aktivierung der Makrophagen und des Komplementsystems ist nämlich unter anderem abhängig von der

Art und Größe der Immunkomplexe. Und auch davon, ob sie frei in Blut und Lymphe herumschwimmen. Oder ob sie sich in einem Körpergewebe festgesetzt haben. Ob sie gewebsständig sind, wie man das nennt.

Immunkomplex ist nicht Immunkomplex

Innerhalb der Immunologie hat sich in den letzten Jahren ein besonderer Zweig der Wissenschaft entwickelt, der sich nur mit der Frage beschäftigt: Welche Immunkomplexe lösen welche Signale aus, was hemmt und was fördert deren Auflösung?

Leider ist die Bildung von Immunkomplexen nicht so einfach wie »Eins und Eins ist Zwei«. Es ist eben normalerweise nicht so, wie es sich zunächst anhörte, daß ein Antikörper auf ein passendes Antigen trifft, sich anheftet, einen Killer alarmiert, der alarmierte Makrophage macht einmal kurz Schmatz und schon ist der Immunkomplex gefressen und verdaut.

Antikörper sind in der Regel winzig klein und die bösen Fremdzellen sind groß. Die Antikörper heften sich bisweilen nur mit einem Greifarm am Feind fest, und mit dem anderen Greifarm klammern sie sich bereits an die nächste Fremdzelle. Es kommt deshalb zu größeren Zusammenballungen von Antikörpern und Antigenen.

Mal sind die Antikörper in der Überzahl, mal ist das Verhältnis in etwa ausgeglichen, mal überwiegen die Antigene. Zunächst wird es meistens so sein, daß sich ein Antikörper an ein oder zwei Antigene heftet und dieser kleine Immunkomplex frei in Blut oder Lymphe herumschwimmt. Der ist nicht weiter gefährlich, wird häufig auch ganz nebenbei von Makrophagen verspeist, kann aber – da seine Signale nicht gerade aufregend stark sind – auch übersehen werden.

Dann kommen weitere Antikörper mit dem kleinen Immunkomplex in Kontakt, die wiederum zugleich mehrere Antigene greifen: Der Immunkomplex wächst an. Erreicht er eine stattliche Größe, dann ist das ein Festessen für die Makrophagen, denn sie bevorzugen solche dicken Immunkomplexe und lassen dafür alles andere gerne stehen und liegen.

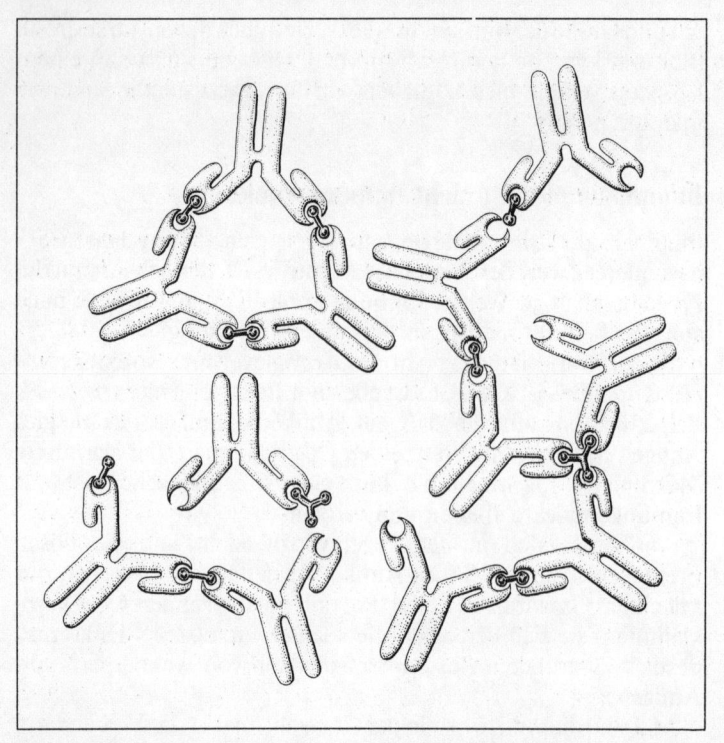

Bildung von Immunkomplexen

Was die Makrophagen am wenigsten interessiert, das sind die mittelgroßen Immunkomplexe. Kommt es bei denen zu keiner weiteren Vergrößerung durch das Ankoppeln weiterer Antikörper und Antigene, schwimmen die mittelgroßen Immunkomplexe so lange herum, bis sie irgendwo an einer Gewebswand landen, in das Gewebe eindringen und sich dort einlagern. Sie werden zu krankheitserregenden Immunkomplexen. Im Gewebe können sie von den Makrophagen nicht mehr so gut erreicht werden. Zudem stehen in der Regel weniger aktive Makrophagen zur Verfügung. Denn je mehr Immunkomplexe sich im gesamten Organismus befinden, um so stärker werden die Makrophagen in ihrer Aktivität gehemmt. Anstatt mehr und mehr hungrige Makrophagen einsetzen zu können, sinkt also im Organismus die Zahl der gerade jetzt besonders notwendigen Helfer.

Wir zerstören uns selbst: Autoaggression

In dieser Situation alarmieren die gewebsständigen Immunkomplexe das zweite System zur Abwehr von Feinden, das Komplementsystem. Das Todeskommando kommt an, ein Enzym nach dem anderen, die ganze Enzymkaskade wird aktiviert. Eine gewaltige eiweißauflösende Tätigkeit beginnt und erzeugt eine Entzündungsreaktion. Als Folge davon wird Gewebe zerstört. So entsteht auf einmal das, was man als Autoaggressionskrankheit bezeichnet: der Organismus greift sich selbst an.

Haben sich die Immunkomplexe beispielsweise im Gewebe der Nieren festgesetzt, kann durch die Komplementaktivierung eine Entzündung verursacht werden, die zur sogenannten Glomerulonephritis führt. Dieser Zusammenhang ist mittlerweile so gut dokumentiert, daß es keine Zweifel mehr daran gibt. Es gibt auch keine Zweifel mehr daran, daß die Enzympräparate nach Wolf und Benitez die Glomerulonephritis durch die enzymatisch vorgenommene Unterbrechung der bis zum Killer führenden Komplementkaskade verhindern können.

Nach diesem Muster kann man auch bei den anderen ähnlich entstehenden Krankheiten vorgehen. Es sind zum Teil Krankheiten, die bislang als medizinisch nicht oder kaum beeinflußbar galten. Etwa bei – durch im Darmgewebe eingelagerte Immunkomplexe indirekt ausgelöste – chronischen Darmentzündungen wie Morbus Crohn oder Colitis ulcerosa.

Hier wirkt die enzymatische Unterbrechung der uns selbst schädigenden Komplementkaskade, die enzymanische Auflösung krankheitserregender Immunkomplexe und die damit erzielbare wichtige Aktivierung der Makrophagen. So wird auch der Circulus vitiosus unterbrochen, der ansonsten zu einer ständigen Verschlimmerung führt und die Krankheit chronisch macht. Jener Teufels-

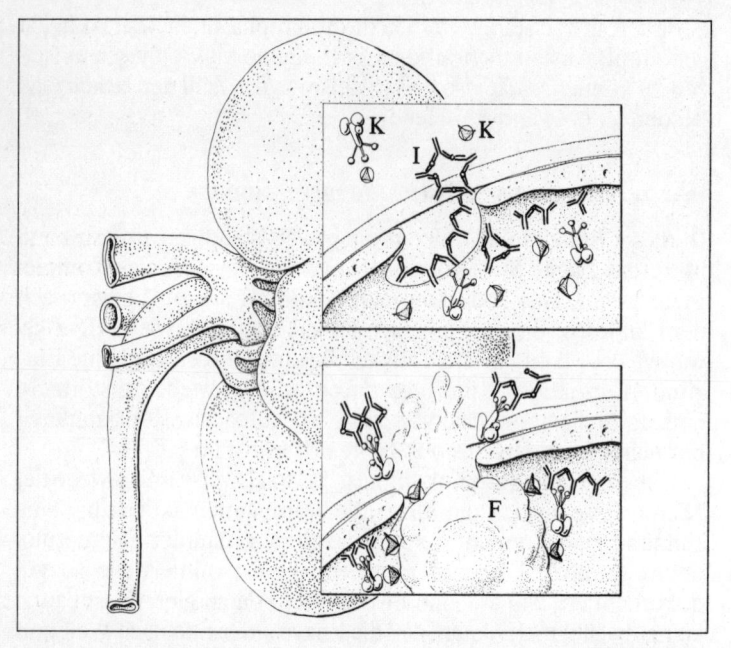

Schematische Darstellung der Entstehung einer Glomerulonephritis. Die vergrößerten Ausschnitte zeigen die Feinstruktur des Nierengewebes.
Oben: Immunkomplexe (IK) haben sich im Gewebe festgesetzt, Komplementfaktoren (K) werden aktiviert
Unten: Komplementfaktoren setzen die Entzündung in Gang und locken Freßzellen (F) an den Ort des Geschehens; das Zerstörungswerk beginnt

kreis von immer mehr Immunkomplexen, die immer mehr Makrophagen hemmen, wodurch immer mehr Immunkomplexe ohne Auflösung bleiben, wodurch wiederum noch mehr Makrophagen gelähmt werden. Und so fort.

Dies gilt es zu beenden. Bei vielen Krankheiten, die viele Organe treffen können. In der Lunge kann es zur Lungenfibrose führen, in der Bauchspeicheldrüse zu einer chronisch wiederkehrenden Pankreatitis. Die Liste der durch Immunkomplexe verursachten Autoaggressionskrankheiten ist lang. Die Art der Erkrankung hängt nicht nur vom Ort ab, an dem sich die Immunkomplexe festsetzen, denn auch frei zirkulierende Immunkomplexe können – wenn sie eine bestimmte Verbindung und Größe aufweisen oder wenn eine bedeutende Makrophagenhemmung vorliegt – zu derartigen Krankheiten führen. Es kommt nicht zuletzt auch auf die Herkunft des Antigens an.

Zu den typischen Autoaggressionskrankheiten gehören Erkrankungen des rheumatischen Formenkreises, wie z. B. das chronische Gelenkrheuma oder die Bechterew-Krankheit, die Glomerulonephritis, eine chronische Entzündung der Nieren, oder auch die chronisch entzündlichen Darmerkrankungen, wie Colitis ulcerosa und Morbus Crohn. Auch Infektionen mit bestimmten Viren, Bakterien oder Parasiten führen zu Autoaggressionskrankheiten. Viral bedingt sind beispielsweise die infektiöse Gelbsucht und die Gürtelrose, bakterielle Infektionen sind Auslöser für Herzmuskel-Entzündungen oder Syphilis, Parasiten erzeugen die Malaria sowie die Toxoplasmose.

Was ist zu tun?

Die Behandlung von Autoimmunerkrankungen ist in der allgemeinen Medizin noch nicht sehr weit fortgeschritten und erfolgreich. Denn seitdem sich das Wissen um den Zusammenhang von Immunkomplexen und bestimmten Krankheiten verbreitet hat, sucht man die Bildung von Immunkomplexen zu verhindern und die durch Komplementaktivität verursachten Entzündungen zu unterdrücken.

Dazu setzt man einerseits Medikamente ein, mit denen das Immunsystem geschwächt werden soll, und zum anderen Medikamente, mit denen man die Symptome der Entzündung unterdrücken will.

Gibt man dem Patienten die körpereigene Abwehr schwächende, sogenannte immunsuppresive Medikamente – Kortisone zählen zu den bekanntesten –, geht es den an immunkomplexbedingten Krankheiten leidenden Patienten zunächst etwas besser. Denn die Medikamente führen unter anderem dazu, daß die Antikörper vermindert werden. Deshalb können sich tatsächlich weniger Antikörper mit den im Organismus befindlichen Antigenen zu Komplexen verbinden. Und weniger Immunkomplexe führen also zu weniger immmunkomplexbedingten Folgen.

Nur erweisen wir dem Organismus damit einen Bärendienst. Denn wir schwächen auf diese Weise unsere natürliche Abwehrkraft schließlich so extrem, daß wir ein wehrloses Opfer vom nächsten Angriff feindlicher Antigene werden können. Bakterien, Bazillen, Viren oder Gifte haben jetzt ein leichtes Spiel. Und wir müssen unter anderem mit einem deutlich höheren Krebsrisiko rechnen, wenn derartige Medikamente über längere Zeit hinweg gegeben werden.

Die bei immunkomplexbedingten Krankheiten vielfach verordneten entzündungshemmenden Medikamente unterdrücken tatsächlich die Entzündung, weil sie in den Entzündungsmechanismus eingreifen. Dadurch lindern sie unter anderem die mit dem Entzündungsvorgang häufig verbundenen Schmerzen. Aber die Komplement-Faktoren schädigen trotzdem weiterhin den Organismus. Und die Immunkomplexe werden damit auch nicht eliminiert. Entzündungshemmer behandeln die Symptome, nicht die Ursache.

Ein dritter, ganz anderer Weg erscheint vielversprechender: Indem man versucht, die Immunkomplexe aus dem Blut zu entfernen, ehe sie sich festsetzen und dort irgendein Unheil anrichten können. Diese Überlegung führte zu dem Einsatz wirksamer physikalischer Maßnahmen. Man hat nämlich bei dialysepflichtigen Nierenkranken, die zugleich an einer immunkomplexbedingten Krankheit litten, bemerkt, daß sich die Anzeichen der immunkomplexbedingten Krankheit nach der Dialyse besserten. Man schloß daraus, daß bei der Blutwäsche wohl auch krankheitserregende Immunkomplexe herausgefiltert worden sein mußten.

Es gibt mehrere Verfahren, Blut sozusagen sauber zu waschen. Als das beste Verfahren zur mechanischen Entfernung von Immunkomplexen hat sich mittlerweile die Membranplasmapherese herausgestellt. Man entnimmt dem Patienten etwa $1^1/_2$ bis $2^1/_2$ Liter

Blut und trennt außerhalb des Körpers die festen Bestandteile im Blut von der Blutflüssigkeit, dem Plasma. Dann filtert man das Plasma durch spezielle Membranfilter, die fähig sind, die Immunkomplexe aus dem Plasma herauszufischen. Danach wird das gereinigte Plasma, mit den festen Bestandteilen des Blutes vereint, wieder in den Kreislauf des Patienten zurückgeschickt.

Diese Plasmapherese kann bei der Entfernung von Giften aus dem Blut lebensrettend sein. Sie ist sehr aufwendig, mit einigen Nebenwirkungen verbunden (Allergien, Kalziummangel, Blutdrucksenkung, Fieber, Schüttelfrost, Blutgerinnungsstörungen, u. a.) und kostet pro Behandlung rund 1500 DM. Da sie bei Patienten mit immunkomplexbedingten Krankheiten in regelmäßigen Abständen wiederholt werden muß, ist das, neben der körperlichen Belastung und dem Risiko der Nebenwirkungen, auch eine Frage des Geldes.

Darum versucht man den Abstand zwischen zwei Plasmapheresen möglichst groß zu halten. Hinzu kommt, daß die Entfernung krankheitserregender Substanzen aus dem Plasma eine Art Anregung zur Bildung neuer krankheitserregender Substanzen darstellt, ein Rebound-Effekt, der eine Verschlimmerung bedeuten kann.

In jedem akuten Fall, in jedem Notfall ist die Plasmapherese jedoch eine wichtige und dringend zu empfehlende Maßnahme. Man darf sich damit auch bei chronischen immunkomplexbedingten Krankheiten eine Besserung erwarten, aber eben immer nur vorübergehend.

Der natürliche Weg zur Gesundung

So richtet sich die Aufmerksamkeit der Wissenschaftler immer stärker auf die biochemische Methode der systemischen Enzymtherapie, die geeignet ist, krankheitserregende Immunkomplexe aufzulösen und zu entfernen, die körpereigene Abwehrkraft zu stimulieren sowie die Entzündungsmechanismen zu beschleunigen und damit früher zu beenden.

Es kann dabei zu einer Erstverschlimmerung kommen. Denn die Enzymgemische sind in der Lage, die im Gewebe eingelagerten

Immunkomplexe zu zerkleinern und damit zurück in die Blutbahn zu schleusen. Der damit vermehrte Anfall von Immunkomplexen im Blut kann sich in einer Verstärkung der Krankheitssymptome bemerkbar machen. Nur werden die Enzyme dann auch sehr bald – falls man sie in der erforderlichen Menge in den Organismus einbringt – mit den zahlreichen in das Blut wieder eingeschleusten zerkleinerten Immunkomplexen fertig.

Dieser Zusammenhang wurde von Professor Steffen am Institut für Immunologie der Universität Wien näher untersucht. Kaninchen mit krankheitserregenden Immunkomplexen wurden mit einer konzentrierten Wobenzym-Lösung behandelt. Mit jenem Wobenzym, das besonders bei entzündlichen Krankheiten genutzt wird. Je konzentrierter die Wobenzym-Lösung war, um so mehr Immunkomplexe wurden zerstört. Binnen weniger Stunden waren schließlich alle abgebaut und die Kaninchen waren wieder gesund.

Dabei wurde beobachtet, daß die Abbaurate sank, wenn die Immunkomplexe besonders viele Antikörper enthielten. Das lag nicht etwa an einer verringerten Wirkung des Enzymgemisches. Im Gegenteil. Denn die Enzyme zerlegten fleißig die Immunkomplexe, indem sie ihre spaltende Wirkung bei den Antikörpern ansetzten.

Waren viele Antikörper in den Immunkomplexen vorhanden, wurden eben viele zerlegt, und es kam auf diese Weise zunächst zu einer Vermehrung der Immunkomplexe. Allerdings lauter kleine Immunkomplexe, die im weiteren Verlauf – nach dem anscheinend bedrohlichen Anstieg an Immunkomplexen im Organismus – nach und nach ganz zerlegt wurden.

Das alles mag für Ärzte, Biochemiker und allgemein an solchen wissenschaftlichen Entdeckungen interessierte Leser von Wichtigkeit sein, aber der normale Leser möchte sicherlich viel lieber wissen, wie man denn nun welche immunkomplexbedingten Krankheiten am besten auf diese so einfach klingende Weise behandeln kann. Es würde zu weit führen, alle in Frage kommenden Krankheiten aufzuzählen und zu beschreiben. Nehmen wir als Beispiele für diese mögliche Hilfe darum nur zwei der wichtigsten Autoimmunerkrankungen: Die Multiple Sklerose, die hauptsäch-

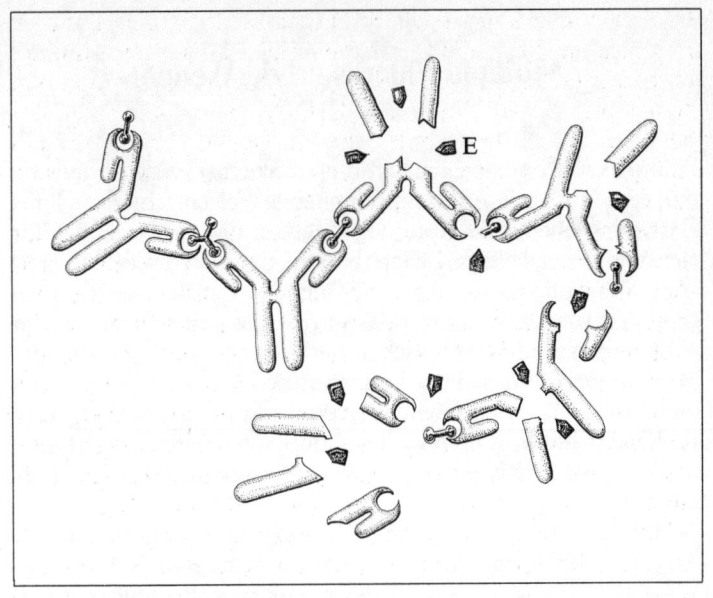

Enzyme spalten einen Immunkomplex

lich durch in Nervengewebe eingelagerte Immunkomplexe verursacht wird, und danach die hauptsächlich durch in der Gelenkinnenkapsel eingelagerte Immunkomplexe verursachte chronische Polyarthritis.

10. KAPITEL

Multiple Sklerose: Die Wende

Wer es wagt, Menschen, die an Multipler Sklerose erkrankt sind und mit dem Wissen um die fortschreitende Verschlechterung ihres Zustandes leben, eine Hoffnung zu geben und zu sagen, daß für viele von ihnen die gute Chance besteht, daß die Verschlechterung angehalten oder sogar die Folge der Nervenlähmung deutlich gemildert werden kann, wer das wagt, sollte sich sehr sicher sein.

Denn gerade diesen Menschen, deren ständiger Begleiter in jeder Minute ihres Daseins die Hoffnungslosigkeit ist, eine für sie als nicht mehr möglich empfundene Besserung in Aussicht zu stellen, verlangt ein hohes Maß an Verantwortungsbewußtsein. Der Sturz in den Abgrund nach einer neuen Enttäuschung könnte den Patienten vernichten.

Das bekommt jeder zu hören, der zu erklären versucht, daß – entgegen der landläufigen Meinung der meisten Mediziner – besonders den MS-Kranken, deren Leiden sich schubartig verschlechtert, mit einer hauptsächlich auf der Enzymtherapie basierenden Behandlung in den meisten Fällen deutlich geholfen werden könnte.

Nur sollten die Warner und Zweifler bitte bedenken: Es gibt Ärzte und Biochemiker, die felsenfest davon überzeugt sind, daß allein in der Bundesrepublik das Leiden von rund 50 000 MS-Kranken unnötig ist, daß ihre Lähmungserscheinungen sich nicht verschlechtern müssen, daß viele Lähmungserscheinungen zu mildern wären oder sogar wieder ganz verschwinden könnten.

Was ist mit deren Verantwortung? Was ist mit deren Sorge um die Kranken? Wie sollen sie damit fertig werden, über die Möglichkeit, weltweit Hunderttausenden ein trauriges Schicksal zu ersparen, nur deshalb zu schweigen, weil man diesen Kranken keine Hoffnungen machen darf?

Nicht nur der Vorwurf, man wecke hier leichtfertig Hoffnungen, wird ihnen gegenüber vorgebracht. Hier werden auch all die anderen Argumente gebetsmühlenartig wiederholt, mit denen man seit Jahren der Enzymtherapie zu begegnen sucht: »Das kann gar nicht wirken, das wüßten wir doch sonst, das würden wir doch dann alle machen.« Oder man argumentiert: »Da man noch nicht die genaue Ursache der Multiplen Sklerose kennt, kann es auch keine Behandlung der Ursache geben. Es bleibt daher nichts anderes übrig, als irgendwie an den Symptomen herumzudoktern, ein wenig die Schmerzen zu lindern, den Körper zu kräftigen und sonst dem Kranken gut zuzureden. Alles andere, was man bisher in der Richtung unternommen hat – und es gab schon Dutzende von mit großer Begeisterung verkündeter Heilmethoden der MS – stellte sich später als ziemlich nutzlos heraus.«

Die Suche nach dem Fehler

Ganz so ahnungslos ist die Wissenschaft allerdings nicht mehr, was die Entstehung einer Multiplen Sklerose betrifft. Natürlich weiß man seit langer Zeit, warum der MS-Kranke nach und nach einen Funktionsverlust der Nerven seines Zentralnervensystems erleidet. Das liegt an einer Entmarkung der Nerven. An den Nerven befindet sich eine Schicht, die Myelin enthält, und dieses Myelin hilft bei der Übertragung der Impulse von einem Nerv zum nächsten Nerv. Es hilft also bei der Weiterleitung der Befehle und überbrückt den kleinen Spalt zwischen den Nerven. Fehlt es an Myelin, dann kommen die Befehle nicht am Zielort an. Die von solch einer gestörten Nervenleitung betroffenen Organe reagieren deshalb nicht mehr und sind in ihrer Funktion gelähmt.

Man ist sich bis jetzt nur noch nicht einig, was dazu führt, daß dieses Myelin an den Nerven versagt oder verschwindet. Was dort eine Entzündung auslöst, die schließlich den Nerv halb zerstört. Warum sich diese Nervenzerstörung ohne erkennbares Muster ausbreitet, einmal dieses Organ, dann auch jenes Organ außer Gefecht setzt.

Hier könnte eine erbliche Veranlagung eine Rolle spielen, heißt es. Eine genetische Prädisposition. Das erklärt noch nicht, was genetisch verändert sein mag, aber darüber kann man zumindest diskutieren. Dann vermutet man als Ursache ernährungsbedingtes Fehlverhalten, das zum Beispiel zu einem Mangel an Selen führt. Also einem Halbmetall, das in winzigen Spuren vom Organismus aufgenommen werden muß, da wir es bei manchen Stoffwechselabläufen unbedingt benötigen und nicht selbst herstellen können. Wir nehmen es mit der Ernährung auf, aber auch über die Atmung und durch die Haut hindurch, wir scheiden es über Harn und Stuhl, aber ebenso auch über den Schweiß und die Atmung wieder aus. Selen ist ein merkwürdiger Zwitter, mal ein Enzymaktivator und mal ein Enzymhemmer.

Es wird auch diskutiert, inwieweit das Verhältnis von gesättigten und ungesättigten Fettsäuren in der Nahrung eine Rolle bei der Entmarkung der Zentralnerven spielen und was sich bei einer gestörten Aufnahme ungesättigter Fettsäuren an Folgen ergeben könnte.

Schließlich hält man es für wahrscheinlich, daß Viren an der Zerstörung des Myelins mit Schuld sind. Man denkt an einen viele Jahre nach einer Maserninfektion auftretenden Zweitschlag der Viren, die bis dahin schlafend im Organismus überlebt haben. Oder an eine Infektion mit langsamen Viren, eine sogenannte Slow-Virus-Infektion. Das bedeutet, daß die Erkrankung erst Monate bis Jahre nach dem Kontakt mit dem Virus zum Ausbruch kommt.

Bei der Suche nach einer Erklärung fiel auf, daß bei den meisten MS-Kranken ein ungewöhnlich hoher Immunkomplex-Spiegel vorliegt. Das bestätigten unabhängig voneinander durchgeführte Untersuchungen in Amerika, Griechenland, in der Tschechoslowakei und der Bundesrepublik: Es finden sich im Blutserum der MS-Kranken fast immer erheblich mehr zirkulierende Immunkomplexe als bei Gesunden.

Deshalb tauchte der Verdacht auf, daß es sich bei der MS um eine durch Immunkomplexe bedingte oder sogar verursachte Krankheit handeln könnte. Daß es eine Autoimmunkrankheit ist. Vielleicht, so überlegte man, führen alle bisher vermuteten Einflüsse – genetische Fehler, Selenmangel, Fettsäurestörungen, Viren – zu einem »Irrtum des Immunsystems«, zu einer unkontrollierten Reaktion gegen eigenes Leben.

Die Suche nach dem Fehler

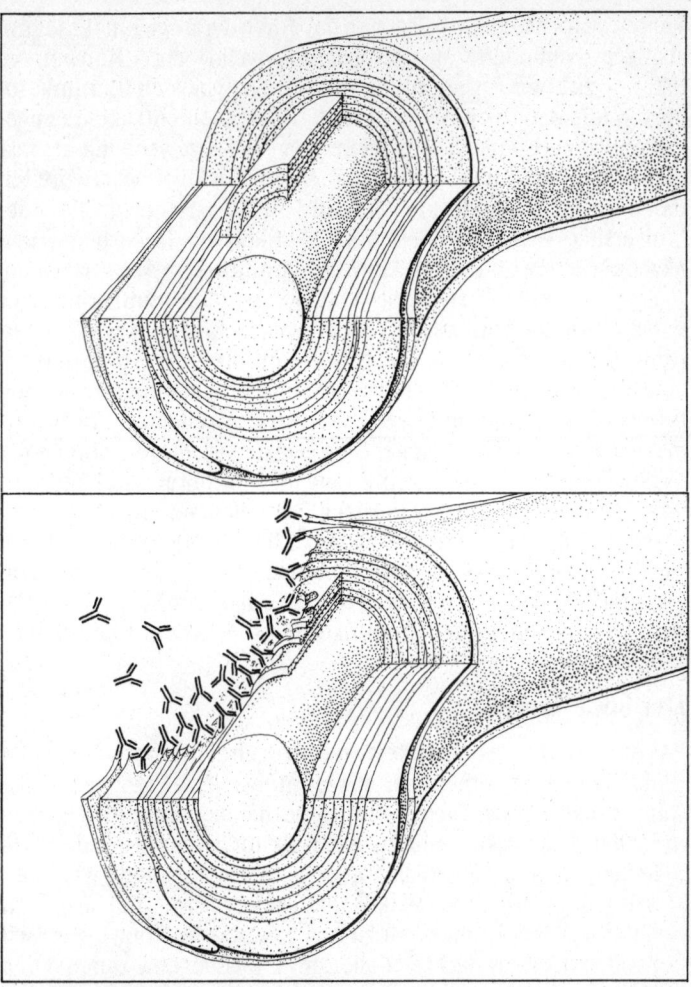

Entstehung der Multiplen Sklerose.
Oben: gesunder Nerv, der von einer intakten, aus mehreren Schichten bestehenden Myelinscheide umgeben ist. *Unten:* Antikörper haben sich an das Myelin angeheftet, die Zerstörung hat begonnen

Heften sich unsere Antikörper an das durch derartige Einflüsse zum Antigen veränderte körpereigene Myelin an? Kommt es dadurch zu einer Ansammlung von nicht aufgelösten Immunkomplexen, die dann von der alarmierten Komplementkaskade angegriffen werden, wobei das benachbarte Nervengewebe mit geschädigt wird? Forschungsergebnisse mehrerer Institute beantworteten diese Frage. So entdeckte man am Neurologischen Institut der Universität Würzburg tatsächlich Antikörper, die sich auf das Myelin stürzten und sich mit ihm zum Immunkomplex verbanden.

Es wäre verfrüht zu behaupten, wir würden nunmehr genau wissen, was die Multiple Sklerose verursacht. Doch wir können ruhigen Gewissens sagen, daß eine bestimmte Zahl, Größe und Art von Immunkomplexen zur Verschlimmerung dieser Krankheit führt und die Entfernung der krankheitserregenden Immunkomplexe darum eine Hilfe darstellt, die geeignet ist, die fortschreitende Verschlimmerung zu unterbrechen und mitunter sogar entstandene Funktionsverluste einzelner Zentralnerven rückgängig zu machen. Eine interessante Theorie? Die Theorie wird durch die Praxis bestätigt. Das geschieht beispielsweise durch die schon genannte Plasmapherese, durch das außerhalb des Körpers stattfindende Herausfiltern der Immunkomplexe aus dem Blutplasma.

Der beste Beweis

Es geschieht aber auch seit fast zwei Jahrzehnten bereits durch den Einsatz der Enzymtherapie. Mit ermutigenden Ergebnissen. Es wäre deshalb langsam an der Zeit, diese therapeutische Möglichkeit mehr Patienten zukommen zu lassen als nur den rund tausend MS-Kranken, die augenblicklich auf diese Weise behandelt werden.

Selbst Professor Max Wolf hat in seinen letzten Lebensjahren noch einige MS-Kranke erfolgreich mit seinem Enzymgemisch behandelt. Damals dachte er allerdings noch an eine durch Viren verursachte Multiple Sklerose und nahm an, die Enzyme würden die Eiweißklebrigkeit der Viren auflösen, auf diese Weise die Viren inaktivieren und die MS bessern.

Es wird wohl kaum einen Allgemeinarzt geben, der die Erfahrung auf dem Gebiet der MS-Behandlung besitzt wie die Ärztin Frau Dr. Neuhofer in Salzburg, die, selbst an MS erkrankt, das Fortschreiten der Erkrankung durch Behandlung mit Wobe-Mugos-Enzymen eindämmen konnte. Bis jetzt hat sie mehr als 650 MS-Kranke nach einem von ihr entwickelten Schema behandelt oder ließ sie von Kollegen danach behandeln. Sie hat mehrere statistische Auswertungen von ihr selbst behandelter Fälle veröffentlicht.

Demnach wurde ihren Patienten generell empfohlen, eine Diät zu befolgen, die auf einer Vollwertkost mit einem sehr hohen Anteil an Rohkost sowie der Zufuhr mehrfach ungesättiger Fettsäuren basiert.

Ansonsten erhielten die Patienten zumeist nur noch die Enzymgemische nach Wolf und Benitez. Wie hoch die Dosis der Enzyme sein mußte, welches der Präparate in welcher Form eingesetzt wurde und zu welchem Zeitpunkt sie dem Patienten gegeben wurden, richtete sich nach zahlreichen Kriterien.

Maßgeschneiderte MS-Behandlung

Denn Multiple Sklerose zählt zu den Erkrankungen, die besonders stark von Individualität geprägt sind. Es gibt so gut wie kein einheitliches Bild der Erkrankung: Jeder MS-Kranke hat seine eigene MS, die sich in der Erscheinung und im Verlauf von der MS aller anderen etwas oder sogar gravierend unterscheidet. Deshalb liegt die ganze Kunst der MS-Behandlung mit Enzymen in dem Eingehen auf diese Individualität, auf das exakte, zeit- und dosisgerechte Ziehen der erforderlichen Register.

Es kommt darauf an, ob es sich um einen schubhaften Verlauf der Erkrankung handelt, also zwischen dem akuten Aufflammen der Symptome mindestens vier Wochen liegen. Ob es sich um eine zunächst schubhaft verlaufende, dann in das chronisch, gleichförmig fortschreitende Stadium wechselnde Erkrankung handelt. Welche Nerven bereits versagen. Wie schnell sich die Erkrankung fortentwickelt, wie lange sie schon besteht und vieles andere mehr.

Ganz entscheidend für die Behandlung und für den Erfolg der Behandlung ist außerdem in Frage, wie lange und womit jeder

MS-Studie

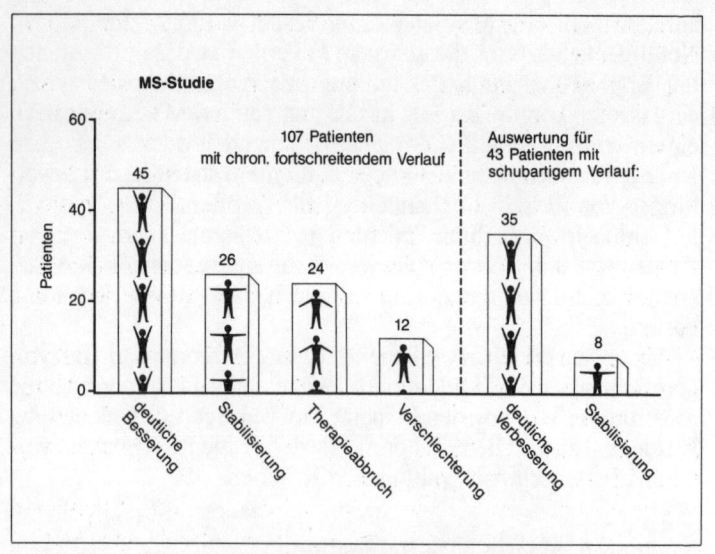

107 Patienten mit chron. fortschreitendem Verlauf:
- deutliche Besserung: 45
- Stabilisierung: 26
- Therapieabbruch: 24
- Verschlechterung: 12

Auswertung für 43 Patienten mit schubartigem Verlauf:
- deutliche Verbesserung: 35
- Stabilisierung: 8

Ergebnisse der Studie zur Enzymbehandlung von MS-Patienten

Patient bereits vorbehandelt worden ist. In welchen Zustand man beispielsweise das Immunsystem des Patienten durch den Einsatz immunsystemschwächender Mittel versetzt hat. Also durch Immunsupressiva wie die bekannten kortisonhaltigen Medikamente.

Die Behandlungsergebnisse der ersten 150 von Frau Dr. Neuhofer behandelten und ausgewerteten Patientenschicksale läßt einige Schlüsse darauf zu, in welchen Fällen man sich am ehesten einen günstigen Einfluß erwarten kann, und wann die Aussichten weniger gut sind.

Von 107 an einer chronisch fortschreitenden Multiplen Sklerose erkrankten Patienten kam es bei 45 Patienten zu einer deutlichen Besserung des Zustandes, bei 26 Patienten wurde immerhin die fortschreitende Verschlimmerung gebremst, und 24 Patienten brachen die Behandlung ab, weil die Krankenkasse die Behandlungskosten nicht übernahm. Verschlechtert hat sich der Zustand lediglich bei 12 Patienten, die allesamt zuvor langfristig mit einer das körpereigene Abwehrsystem störenden Substanz (Azathioprin) vorbehandelt worden waren.

Das ist ein Ergebnis, das sich sehen lassen kann. Es dürfte besser sein als die Ergebnisse fast aller anderen Statistiken, die es auf diesem Gebiet gibt.

Aber wie wirkte der Einsatz der injizierten und eingenommenen Enzymgemische bei der schubartig verlaufenden MS? Die, zugleich mit dem ausbrechenden Schub, auch mit einer schubartigen Erhöhung des Immunkomplex-Spiegels verbunden ist? Konnten die Enzyme hier überhaupt noch eine nennenswerte Bremswirkung bewirken?

Die Ergebnisse überraschten. Denn die Statistik zeigt, daß von den 43 an schubartiger MS erkrankten Patienten fast alle, nämlich 35 deutliche Besserung aufwiesen, zum Teil sogar mit einer Behebung aller Lähmungserscheinungen. Bei den restlichen acht Patienten blieb der Zustand zumindest stabil.

Eine Verschlimmerung wurde bei keinem einzigen Patienten in der Therapie beobachtet. Zu ernsthaften Nebenwirkungen kam es nicht. Es sei denn, man bezeichnet die hin und wieder aufgetretenen lokalen Rötungen und Schwellungen am Körper als ernsthafte Nebenwirkung.

Mittlerweile haben auch andere Ärzte das von Frau Dr. Neuhofer ausgearbeitete Schema übernommen. Viele berichten über ähnlich positive Ergebnisse, allerdings blieben diese positiven Ergebnisse bisweilen auch aus. Prüfte man diese unbefriedigenden Fälle näher, stellte sich heraus, daß hier das jeweils erforderliche Schema eben nicht exakt befolgt worden war. So muß man die Enzyminjektionen bei schubartig verlaufender MS unbedingt bei den ersten typischen Anzeichen des beginnenden neuen Schubes einsetzen. Wartet man aus Nachlässigkeit damit noch einen oder zwei Tage ab, ist der Schub kaum noch zu beeinflussen.

Nicht immer ist es eine Nachlässigkeit des Arztes. Auch der sehr sensibel reagierende Patient scheut manchmal den Gang zum Arzt in diesem Augenblick, weil die intramuskuläre Injektion des Enzymgemisches nicht ganz angenehm ist.

So gibt es vielleicht drei Gründe, aus denen die Anwendung der

Enzymtherapie bei Multipler Sklerose noch nicht allgemein durchgeführt wird: Einmal liegt es an der Ablehnung der etablierten Medizin, die sich ungern von einer Lehrmeinung trennt. Und die sich scheut, trotz offensichtlich fehlender besserer Alternativen dieses ungefährliche Behandlungsschema objektiv zu prüfen und versuchsweise auf breiter Basis einzusetzen. Zweitens liegt es am hier unverzichtbaren Eingehen auf ganz individuelle Gegebenheiten, das ein Rezept: »Dreimal täglich fünf Tabletten« ausschließt, und deshalb vom Arzt viel Geduld, viel Verständnis für den besonderen Patienten und für die hier in das Spiel gebrachten Zusammenhänge mit dem Immungeschehen verlangt. Drittens liegt es auch am Patienten selbst, der nicht immer dazu neigt, einer konsequenten, stetigen, exakten Therapie zu folgen und von sich aus aktiv daran mitzuarbeiten, daß diese Therapie optimal und dauerhaft erfolgt. Wir sind deshalb weit davon entfernt, von einem Sieg über die Multiple Sklerose zu sprechen. Doch darüber können wir, darüber müssen wir sogar mit jedem Betroffenen sprechen: Es ist ein Sieg über die absolute, die tatenlose Hoffnungslosigkeit.

11. KAPITEL

Gelenkrheuma: Belohnte Geduld

Fast könnte man die Beschreibung der Enzymtherapie bei Gelenkrheuma gleich hier an dieser Stelle mit den Worten beenden: siehe Multiple Sklerose.

Die Ähnlichkeiten sind wirklich verblüffend. So ist das Gelenkrheuma, das wir auch chronische Polyarthritis nennen, ebenfalls eine Krankheit, bei der wir noch nicht ganz genau alle Ursachen kennen. Es ist eine Krankheit, bei der man, wie Hunderte von wissenschaftlichen Arbeiten immer wieder bestätigen, ebenfalls eine erhöhte Zahl im Blut zirkulierenden Immunkomplexe findet. Es ist eine Krankheit, die generell mit immunsupressiv oder entzündungsunterbrechenden Medikamenten behandelt wird. Es ist eine Krankheit, bei der diese Methoden nur einen höchst unbefriedigenden Erfolg bringen und mit großen Risiken verbunden sind. Schließlich ist es eine Krankheit, die ebenfalls mit hochdosierten oder langfristig eingenommenen Enzympräparaten gebessert oder zumindest in der Weiterentwicklung gebremst werden kann.

Allerdings gibt es eben doch noch ein paar Unterschiede zur Multiplen Sklerose, die es lohnen, näher darauf einzugehen. Der gravierendste Unterschied ist natürlich der grundsätzlich geringere Leidensdruck der Rheumatiker. Es tröstet zwar keinen an Gelenkrheuma leidenden Patienten, der jeden Tag mit steifen, schmerzenden Fingergelenken aufwacht und erleben muß, wie seine Fingergelenke immer unförmiger werden und die Finger kaum noch zu gebrauchen sind, doch er hat eine bessere Prognose als der MS-Kranke und kann mit dieser Krankheit uralt werden. Die Bewegungseinschränkungen und Schmerzen bedeuten wenig gegenüber dem dramatischen Verlust von einer Lebensfunktion nach der anderen, den der MS-Kranke hinnehmen muß.

Noch ein Unterschied: Es gibt unendlich viel mehr Rheumatiker als MS-Kranke, die Behandlung des Gelenkrheumas betrifft mehr

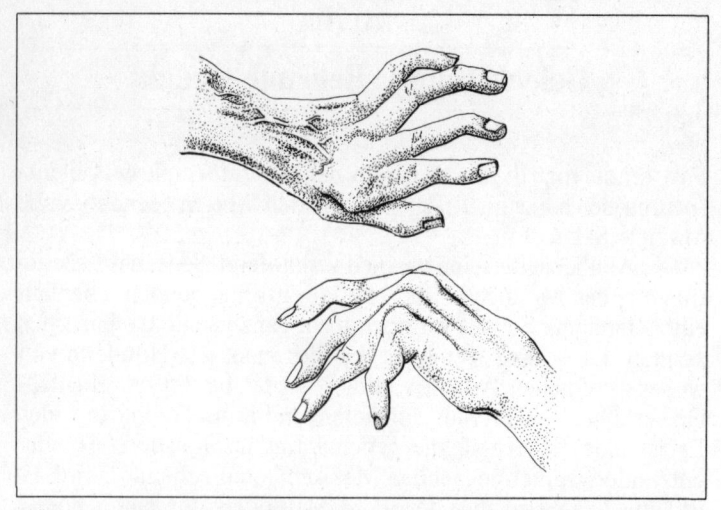

Typische Veränderung der Fingergelenke bei chronischem Gelenkrheuma

Menschen. Über das Gelenkrheuma gibt es somit wohl auch erheblich mehr Erfahrungen, mehr wissenschaftliche Untersuchungen und Veröffentlichungen.

Natürlich bestehen auch gewisse Unterschiede zwischen dem Mechanismus, der zur immunkomplexbedingten Zerstörung des Myelins im Zentralnervensystem führt und dem Mechanismus, der über die in der Gelenkinnenkapsel gelandeten Immunkomplexe zur Zerstörung der Finger- und Zehengelenke führt.

Ersparen wir uns die Schilderung dieser immer tiefer in das unwegsame Gelände der Immunologie lockenden Einzelheiten. Geben wir uns damit zufrieden, daß man auch beim Gelenkrheuma immer wieder vermehrt Immunkomplexe antrifft.

Das kann man mittlerweile sehr schön messen. Nicht zuletzt kann man anhand der gefundenen Immunkomplexe den Grad der Rheumagefährdung oder Rheumaerkrankung feststellen: durch den Rheumafaktor. Zitieren wir sinngemäß einen der bekanntesten Rheumatologen unserer Bundesrepublik, Professor Dr. Klaus Miehlke: Immunkomplexe wirken ihrerseits selbst als Antigene und veranlassen die Plasmazellen, Antikörper gegen die in diesen Immunkomplexen enthaltenen Gammaglobuline zu bilden. Die dabei entstehenden Autoantikörper werden auch als Rheumafaktoren bezeichnet.

Durch den Rheumafaktor, der jedem Arzt bekannt ist, selbst wenn er sich noch nie mit diesem komplizierten Ping-Pong-Spiel der Antigene, Antikörper und Autoantikörper näher beschäftigt hat, könnten viele Ärzte etwas leichteren Zugang zu den Gedankengängen der Enzymologen finden, die behaupten, Rheuma hätte etwas mit der Bildung von krankheitserregenden Immunkomplexen zu tun. Und die behaupten, man könne durch die Entdeckung, Zerlegung und den Abtransport solcher über die Gelenkflüssigkeit in den Gelenkknorpel eingedrungener Immunkomplexe die Krankheit deutlich lindern.

Das sollte eigentlich jeden Arzt interessieren. Die an rheumatischen Beschwerden leidenden Patienten sind schließlich das tägliche Brot des Allgemeinarztes. Sie kommen treu und brav jahrelang in die Praxis, weil Rheuma bis jetzt wohl die chronischste aller chronischen Krankheiten ist.

Leider ist die Auswahl an Therapiemöglichkeiten relativ gering. Sie ist in den letzten Jahren sogar noch mehr zusammengeschmolzen, seitdem man die langfristige Einnahme kortisonhaltiger Präparate und anderer entzündungshemmender Medikamente stark einschränken mußte. Das Steroidhormon beseitigt zwar relativ rasch die Beschwerden des Patienten ohne das Fortschreiten der Gelenkzerstörung aufzuhalten. Dies geschieht aber durch eine Unterdrückung der körpereigenen Abwehr, was langfristig zu noch schlimmeren Erkrankungen als der des Gelenkrheumas führt.

Andere, sogenannte nichtsteroidale Entzündungshemmer können ebenfalls die Schmerzen und die anderen Entzündungszeichen lindern, beeinflussen jedoch ebenso wenig die fortschreitende Gelenkzerstörung.

Ihre Wirkung beruht auf der Hemmung des Stoffes Prostaglandin, der eine Mittlerrolle bei der Entstehung von Entzündungen einnimmt.

Da die Natur nicht schwarz-weiß malt, hat aber dieses Prostaglandin nicht nur nachteilige, sondern auch sehr positive Wirkungen in unserem Körper. So schützt es die Schleimhaut des Magen-Darm-Traktes vor dem Angriff durch die Magensäure. Deshalb können diese Prostaglandin-hemmenden Medikamente im Magen-Darm-Trakt Entzündungen, Blutungen und Geschwüre verursachen.

Viele Leiden und wenige Hilfen

Ansonsten stehen dem Arzt die sogenannten Basistherapeutika zur Verfügung. Es gibt eine Handvoll solcher Mittel, die auf nicht immer erkennbarem Wege Immunkomplexe verringern und lahmlegen. Sie werden dem Patienten möglichst langfristig intramuskulär gespritzt.

Das bekannteste Basistherapeutikum ist wohl das Gold. Gold hat man bereits im Altertum in der Medizin verwendet, unter anderem gegen Tuberkulose, Lepra und die Syphilis. Dann haben die Alchemisten versucht, durch eine Veränderung des Goldes zum trinkbaren Gold ein von tausend Mythen umwobenes Allheilmittel zu gewinnen. Man wußte nicht, wie es hilft. Doch jeder war felsenfest überzeugt, daß es hilft.

Heute wird das Gold in der Rheumatologie in organischen Goldverbindungen dem Patienten verabreicht. Man weiß zwar immer noch nicht, wie die Goldverbindung hilft, aber man verordnet sie trotzdem. Wird sie dem Patienten muskulär gespritzt, kommt es bei jedem Dritten zum Teil zu erheblichen Nebenwirkungen. Das Gold reichert sich zudem langfristig im Gewebe an, wirkt als Gefäßgift, kann allergische Hautveränderungen auslösen, zu Augenkrankheiten führen oder zur Anämie und eine Reihe anderer Nebenwirkungen hervorrufen.

Kommt es zu starken Nebenwirkungen des Goldes, setzt man häufig Penicillamin ein. Andererseits ist dieses Penicillamin ebenfalls ein Basistherapeutikum und wird deshalb in ähnlicher Weise beim Rheumatiker eingesetzt und ist mit ähnlichen Risiken belastet wie das Gold. Man tauscht hier also nur die Ursache für die Nebenwirkungen aus.

Auf einer Rheumatologischen Fortbildungstagung hat Dr.

Brückle von der Rheumatologischen Universitätsklinik Basel seinen nicht besonders beglückt zuhörenden Kollegen berichtet, was diese tagtäglich in allen Praxen der Welt verordneten Basistherapeutika dem Patienten bringen.

Demnach halten die früher angegebenen Erfolgsquoten einer Besserung der Beschwerden – nämlich bei stolzen 40% der Patienten – der Nachprüfung nicht stand. Es sind deutlich weniger. Und nur bei jedem sechsten Patienten, dessen Beschwerden gebessert wurden, hält dieser erfreuliche Zustand länger als zwei Jahre an. Genauer gesagt: Heute rechnet man eher mit einer Besserungsrate von etwa 19% durch Gold und 17% durch Penicillamin. Eine Besserung, die im Durchschnitt etwa zehn Monate andauert. Je länger das rheumatische Geschehen bei dem Patienten bereits besteht, um so geringer ist die Chance, daß mit solchen Medikamenten überhaupt irgend etwas erzielt wird, außer der möglichen Auslösung von einigen bedrohlichen Nebenwirkungen.

Schreitet die Gelenkzerstörung trotz Anwendung dieser Therapeutika fort, setzt man Zytostatika ein, die eine Zellbildung – also auch die Bildung der Abwehrzellen – hemmen. Sie hemmen damit zwar die Bildung neuer Immunkomplexe, aber zugleich auch die Bildung neuer Kräfte der körpereigenen Abwehr sowie die den Organismus ständig erneuernde Zellbildung überhaupt.

Das am häufigsten verordnete Mittel dieser Art ist das Azathioprin, das schon bei der Multiplen Sklerose bewiesen hat, wie stark es jeden Versuch einer enzymatischen Hilfe bei Immunkomplexkrankheiten zu erschweren vermag. Die ernsten Nebenwirkungen von Azathioprin – besonders die Blutbildung kann gestört werden – zwingen oft zum Abbruch der Therapie.

Kein Wunder, daß viele Patienten es aufgegeben haben, sich mit irgendwelchen Medikamenten dieser Art länger behandeln zu lassen. So brechen, wie Dr. Brückle berichtete, im Durchschnitt etwa drei Viertel aller an Gelenkrheuma leidenden Patienten nach zwei Jahren Einnahme von Basistherapeutika entnervt die Behandlung von sich aus ab.

Sicherlich sind auch die Ärzte langsam verzweifelt, die ernsthaft an einer wirksameren und unschädlicheren Hilfe für ihre bedauernswerten Rheumapatienten interessiert sind. Und es ist nur zu verständlich, daß alle Nase lang in der Fachwelt der Ruf ertönt: »Endlich, jetzt haben wir es gefunden! Das die Ursache angreifende Mittel gegen das rheumatische Geschehen ist entdeckt.«

Man gräbt zu diesem Zweck sogar jahrhundertealte Kräuterrezepte aus den Folianten der Klosterbibliotheken aus. Man freut sich, wenn so etwas wie die Omega 3-Fettsäure auftaucht, die besonders reichlich in bestimmten Fischen enthalten ist und unter Umständen eine Wirkung hat. Die Säure zählt nämlich zu den mehrfach ungesättigten Fettsäuren, und ein Mangel an diesen Fettsäuren kann durchaus mit am Entstehen von krankheitserregenden Immunkomplexen beteiligt sein, wie das bereits bei der Multiplen Sklerose diskutiert wird.

Ob die Enzymgemische nun die ersehnten Mittel sind, die rheumatische Erkrankungen wie das Gelenkrheuma von der Ursache her bekämpfen, wird ebenfalls diskutiert. Immerhin sind die Enzympräparate allen bislang eingesetzten Antirheumatika dank ihrer vergleichbaren Wirksamkeit und ihrer fehlenden Gefährlichkeit überlegen.

Warum die Ärzte, die so verzweifelt nach einer Alternative fahnden, diese Möglichkeit noch nicht in der eigentlich längst zu erwartenden Weise nutzen, ist deshalb nicht so leicht zu beantworten. Vielleicht halten sie es einfach für unglaublich, wenn sie lesen, wie fabelhaft diese Enzyme mit den krankheitserregenden Immunkomplexen fertig werden. Denn sie sind wahrlich nicht verwöhnt mit wirklich guten Nachrichten.

Wertvoller als Gold

Eine der guten Nachrichten sei daher hier wiedergegeben: Der Leiter des Rehabilitationszentrums für rheumatische Erkrankungen und Herz-Kreislaufkrankheiten in Saalfelden, Professor Dr. Klein, stellte in einer über den Zeitraum von sechs Monaten durchgeführten klinischen Studie fest, daß die Wirkung von eingenommenen Enzymgemischen wie Wobenzym genau so groß ist wie das wohl beste und verträglichste Basistherapeutikum, das bislang für die behandelten Gelenkrheumatiker zur Verfügung steht, nämlich ein orales, also ebenfalls einzunehmendes Goldpräparat. Die Patienten in der Gruppe, die das Wobenzym erhielten, gehörten häufiger zu den Rheumatikern im fortgeschritteneren Stadium, sie waren auch schon längere Zeit daran erkrankt. Und es ist bekannt, daß die Chance der Besserung mit jedem Jahr der Erkrankungsdauer weiter sinkt. Insofern bedeutete das schon einen Erfolg für das Wobenzym.

Was Professor Klein bei dieser Studie allerdings noch stärker beeindruckte, das war die deutlich bessere Verträglichkeit des Wobenzyms. Während 20% der mit Gold behandelten Patienten über Unverträglichkeiten klagten, waren nur 5% der mit den Enzymen behandelten Patienten unzufrieden. Das sollte bereits Grund genug sein, um das in der Wirkung zumindest gleichwertige, aber in der Verträglichkeit deutlich überlegene Wobenzym in die Reihe der bevorzugten Basistherapeutika aufzunehmen.

Die von der Medizinischen Enzymforschungsgesellschaft gesammelten wissenschaftlichen Veröffentlichungen und deren eigene wissenschaftliche Untersuchungen ergaben übereinstimmend, daß Enzymgemische wie Wobenzym oder das bei allen rheumatischen Erkrankungen speziell genutzte Mulsal nicht nur so gut wie frei von Nebenwirkungen sind, sondern in ihrer Wirkung wohl genau so viel vermögen wie orales Gold oder andere Basistherapeutika.

Mit den Enzymen können wir nicht nur die Symptome lindern, die äußeren Anzeichen wie die Morgensteifigkeit, Schmerz, Gelenkschwellung, verringerte Griffstärke und Beugefähigkeit der Gelenke, wir treffen damit auch etwas, was zumindest indirekt die Ursache der rheumatischen Erkrankungen bekämpft.

Die Enzyme lösen das von gewebsständigen Immunkomplexen gebildete Fibrin auf und nehmen ihnen damit die Tarnkappe. Sie sorgen vor allem dafür, daß die Immunkomplexe wirkungsvoll angegriffen, gespalten, aus der Gewebsbildung herausgelöst und damit eliminiert werden können. Die zur Entzündung führenden Mechanismen werden auf diese Weise rascher ausgeschaltet, und es findet keine weitere Verschlechterung mehr statt.

Seit mehreren Jahren erscheinen laufend Ergebnisse klinischer Studien, in denen nachgewiesen wird, daß die Enzymgemische wie Wobenzym und Mulsal tatsächlich in der Lage sind, zirkulierende Immunkomplexe aus dem Blutserum der Rheumapatienten zu entfernen. Diese Arbeiten zeigen auch, welche günstigen Folgen das haben kann.

So wurde bereits 1983 eine große Studie veröffentlicht, die die Ergebnisse der Behandlung von 1004 Rheumapatienten mit dem Enzymgemisch Mulsal beinhaltete. Es ging nicht nur um Patienten mit Gelenkrheuma, sondern auch um Patienten mit aktivierten Arthrosen, mit Weichteilrheumatismus und vielen anderen rheumatischen Leiden. Denn unter dem Begriff Rheuma verbergen sich Dutzende verschiedenster Krankheiten des Bewegungsapparates bis hin zur arthritischen Wirbelsäulenverkrümmung, dem Morbus Bechterew.

1004 Patienten wurden von 141 Therapeuten mit dem Enzymgemisch Mulsal behandelt, die Krankengeschichten wurden dokumentiert und ausgewertet. Das Ergebnis war beeindruckend. Die Therapeuten bezeichneten je nach rheumatischer Erkrankung die Leiden von 76 bis 90% der Patienten als gebessert oder deutlich gebessert, bei 10 bis 24% der Patienten blieb der Zustand unverändert und nur bei 2% kam es zu einer Verschlechterung. Das Urteil der Patienten selbst über den Behandlungserfolg fiel fast genau so aus.

Die Verträglichkeit des Mulsal wurde von der überwältigenden Mehrheit der Ärzte und Patienten als ausgezeichnet oder gut bezeichnet. Die Anzahl der Patienten, die das Enzymgemisch schlecht vertrugen, lag unter 1%.

Die Studien des Institutes für Immunologie in Wien, der Rheumaklinik in Wiesbaden und der Rheumaklinik in Bad Wiessee bestätigten, daß es möglich ist, durch die enzymatische Beeinflussung des Immunsystems die unterschiedlichsten rheumatischen Erkrankungen zu behandeln, die Bewegungseinschränkungen teilweise wieder aufzuheben und die Schmerzen zu lindern. Man erreicht zumindest die ständig fortschreitende Verschlimmerung zu bremsen oder ganz zu stoppen.

Was lange währt

Das alles klingt tatsächlich fast unglaubwürdig. Irgendeinen Nachteil muß doch eine Behandlungsmethode haben, die derart überlegene Ergebnisse bringt und so gut wie frei ist von Nebenwirkungen.

Auch über die möglichen Nachteile der Enzymtherapie hat die Medizinische Enzymforschungsgesellschaft mehrere Arbeiten veröffentlicht. Danach ist der bemerkenswerteste Nachteil einer Rheumatherapie mit Mulsal der verzögerte Wirkungseintritt. Man sollte sich abgewöhnen, bei der Behandlung eines Krankheitszustandes, der sich über viele Jahre hinweg entwickelt hat, eine dramatische Änderung binnen vier Wochen zu erwarten und bitter enttäuscht zu sein, wenn man nicht gleich gesund wird.

Es kann vorkommen, daß man über Wochen bis Monate hinweg täglich das Mulsal einnehmen muß, ehe sich die positive Wirkung einstellt. Das bedeutet, daß die Patienten Tag für Tag weiterhin ihre Schmerzen ertragen und ihre Bewegungseinschränkung hinnehmen müssen und – ohne eine ermutigende Reaktion – auch Tag für Tag diese Mulsal Dragees zu schlucken haben. Und zwar nicht wenige, denn die erforderliche Dosis kann bis zu 30 Dragees täglich betragen. Was manchen Patienten wohl aus dem Unbehagen heraus widersteht, weil doch immer wieder davor gewarnt wird, so viel von dem »chemischen Zeug« zu nehmen. Nur ist es eben in diesem Fall kein »chemisches Zeug«, es sind natürliche, biologische, im eigenen Körper ebenfalls gebildete Helfer.

So wird vom Patienten bei der Enzymbehandlung seines Rheumas zunächst einmal große Geduld verlangt. Und Durchhaltevermögen. Und Geld. Es kann vorkommen, daß eine Kasse es nämlich ablehnt, die Kosten für diese Behandlung zu tragen. Sie zahlt lieber für noch teuerere Medikamente, die weniger nutzen, mehr schaden und die Gesundheitskosten dementsprechend in die Höhe jagen. Beharrlichkeit des Patienten bringt bei manchen Kassen doch noch Einsicht. Sollte der Patient die Kosten selbst zu tragen haben, übersteigt es bisweilen die Summe, die ein normaler Raucher für seine Zigarretten ausgibt.

Noch ein Nachteil ist die wache Aufmerksamkeit, mit der solch eine Behandlung durchgeführt werden sollte, wenn man wirklich einen Erfolg erzielen möchte. Ähnlich wie bei der Multiplen Sklerose ist es dringend erforderlich, auch bei entzündlichem Rheuma am ersten Tag eines sich ankündigenden neuen Schubes – wenn der Patient das Gefühl einer nahenden Erkältung oder eines grippalen Infektes verspürt oder sich irgendwie unwohl fühlt – sofort zum Arzt zu gehen. Denn dann genügen die Mulsal Dragees nicht, dann sollten die Enzyme noch höher dosiert werden. So gibt es Ärzte, die über ausgezeichnete Erfolge berichten, wenn sie in den Tagen eines sich ankündigenden neuen Rheumaschubes täglich eine bis drei Ampullen des Enzymgemisches Wobe-Mugos intramuskulär injizieren. Das scheuen zwar manche Patienten, weil es etwas unangenehm sein kann. Doch erheblich unangenehmer ist eine Fortdauer und eine Verschlimmerung des rheumatischen Leidens.

Die stark erhöhte Dosis ist deshalb so wichtig, weil sich während der Schubphase extrem viele Immunkomplexe in der Gelenkflüssigkeit, im Knorpel der befallenen Gelenke und im Blut befinden. Schickt man massenhaft Enzyme in den Organismus, können sie sich auf diese Immunkomplexe stürzen, sie auflösen und somit für eine Art Großreinemachen sorgen. Sie sorgen zugleich für eine Entzündung.

Wieso für eine Entzündung? Führt nicht gerade die Entzündung zu der Schädigung der Gelenke? Das ist richtig und falsch zugleich. Denn mit der Entzündung ist es nämlich ganz anders, als man es sich gemeinhin vorstellt.

Die Entzündung ist eigenlich etwas Gutes. Sie sollte nur rascher beendet werden. Und dafür sorgen die Enzyme. Das ist eine der entscheidenden Eigenschaften der Enzymtherapie.

12. KAPITEL

Entzündung: Eine gute Sache

Es ist ganz einfach. Was eine Entzündung ist, weiß wohl jeder: wenn eine Wunde heiß wird, wenn sich alles rötet, wenn es weh tut und angeschwollen ist, dann liegt eine Entzündung vor.

Entzündungen sind diese unangenehmen und meist schmerzhaften Erkrankungen, von der Blinddarmentzündung bis zur Nierenentzündung, von der Halsentzündung bis zur Nierenbeckenentzündung, querbeet durch die gesamte Medizin. Wir wissen Bescheid.

Irrtum, denn so richtig im Griff haben wir es meistens nicht, wenn wir genauer schildern sollen, was eigentlich in unserem Körper bei einer Entzündung passiert. Sonst wüßten wir alle, daß die Entzündung keine Erkrankung ist, sondern ganz im Gegenteil das Zeichen mindestens drei guter, hilfreicher und zur Gesundung unbedingt erforderlicher Vorgänge: Erstens die Bekämpfung eines Schädlings im Organismus, zweitens die Reparatur des Schadens und drittens die Wiederherstellung des geschädigten Gebietes.

Der Mechanismus, der dabei abläuft, ist so erstaunlich, so genial, daß wir nur mit größter Hochachtung vor der Leistung unseres Organismus stehen können. Verfolgen wir einmal einen solchen Ablauf in groben Zügen und verzichten wir zur besseren Übersicht auf einige Feinheiten, auf die der Mediziner hier mit strenger Miene kritisch hinweisen könnte.

Alarm bei jeder Wunde

Nehmen wir als Beispiel irgendetwas. Stellen Sie sich vor, sie haben sich einen Splitter in den Finger eingezogen, haben ihn nicht ganz entfernen können, ein winziges Stück ist in der Wunde geblieben. Nun entzündet sich das Wundgebiet. Das geschieht stets nach dem gleichen Muster. Wird der Organismus von einem schädigenden Einfluß heimgesucht, löst dieser zunächst einen nervlichen Reiz aus, der den Organismus alarmiert und zu einer phantastischen Gemeinschaftsaktion verschiedenster Systeme anregt.

Bei den schädigenden Einflüssen kann es sich um physikalische Reize handeln, um Wunden, um Hitze (Verbrennungen, Sonnenbrand, etc.) um Strahlung (z. B. Röntgenbestrahlung, UV-Strahlen, Kobaltbestrahlung). Oder um chemische Reize, um Gifte, Gase, Fremdkörper. Oder um mikrobiologische Einflüsse, etwa Viren, Bakterien oder Pilze. Oder um Allergie auslösende Substanzen oder die schon beschriebenen Immunkomplexe. Die Liste ist leider unendlich lang.

Was immer einen Schaden hervorruft, ruft auch die Truppe auf den Plan, die alles unternimmt, um zunächst den Schaden zu begrenzen, dann den Schädling zu vernichten, das Schadgebiet aufzuräumen, zu säubern und schließlich alles zu renovieren und den gesunden Zustand wieder herzustellen. Wir kennen die spürbaren und bisweilen sichtbaren Zeichen dieses Rettungsdienstes, die Zeichen des Entzündungsvorganges, und halten sie irrtümlich meist für die Krankheit.

Bei unserem Beispiel sind wir mit der Rettung noch nicht ganz so weit. Denn es steckt immer noch das winzige Stück von dem Splitter in Ihrem Finger. Der Splitter hat über die von ihm getroffenen Nervenfasern einen alarmierenden Reiz ausgelöst, den man sogar an einer Art Schreckreaktion der Blutgefäße messen kann. Die Blutgefäße im Wundgebiet ziehen sich, je nach Reiz, erst einmal für eine halbe Sekunde oder sogar eine halbe Minute zusammen. Und dann geht es los. Ihr Organismus hat verstanden, was passiert ist und wo der Schaden liegt. Er benötigt nunmehr unbedingt bestimmte weiße Blutkörperchen, die berühmten Lymphozyten der zellulären Abwehr, die im Wundgebiet gegen den Schädling vorgehen sollen. Er braucht außerdem viele Riesenfreßzellen zur groben Arbeit der Schädlingsbekämpfung und zur Säuberung des Wundgebietes. Und er braucht Thrombozyten, die im Wundgebiet für eine Blutgerinnung sorgen müssen, damit der Schaden auf dieses Gebiet begrenzt wird.

Solche Helfer schwimmen ständig im Blut und in der Lymphe herum und sind deshalb bei der Verletzung der kleinsten Gefäße rings um den Splitter bereits aus den Gefäßen getreten und schauen, wie sie sich nützlich machen können. Aber das reicht natürlich nicht aus. Der Organismus benötigt schon gewaltigere Mengen zur Reparatur und Regeneration.

Her mit den kleinen Helfern

Das technische Problem, das der Organismus zunächst zu lösen hat, sieht deshalb so aus: Wie können möglichst rasch möglichst viele der in Blut und Lymphgefäßen befindlichen Lymphozyten, Makrophagen, Thrombozyten und ein halbes Dutzend weiterer Helfer aus den Gefäßen heraustreten und in das Wundgebiet gelangen? Wie kann man die Helfer im Wundgebiet zu höchster Aktivität anspornen?

Das schafft Ihr Organismus auf raffinierte Weise. Er aktiviert nämlich rings um das Wundgebiet in den kleinsten Blutgefäßen spezielle Vermittler, die eine »Erweiterung« dieser kleinsten Blutgefäße hervorrufen. Es sind Blutgefäße, die hauchdünn sind und an jede Zelle heranführen, um dort den energieliefernden verflüssigten Sauerstoff abzuliefern. Man nennt sie die Endstrombahn. »Erweiterung« ist vielleicht nicht das richtige Wort. Denn die kleinen Blutgefäße der Endstrombahn werden nicht etwa aufgeblasen, das ginge kaum. Vielmehr rücken die Vermittler die einzelnen Zellen der Blutgefäße, die normalerweise dicht an dicht stehen, etwas auseinander. Sie machen die Endstrombahn durchlässig wie einen Schwamm.

In den ersten vier Stunden nach dem von einem Schaden ausgelösten Alarm ist das jedenfalls normalerweise die hauptsächliche Reaktion: Die Blutgefäße im Gewebe rings um das gestörte oder zerstörte Gebiet werden durchlässig gemacht, die zur Zerstörung oder Entfernung des Feindes, zur Abschottung des geschädigten Gebietes, zur Spaltung der Trümmer und zum Aufräumen des Schlachtfeldes benötigten Helfer können ihre Arbeit tun. Sie schwimmen dabei munter im Wundgebiet in einer Blutflüssigkeit herum, die ebenfalls aus den dazu hergestellten Zwischenräumen der Blutgefäßzellen austritt.

Jeder kennt diese farblose Flüssigkeit, die manchmal aus Wunden »suppt«. Es kann vorkommen, daß sich in der Wunde Feinde befinden, Bakterien zum Beispiel, die sich auf dieses sogenannte Exsudat stürzen und dort ebenfalls eine schädliche Tätigkeit ausüben. Das Exsudat wird mit Gerinnungsfaktoren, Zelltrümmern, toten und lebenden Feinden angereichert und vom Organismus hinausexpediert, wenn es irgend geht. Das Exsudat nennt man dann Eiter. Daß bei der Arbeit der auflösenden und abdichtenden Zellen nichts ohne Enzyme klappen würde, ahnt wohl jeder, der es bis zu diesen Zeilen des Buches geschafft hat. Selbstverständlich werden auch hier wieder zahlreiche hintereinandergeschaltete Enzymkaskaden aktiviert, auch die Enzymkaskade der Komplemente bis hin zum scharf gemachten neunten Komplement, dem tödlichen Killer.

Die vier klassischen Zeichen

Weil immer mehr Flüssigkeit mit helfenden Zellen aus den absichtlich undicht gemachten kleinsten Blutgefäßen im Gewebe rings um das Wundgebiet tritt, schwillt dieses Gebiet immer mehr an. Das können Sie auch bei Ihrem Finger sehen: An der Stelle, an der noch immer dieses Stückchen Splitter steckt, kommt es in den ersten Stunden zu einer Schwellung, die – je nach Ort, Art und Schwere der Verletzung – mehr oder weniger deutlich ausfällt.

Und es kommt zu einer Rötung. Die Rötung hängt natürlich mit der am Ort der Verletzung erfolgten stärkeren Blutzufuhr zusammen. Und mit der verstärkten Blutzufuhr kommt es zu einer Überwärmung.

Bei einem besonders heißen Kampf der herbeigerufenen Kräfte – beispielsweise gegen einen dort sitzenden Schädling, den sie trotz aller Mühe nicht zerlegen und fortschaffen können – ist diese Hitze eine durch die bereits erwähnten Vermittler veranlaßte örtliche Fieberreaktion. Sie erfüllt durchaus einen Zweck, denn die eingesetzten Enzyme werden um so aktiver, je höher die Temperatur ist. Sie arbeiten wie verrückt bei rund 40°C. Nur darf die Temperatur eben nicht viel höher gehen, sonst sterben sie.

Die Vermittler, die für die Öffnung der Zellzwischenräume und die Überwärmung sorgen, sind beim Entzündungsvorgang unverzichtbar. In der Fachsprache heißen sie »Mediatoren«. Und die Mediatoren haben noch eine weitere Aufgabe zu erledigen: Sie pochen bei den Schmerzrezeptoren der im Wundgebiet endenden Nervenfasern an. Die Nerven leiten diesen Reiz nach oben zur Zentrale, wo er als Schmerzempfindung ankommt. Auch wenn das der von Schmerz geplagte Mensch nicht so recht nachfühlen kann, so ist das doch eine wichtige Sache. Unser Gehirn wird gewarnt, daß eine gesundheitsgefährdende Situation vorliegt, daß sich ein Feind im Körper befindet, daß sich deshalb vielleicht auch das Gehirn darum kümmern sollte, etwas dagegen zu unternehmen und sich vor weiteren Feinden zu schützen.

Somit haben wir die klassischen Zeichen jeder Entzündung beisammen, nämlich: Rötung (Rubor), Schwellung (Tumor), Überwärmung (Calor) und Schmerz (Dolor).

Es kommt oft noch ein fünftes Zeichen hinzu, nämlich die gestörte Funktion (Functio laesa). Das fünfte Zeichen fehlt hoffentlich bei Ihrem Splitter in der Wunde, Sie können wahrscheinlich den Finger noch bewegen.

Zwischen der vierten und der zwölften Stunde, die seit dem Eindringen des Splitters vergangen ist, sind die ersten Notmaßnahmen beendet. Aus der Wunde tritt kein Blut mehr aus, weil der Blutfluß dort enzymatisch absichtlich in Richtung verstärkter Gerinnung aus dem Gleichgewicht gebracht wurde. Auch die Abdichtung gegen das umgebende gesunde Gewebe ist geschafft. Die benötigten Helfer sind an Ort und Stelle versammelt, um die Gewebstrümmer im Wundgebiet zu spalten, dann zu verflüssigen und damit transportierbar zu machen.

Saubermachen und renovieren

Das Zerkleinern und Wegräumen der Gewebstrümmer ist genau genommen eine gegen körpereigenes Gewebe gerichtete Tätigkeit. Die Enzyme spalten etwas, was unser eigenes Eiweiß ist. Sie fressen uns selbst auf. Wie ist so etwas möglich? Unsere Zellen, die bei einer

Verletzung, bei einer Schädigung durch Feinde zerstört werden, verlieren bei ihrem Tod ihre Merkmale, die sie als körpereigen ausweisen. Sie entwickeln eine antigene Eigenschaft, wandeln sich also zu »fremd« um. Damit ist es für unsere Enzyme ganz klar, daß es völlig in Ordnung ist, diese nunmehr körperfremden Zellen zu spalten und zu entfernen.

Nur dauert es eben manchmal ein paar Stunden, bis die gestörten und zerstörten Zellen in einem Wundgebiet richtig tot und ohne Zweifel fremd geworden sind. Darum setzt die Reinigung des Wundgebietes von Gewebstrümmern nicht sofort ein. Gegen in der Wunde befindliche Feinde, die aus Eiweiß bestehen, also beispielsweise Viren, Bakterien oder andere Mikroorganismen, können die Enzyme selbstverständlich von der ersten Minute an tätig werden. Das machen sie auch hervorragend gut.

Etwa zwölf bis 36 Stunden nach der Verletzung wird also unentwegt gespalten, verflüssigt, abtransportiert. Und so ganz nebenbei beginnen schon in dem nunmehr abgeschotteten, freigeräumten Wundgebiet die ersten Maßnahmen zur Regeneration. Das geschieht dank besonderer elektrischer Impulse an den Spitzen der in das Wundgebiet ragenden Nervenfaserenden. Sie wachsen dort ein wenig hinein, und um die Faserenden bilden sich, angeregt durch die elektrische Stimulation, primitive Zellen, die zu nichts und zu allem fähig sind.

Zellen, wie sie bei der Entstehung des menschlichen Lebens im Mutterleib ebenfalls im Anfangsstadium gebildet werden. Aus jeder dieser Zellen könnte ein ganz neuer Mensch, beziehungsweise eine exakte Kopie jedes Menschen hergestellt werden, oder aber nur irgendeine ganz spezielle Zelle mit einer ganz eingeschränkten Funktion innerhalb des Organismus. Diese Wandlung einer undifferenzierten Zelle zu einer differenzierten Zelle geschieht durch das enzymatisch ausgelöste Zuklappen bestimmter Erbanlagen in der Zelle, bis eben nur noch das jeweils benötigte Programm zur Zellspezifizierung wirksam bleibt.

Es wäre verlockend, eine spannende Schilderung über den Mechanismus der Wiederherstellung von zerstörtem Gewebe, zerstörten Organen oder die theoretisch mögliche Neubildung amputierter Gliedmaßen zu beginnen, aber das ist ein anderes Thema. Außerdem ist der Splitter immer noch in der Wunde und muß raus.

Das geschieht normalerweise auch in dieser Phase der Wiederherstellung des zerstörten Gebietes. Es ist für Ihren Organismus allerdings manchmal nicht ganz einfach, einen mechanischen Entzündungsauslöser wie solch einen Splitter aus dem Körper zu entfernen. Der Splitter muß isoliert und dann durch eine Ansammlung von verfestigtem Exsudat an die Hautoberfläche gedrückt werden. Dazu sind ungemein komplizierte Vorgänge der Blutgerinnung und Blutverflüssigung, der Quellung und Entquellung des Gebietes erforderlich. Kein Wunder, daß dieser oft nur ganz winzige Splitter manchmal ganz erhebliche Schmerzen auslösen kann. Das liegt nicht nur an den Meldungen der Mediatoren an die Schmerzrezeptoren, das liegt auch an dem rein mechanischen Druck auf die Nervenenden. Aber ohne diesen starken Druck gelangt der Splitter nicht nach oben zur Hautoberfläche, wo wir ihn manchmal erst Tage nach dem Eindringen bemerken, um ihn endlich mit einer Nadel oder Pinzette ganz herauszubefördern. Ansonsten geht es fast nur noch um die Heilung. Es geht um die Zellneubildung, um neue Nervenfasern, Blut- und Lymphgefäße zur Versorgung der im Wundgebiet neu gebildeten Gewebszellen.

Die zur Entzündung führenden Rettungstrupps haben ihre Arbeit nunmehr eingestellt. Die durchlöcherten Endstrombahnen sind schon längst wieder abgedichtet, das Exsudat im Wundgebiet ist abgeleitet, die Schwellung ist zurückgegangen, die Rötung hat sich gelegt, der Schmerz ist vergangen. Auch die Enzyme sind längst tätig geworden, die dazu da sind, um geronnenes Blut aufzulösen. Die Verhältnisse im Wundgebiet haben sich normalisiert.

Ist die Wiederherstellung gesunden Gewebes im Wundgebiet beendet, kann auch der Schorf, der den Abschluß der Wunde nach außen zum Schutz vor weiteren eindringenden Feinden gebildet hat, abgestoßen werden. Die Verletzung ist vergessen.

Das Beispiel einer Entzündung durch einen kleinen Splitter ist das Beispiel für eine einfache akute Entzündung, die zu einer völligen Wiederherstellung des ursprünglichen Zustandes führt.

Leider bleibt es nicht immer dabei. Denn manchmal klappt es nicht ganz mit der völligen Wiederherstellung. Die neu gebildeten Zellen sind von minderer Qualität oder es werden einfach zu viele neue Zellen gebildet. Das ergibt dann knotiges Narbengewebe, ein Keloid.

Fehler, Mangel, Chaos

Und manchmal wird aus der akuten Entzündung eine chronische Entzündung. Denn es kommt bei dem nacheinander geschalteten Ablauf der Alarmierung, der Schadensbekämpfung, der Reinigung und der Regeneration zu irgendwelchen Störungen. Da kann der alarmierende Reiz zu schwach sein, es kann aber auch die zur Bekämpfung, Reinigung und Regeneration benötigte Truppe zu schwach sein, weil es an der benötigten Menge oder Art der Helfer fehlt. Das versucht unser Organismus durch eine sogenannte sekundäre Entzündungsreaktion auszugleichen, indem der gesamte Organismus umgestellt wird. Dabei werden die zur Überwärmung anregenden Mediatoren eingesetzt, um richtiges Fieber zu erzeugen. Weil jetzt keine örtliche Gegenmaßnahme mehr genügt und der gesamte Organismus zu höchster Aktivität fähige Enzyme bereitstellen muß.

Auch die Zusammensetzung des Blutes verändert sich jetzt meßbar. Es enthält immer mehr Lymphozyten, Makrophagen, Thrombozyten und andere Helfer. Die Höhe der Konzentration solcher zur Entzündungsreaktion notwendigen Helfer im Blut ist eine Meßgröße in der Medizin, die deutliche Rückschlüsse auf die Art und Stärke einer entzündlichen Erkrankung zuläßt.

Ursache für die ungenügende Reaktion des Organismus kann natürlich die penetrante Art des Schädlings sein, sich nicht abschütteln oder zerstören zu lassen. Es kann die Kraft des Schädlings sein, es kann auch die Menge der Schädlinge sein. Wir kennen viele Faktoren, die aus einer akuten eine chronische Entzündung machen.

Ein Faktor ist sicherlich immer daran beteiligt. Und das ist, was keinen Leser mehr überraschen dürfte, der Mangel an genügend geeigneten Enzymen. Sämtliche Entzündungsreaktionen sind nun einmal verbunden mit der dringend erforderlichen Anwesenheit solcher Enzyme. Sie werden bei starken oder dauerhaften Schädigungen in einer Menge benötigt, die der Körper nicht selbst herstellen kann. Die körpereigene Enzymproduktion ist nämlich nicht wesentlich veränderbar, man kann nicht nach Wunsch einfach ankurbeln oder auf die Bremse treten.

Wird durch den Enzymmangel die komplizierte Kette ineinandergreifender Reaktionen zur Beseitigung des Schadens und zur Wiederherstellung des gesunden Zustandes irgendwo unterbrochen, entsteht ein Chaos. Dann gibt es kein geordnetes Nacheinander mehr, keine geplanten Schritte von der ersten Alarmierung bis zur letzten neugebildeten Zelle. Dann können sämtliche Reaktionen durcheinander ablaufen, sich gegenseitig aufheben oder behindern. Und der Schadensverursacher kann ungeschoren davonkommen und weiterhin seine zerstörende Wirkung ausüben.

Es kann somit bei einem nicht völlig ausgeheilten Schaden zu einem Teufelskreis von schädigenden Reizen und Autoaggression kommen, der sich zu einem immer gefährlicheren Zustand hochschraubt. Der zu chronischen Krankheiten führt, die nur noch schwer zu unterbrechen und auszuheilen sind.

In solchen Fällen setzt die Schulmedizin hauptsächlich Kortison ein, das die körpereigene Abwehr lahmlegt. Oder sie schaltet mit den im Kapitel über Gelenkrheuma beschriebenen Prostaglandin-Hemmern die Entzündungsvermittler aus.

Wird die Entzündungsreaktion mit ihren Folgen: Rötung, Schwellung, Schmerz und Überwärmung unterbrochen, bleiben die Schadensverursacher aber erst recht unbehelligt. Es wird damit genau das erreicht, was eine Heilung ausschließt. Genau das, was den Schaden bestehen läßt oder eine weitere Schädigung zuläßt.

Die Entzündung fördern

Wer einwendet, die Enzympräparate würden ja auch als antiphlogistisch, also entzündungshemmend bezeichnet und seien deshalb auch nicht viel besser, hat nicht begriffen, daß mit der oft in hoher Dosierung erfolgenden Zufuhr der Enzymgemische das Gegenteil einer Entzündungshemmung angestrebt wird. Daß hier ein völlig entgegengesetztes Wirkprinzip verfolgt wird.

Die Enzympräparate, voran das am häufigsten eingesetzte Wobenzym, sind deshalb keine Entzündungshemmer, sondern eher Entzündungsaktivatoren. Sie fördern alles, was hilft, den Schaden zu begrenzen, zu beheben und neues, gesundes Gewebe zu bilden. Sie beschleunigen den Ablauf der zur Gesundung erforderlichen Entzündung. Diese Beschleunigung bedeutet einerseits, daß die Arbeit der Schadensbekämpfung, der Schadensbehebung und der Neubildung mit mehr Kraft und Präzision erledigt und damit eher beendet wird. Sie bedeutet andererseits, daß es dadurch zu einer vorübergehenden Verstärkung der spür- oder sichtbaren Zeichen der aktivierten Entzündung kommen kann: mehr Rötung, mehr Schwellung, mehr Wärme, mehr Schmerz. Das ist nichts Böses, nichts, wogegen man angehen sollte. Es sind Zeichen, daß der Organismus funktioniert, die Rettungs- und Reparaturtrupps eifrig am Werk sind.

Denn eine Entzündung ist nichts anderes als die großartige Antwort des Körpers auf lokal geschädigtes Gewebe. Sie ist eine gute, eine das Leben erhaltende Reaktion. Sie zu unterdrücken oder zu stören, kommt einer absichtlichen Körperverletzung gleich.

Kein Wunder, daß die Enzymgemische bei den verschiedensten Krankheiten erfolgreich eingesetzt werden können. Weil das Prinzip der Entzündungsreaktion auf einen schädigenden Reiz bei fast allen Krankheiten, die wir kennen, eine wichtige oder sogar die Ursachen bekämpfende Rolle spielt. Es erübrigt sich deshalb, eine lückenlose Aufzählung aller Krankheiten folgen zu lassen, die man allein schon dank diesem Prinzip der Entzündungsförderung mit Enzymgemischen behandeln kann.

In der Fachsprache enden fast alle deutlich mit Entzündung verbundenen Krankheiten auf »-itis«: Arthritis, Pankreatitis, Dermatitis, Prostatitis. Oder Adnexitis, die Eileiterentzündung, die übrigens hervorragend auf das Wobenzym zur Beendigung der Entzündung anspricht. Und tausend andere Krankheiten, die mit Entzündungen verbunden sind.

Die Entzündung fördern

Wir kommen bei den weiteren Einsatzmöglichkeiten der systemischen Enzymtherapie immer wieder darauf zurück. Genau so, wie wir auf die enzymatische Beeinflussung des Immungeschehens zurückkommen. Es sind nun einmal zwei bei jeder Störung unserer Gesundheit grundlegend zur Heilung notwendige Prinzipien.

13. KAPITEL
Verletzungen: Bereit sein ist alles

Was ist die häufigste Gesundheitsstörung? Eine der sogenannten Volkskrankheiten wie Rheuma? Nein. Die Grippe? Nein. Jetzt haben wir es: der banale Schnupfen! Auch nicht. Die häufigste Gesundheitsstörung – wer die Überschrift des Kapitels gelesen hat, weiß es natürlich – ist die ganz gewöhnliche, alltägliche Verletzung. Der Schnitt in den Finger, die Beule am Kopf, das aufgeschlagene Knie, der umgeknickte Knöchel oder einfach ein blauer Fleck, den man sich holt, weil man sich schon wieder an der verdammten Schrankecke gestoßen oder sich den Liebhaber nicht rechtzeitig vom Halse geschafft hat. Und wer nicht nur Kapitelüberschriften, sondern auch noch die Kapitel selbst liest, weiß, daß jegliche Verletzung eine sofortige Alarmierung des Rettungs- und Reparaturdienstes zur Folge hat mit dem Einsatz zahlloser und zu den verschiedensten Arbeiten fähiger Enzyme.

Unser Leser weiß: Wo immer etwas verletzt wird, ist die Wiederherstellung der Gesundheit in starkem Maße abhängig von der Zurverfügungstellung der nunmehr in erhöhter Menge benötigten Enzyme. Klappt das, kommen genügend richtige Enzyme an dem Ort der Verletzung an, sind die Aussichten hervorragend, daß die Verletzung rascher abklingt, die Schmerzen eher verschwinden und die ganze Geschichte bald vergessen ist. Was vom umgeknickten Knöchel bis zum verräterischen Knutschfleck durchaus willkommen sein kann.

Knutschfleck und Karateschlag

Die enzymatische Behandlung eines Knutschflecks, also eines blauen Flecks oder Blutergusses, hat man übrigens tatsächlich experimentell nachgeprüft. Allerdings, wahrscheinlich zur Enttäuschung einiger der 100 männlichen und weiblichen Versuchspersonen, nicht auf eine derart angenehme Art der Entstehung.

Die Untersuchung wurde von zwei leitenden Ärzten des bei allen Berufssportlern bekannten Sportmedizinischen Untersuchungszentrums in Grünwald bei München durchgeführt. Sie entzogen der Ellbogenvene der 100 Probanden je zwei Kubikzentimeter Blut und spritzten es ihnen an der Innenseite des rechten Unterarmes flach unter die Haut. Dadurch entstand bei allen Probanden der typische blaue Fleck. Ein Hämatom, wie man den Bluterguß in der Medizin nennt.

Die Hälfte der Probanden erhielt danach eine Woche lang täglich 3 mal 10 Dragees des Enzymgemisches Wobenzym, die anderen erhielten ein ohne Wirkstoff hergestelltes Scheinmedikament, ein Placebo. Täglich wurde geprüft und gemessen: Wie groß noch der Schmerz war, der beim Druck auf das Hämatom entstand, wie lange dieser Druckschmerz anhielt und wie rasch das Hämatom wieder verschwand.

Das Ergebnis fiel überzeugend aus. Der Erfolg wurde bei 76%

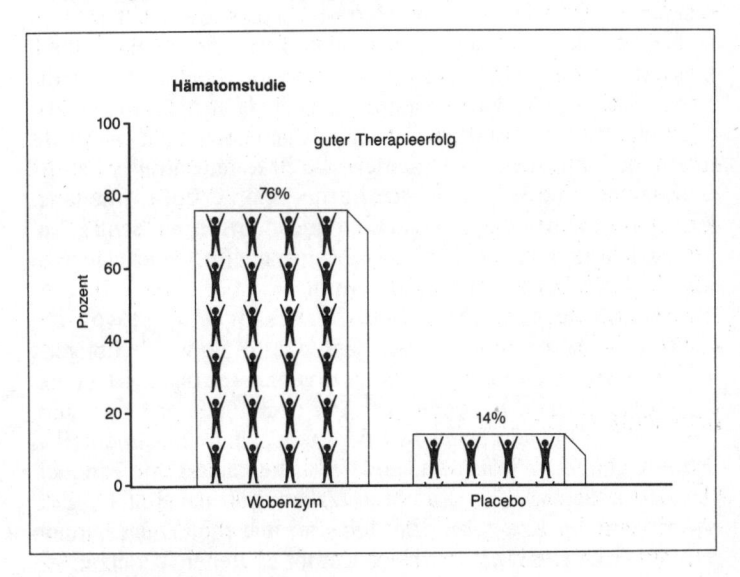

Ergebnisse der Hämatom-Studie

der mit Wobenzym behandelten Probanden mit gut bezeichnet, während nur bei 14% der mit dem Scheinmedikament behandelten Probanden das Urteil positiv ausfiel. Die mit Wobenzym behandelten Probanden verspürten einen geringeren Druckschmerz, der Druckschmerz verlor sich auch viel eher und das Hämatom verschwand viel früher.

Es ist kein Zufall, daß sich gerade Sportärzte diese Untersuchung ausgedacht und durchgeführt haben. Denn Alltagsverletzungen sind schließlich etwas, was bei fast jeder Sportart heute als fast selbstverständliche Begleiterscheinung akzeptiert wird und deren möglichst rasche Ausheilung zugleich eine Forderung jedes Sportlers ist, dem am Sieg, an der Spitzenleistung oder am Spaß an der Freude liegt.

Zwischen dem blauen Veilchen eines Boxers und dem Knutschfleck des verliebten Mädchens bestehen nur graduelle Unterschiede. Und ob sich ein Fußballer beim Hineingrätschen in den Gegner verletzt oder ein älterer Herr bei Glatteis ausrutscht und sich verletzt, macht vom Prinzip her ebenfalls kaum einen Unterschied. Deshalb können wir die Behandlung von Sportverletzungen auf die Behandlung von Verletzungen im Alltag, im Haushalt, am Arbeitsplatz übertragen. Wundern Sie sich deshalb auch nicht, wenn wir über eine Untersuchung berichten, die 20 Karatekämpfer betrifft.

Karate ist eine Kampfsportart, bei der Sportler außerordentlich kräftig und intensiv damit beschäftigt sind, dem Gegner Schläge auf diverse Körperpartien zu versetzen. Man braucht also nicht lange zu warten, bis es zu Verletzungen kommt.

Die Untersuchung mit den 20 Karatekämpfern, die von Dr. Zuschlag geleitet wurde – dieser passende Name wurde übrigens später fast mehr kommentiert als das Ergebnis – erfolgte als Doppelblindstudie, das heißt: Weder der Arzt noch die Sportler wußten, wer Wobenzym und wer ein unwirksames Scheinmedikament (Placebo) erhielt. Zehn männliche und weibliche Karatekämpfer erhielten vorsorglich vor den Kämpfen täglich drei mal fünf Dragees Wobenzym, weitere zehn erhielten drei mal fünf Dragees ohne Wirkstoff. Die Schwere der beim Kampf erlittenen Verletzungen war bei allen 20 Sportlern durchaus vergleichbar.

Karate-Studie

Verschwinden der Hämatome

nach **7** Tagen — Enzymtherapie

nach **16** Tagen — Placebo

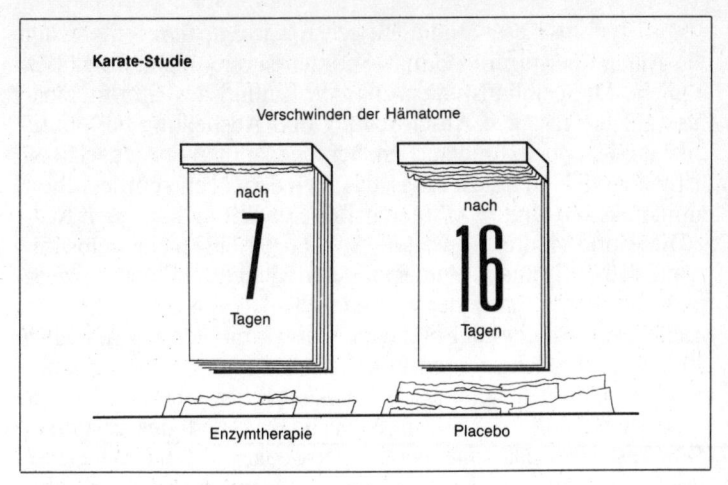

Ergebnisse der Karate-Studie

Nachdem man die Studie beendet, den Verteilungsschlüssel aufgedeckt und alle Daten statistisch erfaßt hatte, zeigte sich Erstaunliches: Bei den vorsorglich mit den Enzymen versorgten zehn Sportlern waren die erlittenen Hämatome durchschnittlich bereits nach sieben Tagen verschwunden, bei den Sportlern ohne Enzymvorrat erst nach 16 Tagen. Die erlittenen Schwellungen verschwanden bei der ersten Gruppe sogar bereits nach gut vier Tagen, bei der zweiten Gruppe dagegen erst nach zehn Tagen. Die durch Verletzung und Schmerz eingeschränkte Bewegung war bei der ersten Gruppe nach fünf, bei der zweiten Gruppe dagegen erst nach mehr als zwölf Tagen wieder hergestellt. Kam es durch beim Karatekampf erlittene Verletzungen zu Entzündungen, so klangen diese Entzündungen bei der ersten Gruppe bereits nach knapp vier Tagen, bei der zweiten Gruppe jedoch erst nach etwa elf Tagen ab.

Mit anderen Worten: Es ist möglich, sich bei einem bestehenden Verletzungsrisiko durch die vorsorgliche Einnahme eines Enzymgemisches so gut abzusichern, daß jede danach tatsächlich erlittene Verletzung bereits in der Hälfte oder sogar einem Drittel der Zeit ausheilt, als es ohne diese Vorsorge der Fall wäre.

Das Ergebnis dieser Studie läßt sich, wie gesagt, ohne weiteres auf den Alltag übertragen. Ob man Sportler ist oder nicht. So gibt es ähnliche Doppelblindstudien, die den Einfluß des Enzympräparates auf die raschere Abschwellung und Ausheilung bei umgeknickten Knöcheln untersuchen, bei sogenannten Sprunggelenksdistorsionen. Und das ist etwas, das auch dem Nichtsportler schon einmal passiert und in schmerzhafter Erinnerung geblieben ist.

Diese und zahlreiche weitere Studien bestätigen übereinstimmend, daß die Einnahme einer größeren Menge der Enzymdragees möglichst sofort nach der erlittenen Verletzung eine erheblich raschere Ausheilung zur Folge haben kann – mit allen Zeichen eines erfolgreich abgeschlossenen Entzündungsvorganges, also mit der abnehmenden Schwellung, den abklingenden Schmerzen, der Wiederherstellung der freien Beweglichkeit und des gesunden Gewebes. Und daß eine bereits vorsorgliche Einnahme dieser Enzyme das Ausmaß einer Verletzung begrenzen und die Ausheilung noch stärker beschleunigen kann. Ohne ein Risiko der Nebenwirkungen und ohne die Gefahr für den Sportler, etwa des Dopings angeklagt zu werden.

Nur der Gesunde kann siegen

Wenn die Enzymdragees eine derart wunderbare Wirkung haben, jeden Sportler besser vor schwereren Verletzungen schützt, die Verletzungen rascher ausheilt – und ihn damit früher wieder fit macht für den Kampf um Punkte, Tore, Zentimeter und Sekundenbruchteile, müßten eigentlich alle Sportler mit schöner Regelmäßigkeit diese Dragees schlucken.

Tatsächlich gibt es kaum einen Spitzensportler in der Bundesrepublik, der nicht den Dragees mit der unverwechselbaren orangeroten Farbe begegnet wäre. Medizingurus der großen Fußball-, Handball-, Eishockeymannschaften haben sie in ihren Koffern und verteilen sie vor entscheidenden Spielen großzügig. Vom Vereinsarzt des FC Bayern, Dr. Hans-W. Müller-Wohlfahrt, bis zu den Professoren der Sporthochschulen wie Professor Klümper gibt es eigentlich keinen medizinischen Betreuer von Berufs- oder Leistungssportlern – die Grenzen sind hier fließend –, der nicht die schützende und heilende Wirkung der Enzympräparate einsetzt.

So unterschiedlich Art und Ausmaß der Verletzungen auch sein mögen, die verblüffend positive Wirkung wird immer wieder bestätigt. Zwei der Sportärzte, die bei der Betreuung der bundesdeutschen Olympiamannschaften mitwirken, haben eine kontrollierte Studie durchgeführt und dabei bereits mit einer vergleichsweise extrem niedrigen Dosis, nämlich drei mal zwei oder auch nur drei Wobenzym Dragees täglich, bei den von ihnen betreuten Sportlern zu 82% gute, überwiegend sogar sehr gute Erfolge erzielt. Es waren Sportler, die Prellungen, Verstauchungen, Kapsel- und Bänderrisse, Ödeme, Hämatome, Gelenkergüsse, Muskelzerrungen, Muskelfaserrisse, Wirbelsäulenverstauchungen und andere Verletzungen erlitten hatten, die insgesamt unter den Begriff der »akuten oder chronischen traumatischen Entzündungen« fallen. Daß man dazu auch den so oft zitierten Tennisellenbogen zählen kann, versteht sich von selbst.

So findet kaum eine internationale Sportveranstaltung statt, bei der nicht einige oder auch sämtliche aktive Teilnehmer das Enzympräparat nutzen. Das gilt für Weltmeisterschaften in den von Verletzungsrisiken besonders betroffenen Mannschaftssportarten wie Fußball, Handball, Eishockey oder dem ziemlich brutalen American Football. Es gilt für die Universiaden, die Studenten-Weltspiele in den Sommer- und den Wintersportarten. Es gilt für die Betreuung der bewundernswerten Sportler bei den Olympischen Spielen der Behinderten.

Bei den Olympischen Winterspielen und den Olympischen Sommerspielen wenden sich die zuständigen Sportmediziner mehrerer Nationen regelmäßig an die Hersteller der Enzymdragees, um von ihnen weitere wissenschaftliche Unterlagen und natürlich auch möglichst viele Enzympräparate zu erhalten.

Beispielsweise die österreichischen Spitzensportler – vom Leichtathleten, Ringer, Judoka, Boxer, Handballer bis zum Skiabfahrtsläufer – werden von österreichischen Olympiaärzten zur Vorbeugung und Behandlung von Verletzungen mit den Dragees versorgt. Wie gut die enzymatische Vorbeugung funktioniert, beweist ein kleines Beispiel, das der Olympiaarzt Dr. Engel von der Orthopädischen Universitätsklinik Wien berichtet: Hatten bei der Wettkampfvorbereitung ohne Enzymschutz noch zehn Sportler eine die Sporttätigkeit unterbrechende Verletzung erlitten, war während der Wettkämpfe unter dem Schutz der Enzyme nur ein einziger verletzungsbedingt nicht voll einsatzfähig. Bei allen anderen, die während des eigentlichen Wettkampfes eine Weichteilverletzung erlitten, wurde durch sofort erhöhte Dosierung des Enzympräparates die Hämatombildung und die Weichteilschwellung rasch und deutlich gesenkt, sie konnten weiterhin am Wettkampf teilnehmen.

Die Erfahrung bestätigt auch Professor Raas von der Universität Innsbruck, der bei den Olympischen Winterspielen besonders für die österreichischen Spitzensportler tätig ist. Einige der Erfolge, die von seinen medizinisch betreuten Sportlern errungen wurden, wären seiner Meinung nach ohne das Enzympräparat nicht so ohne weiteres zu erzielen gewesen.

Wahrscheinlich gehören Sie nicht zu den Menschen, die aktiv an den nächsten Olympischen Sommer- oder Winterspielen teilnehmen werden. Das ändert nichts an der Bedeutung der Enzyme für jeden von uns. Neben der hilfreichen Wirkung der Enzymgemische als vorbeugender Schutz vor den normalen Alltagsverletzungen oder als Heilungsbeschleuniger bei erlittenen Alltagsverletzungen können die Enzyme noch eine weitere wichtige Bedeutung für Sie bekommen. Nämlich für den Fall einer Operation.

Eine Operation ist eine bewußte Verletzung

Jede Operation ist unter anderem eine absichtlich erzeugte Verletzung mit der Folge einer akuten Entzündung. Jede Operation setzt eine Wunde, verletzt Gewebe, zerstört Blutgefäße und alarmiert unser System zur Abgrenzung, Reinigung und Reparatur des Schadens.

Logischerweise empfiehlt es sich deshalb, vor und nach Operationen zusätzlich Enzyme zuzuführen, um diese notwendigen Maßnahmen zu unterstützen. Das ist eine ungemein sinnvolle Methode, die nur dann Grenzen findet, wenn das Blutfließgleichgewicht zu stark gestört ist und die Enzyme unter Umständen das Blut so flüssig halten könnten, daß der Wundabschluß durch geronnenes Blut nicht mehr optimal funktioniert.

Nehmen wir als Beispiel die Operation nach einer Verletzung des Kniegelenkmeniskus: Der gerissene, geschädigte Meniskus muß entfernt werden. Nun ist aber nach der Verletzung das gesamte Gebiet um das Kniegelenk dick angeschwollen. Das ist die Folge eines natürlichen, sogar dringend erwünschten Vorganges bei jedem Entzündungsablauf. Der Chirurg steht vor dem Problem, daß er einerseits so schnell wie nur möglich den kaputten Meniskus herausoperieren möchte, andererseits diese unförmige Schwellung des umgebenden Gewebes die Operation erschwert. Er wäre deshalb froh, wenn die Schwellung möglichst bald wieder verschwinden würde. Und das bewerkstelligt ganz hervorragend das Enzymgemisch.

Nach der operativen Entfernung des Meniskus ist der Arzt wiederum etwas ungeduldig. Ganz zu schweigen vom Patienten, dem es auch nicht gefällt, wenn die Heilung der Operationswunde auf sich warten läßt. Denn mit jedem Tag, der nach der Operation vergeht, an dem das Kniegelenk wegen der nunmehr operationsbedingten Schwellung und der Schmerzen nicht bewegt werden kann, wird das Risiko größer, daß sich an der Gelenkfunktion beteiligte Muskelgruppen zurückbilden. Früher, als der Heilungsvorgang manchmal eine lange Zeit in Anspruch nahm, als man noch dazu recht forsch das Knie oder gar das halbe Bein in Gips legte, konnte es vorkommen, daß als Folge der Operation ein steifes Bein zurückblieb, weil das Kniegelenk nicht mehr zu reaktivieren war.

Doppelblindstudien des Chirurgen Dr. Rahn, Wiesbaden, haben bewiesen, daß der Einsatz der Enzyme vor und nach einer Meniskusoperation dem Arzt und dem Patienten deutliche Vorteile bringen kann.

Nach diesem Prinzip ist der Einsatz der Enzyme auch vor und nach der operativen Versorgung von Knochenbrüchen sinnvoll. Es zeigte sich, daß mit Enzymen vorbehandelte Patienten bereits 17 Tage nach dem erlittenen Knochenbruch operiert werden

Studie Rahn

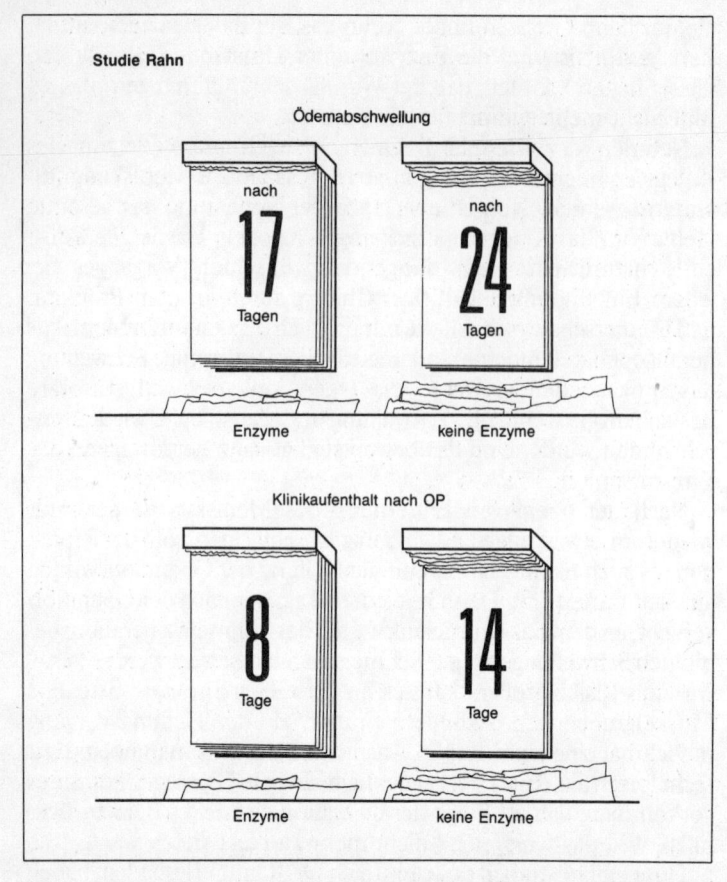

Ödemabschwellung

nach **17** Tagen	nach **24** Tagen
Enzyme	keine Enzyme

Klinikaufenthalt nach OP

8 Tage	**14** Tage
Enzyme	keine Enzyme

Oben: Ergebnisse der Untersuchung vor Meniskusoperation (OP)
Unten: Ergebnisse der Untersuchung nach Meniskusoperation (OP)

konnten, weil das Ödem rascher zurückgegangen war, während die Patienten ohne Enzyme erst nach 24 Tagen operabel waren. Ähnlich war es mit der Heilung nach der Operation. Die nach einer Knochenbruchoperation mit Enzymen versorgten Patienten konnten bereits nach acht Tagen die Klinik verlassen, die Patienten ohne Enzymzufuhr mußten dagegen durchschnittlich 14 Tage in der Klinik verbleiben.

Das bedeutet eine Verkürzung der Liegedauer vor und nach der Operation, die Verringerung des Thromboserisikos, die bessere psychische Verfassung des Patienten, den schnelleren Rückgang der Schmerzen, ein besseres, übersichtlicheres Operationsgebiet, eine raschere Wundheilung mit guter Vernarbung. Nicht zuletzt bedeutet es eine erhebliche Kostenersparnis.

Ein weiteres Beispiel ist die Operation durch verletzungs- oder entzündungsbedingte Ödeme zugequetschter Unterschenkelarterien. Die durch den Druck der geschwollenen Unterschenkelmuskulatur verengte Arterie verschließt sich meist zusätzlich durch Thrombenbildung im Gefäßinneren. Bei der operativen Entfernung der Thromben und Entlastung der Arterien sollte das Enzymgemisch in hohen Dosen eingesetzt werden. Professor H. Denck, ein führender Gefäßchirurg in Wien, konnte auf diese Weise erreichen, daß die operationsbedingte Schwellung unter Kontrolle gehalten wurde sowie die Arterien von erneuter Thrombosierung verschont blieben. Er war in keinem Fall zu einem erneuten Eingriff wegen der gefürchteten Rethrombosierung gezwungen.

Wie bereits im Kapitel über die Heilmittel beschrieben, muß der Chirurg natürlich bei erhöhtem Blutungsrisiko den fibrinabbauenden Effekt der Enzyme beachten.

Und damit sind wir bei den Gefäßen: Wir sind bei einem der wichtigsten Gleichgewichtssysteme in unserem Körper: dem sehr labilen Wechselspiel zwischen Blutverflüssigung und Blutgerinnung.

14. KAPITEL

Gefäße: Alles fließt

Unermeßlich in seiner Leistung, unermeßlich in seiner Ausdehnung – unser Gefäßsystem ist ein Wunderwerk, das selbst hartgesottene Mediziner zur Ehrfurcht zwingt.

Wir können nur schätzen, wie lang die gesamte Kanalstrecke der netzartig miteinander verbundenen Blut- und Lymphgefäße in unserem Körper ist. Man spricht von einer Million Kilometer. Es sind Röhren von der Dicke eines Daumens bis zur extremen Feinheit, die nur noch unter dem Mikroskop erkennbar ist.

Die Blutgefäße transportieren ständig zwischen vier und sechs Liter Blut, die – über den kleinen Lungenkreislauf mit Sauerstoff angereichert – durch die Herzpumpe über immer enger werdende Arterien bis in die Kapillaren und an jede Zelle transportiert werden. Die haarfeinen Kapillaren sind so eng, daß sich jedes Blutkörperchen einzeln durchquetschen muß. Sind die Kapillaren passiert, beginnt der Rückstrom durch die immer weiter werdenden und mit Ventilklappen besetzten Venen. Es ist der schwierige Weg zurück zu Herz und Lunge, der fast ohne den Pumpdruck des Herzens erfolgt und hauptsächlich ein Aufstieg zum Herzen hin ist.

Dieses ungemein komplizierte Kanal-, Pump-, Saug- und Schleusensystem ist genial. Es funktioniert in der Regel auch bestens, falls – und hier kommt das Problem – das transportierte Blut richtig fließt.

Wie alles im Leben oder in der Technik mit dem Wechsel von Null und Eins, Plus und Minus, Ja und Nein verbunden ist, so herrscht auch bei dem Blutfluß ein ständiges Wechselspiel zwischen Festigkeit und Flüssigkeit, zwischen Gerinnung und Verflüssigung. Das Blut muß seinen idealen Flüssigkeitszustand behalten, um alle Körperzellen ernähren und den Stoffwechselmüll abtransportieren zu können.

Würde das Blut jedoch immer so flüssig bleiben, könnten wir nicht leben. Denn die kleinste Verletzung des riesigen Gefäßnetzes – ein aufgeschürftes Knie, ein Schnitt in den Finger, ein Zahnfleischbluten – würde unweigerlich dazu führen, daß unser Blut an dieser Stelle ausfließt und wir verbluten. Davor rettet uns die wunderbare Fähigkeit des Blutes, bei Bedarf am Ort der Verletzung rasch zu gerinnen. Es verliert seinen Zustand der Flüssigkeit, es wird dicker, klebriger und gerinnt schließlich.

Der zu diesem Zweck von uns gebildete Klebstoff des Blutes heißt Fibrin. Dieses Fibrin benötigen wir nicht nur zum Abdichten von Wunden. Es dient auch dazu, die Innenwände der Blutgefäße ständig mit einer dünnen Schicht zu versehen, um auf diese Weise die empfindlichen inneren Gefäßwände vor Verletzungen durch im Blutstrom mitgeführte Partikel zu schützen. Außerdem füllt das Fibrin kleine Unebenheiten an den Gefäßwänden aus und läßt das Blut dadurch ohne störenden Strömungswirbel weiterfließen.

Zu diesem Zweck stellt unser Organismus Tag für Tag rund 2 g Fibrin her. Eigentlich müßten unsere Gefäße deshalb nach und nach eine immer dickere Schicht des Klebstoffes erhalten, sie müßten immer undurchlässiger werden, bis kein Blut mehr durchkommt.

Wir verfügen jedoch nicht nur über ein System zur Herstellung des Klebstoffes Fibrin, wir verfügen auch über ein ebenso geniales gegensteuerndes System der ständigen Fibrinauflösung, das dafür sorgt, eine überschießende Fibrinbildung abzubauen und somit das Blutfließgleichgewicht zu sichern.

Dieses ständig angestrebte Gleichgewicht zwischen Blutgerinnung und Blutverflüssigung – der sogenannten Fibrinolyse – ist einer der wichtigsten Faktoren zur Gesunderhaltung des Menschen.

Kommt es zu einer zu starken Fibrionolyse, wird das Blut also zu sehr verdünnt, droht die Gefahr des Verblutens, dann sind wir »Bluter«. Man spricht von einer Hämophilie. Viel häufiger als eine zu starke Verdünnung des Blutes ist die zu starke Fibrinbildung: Das Blut wird durch den Klebstoff Fibrin zu dick, zu klebrig.

Diese Klebrigkeit des Blutes durch eine überschießende Fibrinbildung oder eine mangelhafte Auflösung des Fibrins ist nicht zuletzt die wichtigste Begleiterscheinung bei Krankheiten, die häufiger zum Tode führen als alle anderen: bei den Krankheiten des Herz- und Kreislaufsystems.

Nie zuviel und nie zuwenig

Wegen seiner zentralen Bedeutung soll kurz geschildert werden, wie die Erhaltung des Blutfließgleichgewichts funktioniert. Dieser Vorgang ist für jeden faszinierend.

Die gestellte Aufgabe ist für den Organismus nicht einfach zu lösen: Er muß für den optimalen Blutflüssigkeitszustand sorgen, zugleich aber bereit sein, ihn an bestimmten Stellen im Organismus wie auf Knopfdruck sofort nach einer Richtung hin zu verändern. Der Organismus kann es sich nicht leisten, im Notfall den zum Abdichten eines Gefäßes benötigten Klebstoff langwierig herzustellen. Andererseits darf er nicht Gefahr laufen, daß der Klebstoff ungerufen und am falschen Ort die Blutversorgung unterbindet.

Also befindet sich der Klebstoff zwar ständig im gesamten Blutstrom, aber nicht in seinem aktiven, klebrigen Zustand. Nicht als Fibrin, sondern als Vorstufe, nämlich als Fibrinogen. Das Fibrinogen ist ein dünnes, fadenförmiges Gebilde, das aus einer Kette von fünf oder auch acht aneinanderhängenden kleinen Eiweißmolekülen besteht. Es schwimmt milliardenfach im Blutserum – dem Plasma – herum und zeigt keinerlei Neigung, sich irgendwo anzulagern. Es ist tatenlos, harmlos und gesichert wie eine Waffe mit starkem Sicherungshebel.

In dem Augenblick erst, in dem die Sicherung entfernt wird, wird das Fibrinogen aktiv. Diese Sicherung ist lediglich ein einziges Glied der Eiweißkette, so daß die Kette nach der Abspaltung dieses Gliedes nur noch vier oder sieben Glieder besitzt. Dadurch verliert das Fibrinogen sofort die bisherige Stabilität, lagert sich an benachbartes und ebenfalls um seine Unabhängigkeit gebrachtes Fibrinogen an und verklumpt zum Klebstoff Fibrin.

Ein ganz einfaches Prinzip: Es wird von jeder Eiweißkette ein Kettenglied abgezwickt, schon verklebt das Blut am Ort des Geschehens und überzieht beispielsweise eine Wunde. Unter Lufteinfluß kann dem klebrigen Blutserum zusätzlich Feuchtigkeit entzogen werden, so daß es zu einer Art von Schrumpftrocknung kommt. Die Wunde wird mit hartem Schorf abgedeckt und geschützt.

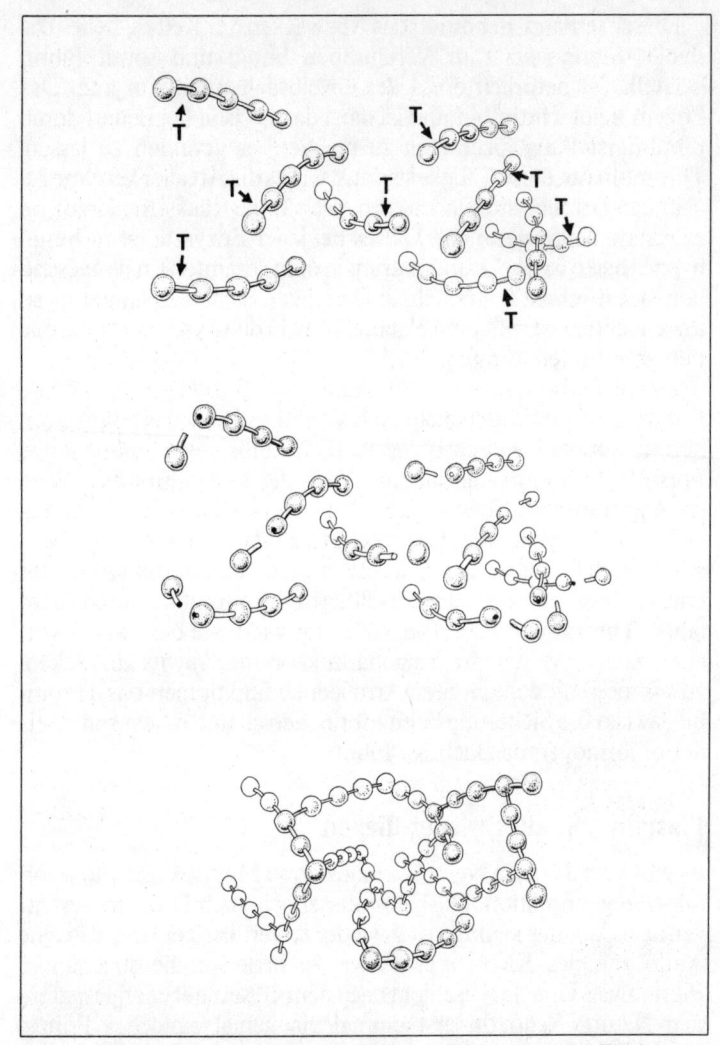

Fibrinbildung: Thrombin (T) zwickt einzelne Glieder von den Fibrinogenketten ab, die dann miteinander vernetzen

Dieser Jemand, der durch das Abzwacken des Kettengliedes das stabile Fibrinogen zum Verklumpen bringt und somit Fibrin herstellt, ist natürlich eines der eiweißspaltenden Enzyme. Das Enzym heißt Thrombin und ist dazu da, das Blut bei Bedarf durch Fibrinherstellung dickflüssig zu machen, es gerinnen zu lassen. Thrombin übt diese Tätigkeit so aus, wie es die Art aller Enzyme ist. Nämlich ziemlich stur und automatisch, ohne Rücksicht darauf, ob es gerade paßt oder nicht. Dieses bei jeder Enzymtätigkeit bestehende Risiko ist der Grund, warum in dem gesamten Enzymgeschehen der Einbau unendlich aufwendiger Sicherungssysteme so unverzichtbar ist. Mit dem Nachteil, daß in den Systemen auch mal Fehler auftreten können.

Zur Sicherheit schwimmt deshalb dieses Fibrin produzierende Enzym Thrombin auch nicht etwa als aktives Enzym im Blutserum herum, sondern – ebenso gesichert wie Fibrinogen, die inaktive Vorstufe des Fibrin – als inaktive Vorstufe, als Prothrombin. Wird ein Alarm ausgelöst, dann erst wird in unvorstellbarer Geschwindigkeit eine hintereinandergeschaltete Reaktion von etwa zwölf verschiedenen Enzymen in Gang gesetzt, an deren Ende ein Aktivator entsteht, der aus dem zu nichts fähigen Prothrombin das zu allem fähige Thrombin macht. Der Aktivator wirkt wie der zweite Arm einer Zange. Mit einem Zangenarm kann man nichts abzwicken, zusammen mit dem zweiten Arm jedoch funktioniert das Thrombin, zwickt die Sicherung beim Fibrinogen ab und macht somit aus dem Fibrinogen das klebrige Fibrin.

Plasmin läßt alles wieder fließen

Es gibt kein Ja ohne Nein, kein Plus ohne Minus, keine Funktion ohne Gegenfunktion. Deshalb müssen wir auch über ein System verfügen, um das klebrige Blut wieder zu verflüssigen, um also eine Auflösung des Klebstoffes Fibrin zu erzielen: die sogenannte Fibrinolyse. Und das geschieht nach dem Gesetz der energiesparenden Natur: Wenn du erst einmal ein genial einfaches Prinzip geschaffen hast, dann bleib dabei und wende das Prinzip möglichst überall an.

Also nutzen wir bei der Fibrinauflösung wieder dieses Prinzip der Aktivierung zuvor gesicherter inaktiver Enzyme. Im Blutserum schwimmt deshalb überall ein weiteres harmloses, abgesichertes, inaktives Enzym herum, nämlich das Plasminogen. Und es kommt bei Bedarf über zig verschiedene hintereinandergeschaltete Enzymreaktionen zur Aktivierung, die aus dem zu nichts fähigen Plasminogen das aktive Plasmin zaubert.

Plasmin zwickt aus dem Riesen-Eiweißmolekül Fibrin einzelne Kettenglieder ab, damit zerfällt das Fibrin wieder in einzelne stabile Eiweißketten und kann abtransportiert werden. Wie gewonnen, so zerronnen: Thrombin zwickt etwas ab, dadurch entsteht der Klebstoff. Plasmin zwickt etwas vom Klebstoff ab, dadurch löst er sich wieder auf.

Ein schönes Beispiel dafür, daß die Natur immer noch die beste Technik anwendet. Allerdings ist auch die Natur nicht vor Fehlern im System gefeit. Besonders gefährdet ist hier die Auflösung des Fibrins durch Fehler bei der Plasminaktivierung. Versagt diese Fibrinolyse, würden wir es nicht nur an den Durchblutungsstörungen in den Arterien und Venen merken. Die Tränendrüsen-, Speicheldrüsen- und Milchdrüsengänge können bei mangelnder Fibrinauflösung verstopfen, die Harnleiter würden nicht mehr offen bleiben. Auch bei der Periodenblutung spielt die Fibrinolyse eine wichtige Rolle. Bei einer fehlenden Fibrinolyse würden Leber, Nieren und Lungen immer mehr versulzen und verhärten, und schließlich würden alle Organe ihre Funktion einstellen.

Eine weitere Komplikation: Die Fibrinauflösung läuft in unserem gesamten Organismus mit unterschiedlicher Stärke ab. So ist die fibrinauflösende Aktivität beispielsweise in den Venen höher als in den Arterien, in den Armvenen wiederum höher als in den Beinvenen. Das liegt am unterschiedlichen Plasminspiegel, also an der Menge und Qualität des im jeweiligen Gebiet befindlichen Plasmins, das allein in der Lage ist, das klebrige Fibrin in seine Bestandteile zu zerlegen.

Mit zunehmenden Alter sinkt unser Plasminspiegel generell. Mit 60 Jahren verfügen wir nur noch über einen Bruchteil des Plasmins, das uns in der Jugend diente. Die Folgen kennen wir. Das Blut fließt immer träger, Giftmüll bleibt in den Gefäßen eher hängen, Ablagerungen verengen die Gefäße, sie verhärten. Es kommt zu Störungen, die sich gegenseitig hochschaukeln, bis sich die Krankheiten zeigen: Durchblutungsstörungen des Herzens, des Gehirns. Oder der Beine, bis hin zu den Krampfadern und anderen Beschwerden, die man bei älteren Menschen fast schon als Normalzustand hinnimmt.

Thromben, Cholesterin und andere Gefahren

Über die Plasminaktivierung wurde bereits in dem Kapitel über die »Gehorsamen Diener« berichtet, und der Leser erinnert sich möglicherweise daran, daß dieses Plasmin nicht nur zur Fibrinauflösung benutzt wird, sondern auch zur Auflösung von Blutpfropfen, von Thromben. Was nicht besonders verwunderlich ist, weil Thromben normalerweise aus Fibrin und einigen im Fibrin klebenden Ablagerungen gebildet werden.

Es ist eigentlich einleuchtend: Wenn das Blut zu klebrig ist, besteht die Gefahr, daß sich kleine Blutpfropfen bilden, die sich in den Gefäßen an der nächsten Biegung festsetzen und ein Hindernis bilden, an dem sich wiederum der nächste kleine Pfropf anlagert, bis schließlich kein Blut mehr vorbeifließen kann.

Die Plasminaktivierung zur Auflösung von Fibrin ist deshalb eine entscheidende Maßnahme, um der Gefahr von arteriellen und venösen Durchblutungsstörungen wirksam zu begegnen. Die sanfteste Art, die Fibrinauflösung durch Medikamente zu fördern, ist sicherlich die Zufuhr von fibrinolytischen Enzymen. Von jenem Enzymgemisch, das die gehorsamen Diener enthält, auf die es zur Plasminaktivierung ankommt.

Das hat sich in zahlreichen Doppelblindstudien erwiesen. Mit solch einem Enzymgemisch kann man die kleinen Blutpfropfen – sogenannte Mikrothromben – auflösen, man kann das Blutfließgleichgewicht harmonisieren, man kann die Neigung der Blutplättchen, sich aneinanderzukleben und zu verhärten, positiv verändern, man kann das Blut von Stoffwechselmüll befreien. Man kann Ordnung und Normalität herstellen.

Das ist ständig erforderlich. Denn unser Blutfluß ist unentwegt bedroht. Nicht nur durch Mikrothromben, sondern auch durch einen Überschuß an Cholesterin. Cholesterin, das als Hauptübeltäter jeder Herz- und Kreislauferkrankung verdammt wird, ist im Grunde ein lebenswichtiger Baustein für die Zellmembran und noch dazu Ausgangsstoff für viele Hormone. Es ist eine Fettsubstanz, die wir selbst bilden und zusätzlich mit der Nahrung aufnehmen.

Ein Mangel an Cholesterin kann gesundheitsschädlich sein. Aber meistens weisen wir einen zu hohen Cholesterinspiegel im Blut auf. Mit einem Enzymgemisch läßt sich der Cholesterinspiegel und auch der sogenannte Triglyzeridspiegel – Triglyzeride sind die größten Energiespeicher, besonders im Fettgewebe – senken. Was uns allerdings keinesfalls davon entbindet, etwas vernünftiger zu essen und zu leben.

Die Gefahr, die im Blut herumschwimmendes Cholesterin verursacht, liegt nicht in der Tatsache, daß es eine Fettsubstanz ist, die unsere Gefäße etwa mit Fett zuklebt. Es weist nämlich eine Form auf, die man nicht so ohne weiteres mit dem Begriff »Fett« in Verbindung bringen kann. Und zwar handelt es sich beim Cholesterin um spitze Kristalle. Besteht in den Blutgefäßen ein hoher Innendruck und befinden sich zahlreiche spitze Cholesterinkristalle im Blut, werden sie gegen die Gefäßwände gedrückt, das Gefäß verliert seine Elastizität und verkalkt. Das entstandene Strömungshindernis ruft weitere Störungen hervor, und schon kann das der Beginn einer Arteriosklerose sein.

Die spitzen Cholesterinkristalle beherbergen eine weitere Gefahr: Das durch die Kristalle verletzte Gefäß verändert seine Struktur derart, daß unser Immunsystem irrtümlich annimmt, es handle sich bei der verletzten Gefäßwand nicht um etwas Köpereigenes, sondern um etwas Fremdes, das deshalb bekämpft und entfernt werden müsse. Man spricht von einer »antigenen« Wirkung der Gefäßwand, die den Ablauf der körpereigenen Abwehr gegen Fremdstoffe in Gang setzt. Der Organismus bekämpft sich somit selbst und wir leiden an einer Autoaggressionserkrankung.

Sie ist immer verbunden mit einer Entzündung und einer

Irreführung des Immunsystems. Es gibt mehrere immunologisch bedingte Gefäßerkrankungen. So können durch Fehlfunktionen der körpereigenen Abwehr entstandene Krankheiten wie etwa die chronische Polyarthritis oder ein Lupus erythematodes auf das gesamte Gefäßsystem übergreifen und Entzündungen in allen Schichten der Gefäßwand hervorrufen. Es kommt zu einer sogenannten Vaskulitis.

Nachdem schon mehrfach erwähnt wurde, warum jede Entzündung und jede immunkomplexbedingte Erkrankung durch eine Optimierung des Enzymangebotes gebessert werden kann, wird niemand überrascht sein, daß sich auch bei der Vaskulitis der Einsatz der Enzymgemische bewährt hat. Das ist durch viele Veröffentlichungen belegt. Die wichtigsten Arbeiten über diesen Einsatz der Enzymgemische betreffen die Behandlungsergebnisse chronischer Erkrankungen der Venen.

Beinleiden, eine Bagatelle?

Venenleiden? Ach was, sagen sogar manche Ärzte, daran leidet doch fast jeder, das ist doch nur eine Bagatelle. Das behauptet übrigens auch der Gesetzgeber, der es deshalb für nicht besonders förderungswürdig hält, venöse Beschwerden zu lindern.

Es handelt sich bei dieser Bagatelle immerhin darum, daß von 41 Millionen Bundesbürgern zwischen 20 und 70 Jahren rund 24 Millionen an leichtgradigen Beschwerden des venösen Gefäßsystems leiden. Sechs Millionen Menschen haben ausgeprägte Formen von Krampfadern, und etwa fünf Millionen Menschen sind an chronischen Venenleiden erkrankt.

Natürlich gibt es Venenleiden, die sich nicht besonders dramatisch ausnehmen, etwa die als harmlos bezeichneten Besenreiser, die ersten Vorläufer der Krampfadern. Aber die Zustände können sich steigern bis hin zur tiefen Venenthrombose oder zur danach möglicherweise entstehenden Lungenembolie, an der bei uns jährlich rund 25 000 Menschen sterben.

Leider herrscht bei der Bezeichnung der venösen Erkrankungen ein ähnliches Durcheinander wie bei den Bezeichnungen der

Erkrankungen des rheumatischen Formenkreises. Man kann sie vielleicht unter dem Generalnenner »chronisch-venöse Insuffizienz« einordnen.

Die chronisch-venöse Insuffizienz macht sich mit teils brennenden, teils bohrenden Schmerzen bemerkbar, vorwiegend nachts. Es kommt wechselweise zu Hitze- und Kältegefühl in den Beinen, man kann nicht mehr so lange ohne Ermüdung auf den Beinen bleiben, die Knöchel schwellen an, Krampfadern zeigen sich. Krampfadern stören nicht nur durch ihr unschönes Aussehen! Die mangelhafte Durchblutung behindert immer stärker das Stehen, Sitzen und Gehen.

Jede Verkäuferin weiß nur zu gut, daß die armen Venen eigentlich nicht konstruiert sind, um in den Beinen das Blut gegen das Gesetz der Schwerkraft von den Füßen bis zum Herzen hinauf zu transportieren. Das ist etwas, das jene Menschen nicht recht bedacht haben, die einst von den Bäumen herabstiegen, um als aufrechte Zweibeiner die Zivilisation zu beginnen.

Nun müssen wir mit der Fehlkonstruktion leben. Wir können den Venen in den Beinen zwar helfen, indem wir die Knöchel und Waden täglich leicht massieren, öfters auf den Zehen wippen oder die Beine wie die Cowboys einfach hochlegen. Aber das schützt nicht vor jeglicher Schädigung der Venen. So ist die Bildung von Thromben durch zu träges und meist zu klebriges Blut der Beginn vieler venöser Beschwerden.

Sicherlich kann man versuchen, die Thromben zu entfernen, auch durch Medikamente. Doch leider setzen sich Thromben viel zu oft in den Venen fest und sind dann – selbst durch die Zufuhr von noch so vielen Enzymen – nicht mehr herauszulösen und abzutransportieren. Die Vene ist an dieser Stelle verschlossen. Eine Sackgasse.

Das Blut sucht sich deshalb einen anderen Weg: Neue Venengefäße werden als Umleitung gebildet, so daß unser Venenblut auf diesen Umwegen doch zum Herzen gelangt. Aber es bleibt die Gefahr bestehen, die in der Sackgasse von dem den weiteren Weg versperrenden Thrombus ausgeht. Denn das nach wie vor gegen den Thrombus drückende Venenblut führt meistens ständig neue

Mikrothromben heran, die sich dort anlagern können und den störenden Krankheitsherd somit immer größer machen.

Deshalb muß die Auflösung der Mikrothromben unbedingt gefördert werden, zusammen mit der dringend notwendigen Normalisierung des offensichtlich gestörten Blutfließgleichgewichtes. Das bedeutet also ganz klar auch hier den Einsatz von genügend aktiven Enzymen in der erforderlichen Menge und Qualität.

Die zweite Gefahr, die mit einer Venenthrombose verbunden ist, geht von dem starken Druck vor diesem Strömungshindernis aus. Durch den Druck wird die Gefäßwand unterhalb der Verschlußstelle geweitet, große Eiweißmoleküle werden in das umgebende Gewebe gepreßt und nehmen Plasmawasser mit. Es entstehen Ödeme, die »dicken Beine«.

Das ist für viele Menschen zunächst eher ein kosmetisches Problem. Doch wichtiger als die Schönheit der Beine ist deren gefährdete Gesundheit. Denn die vor der Engstelle aus der Vene in die Umgebung gedrängten Eiweißkörper verändern sich dabei derart, daß sie als fremd behandelt und bekämpft werden. Bindegewebszellen werden außerhalb der gestauten und erweiterten Gefäße zum Wachstum angeregt, das Gebiet verhärtet sich. Auch Lymphgefäße werden abgeschnürt, und es kommen auf diese Weise in diesem Gewebe Lymphödeme hinzu.

Daß sich in dem gestörten Gebiet nun entzündliche Prozesse abspielen, merkt man an den typischen Symptomen, die immer auf eine Entzündung hinweisen: Schmerz, Wärme, Schwellung, Röte.

Das entzündliche Geschehen im Raum außerhalb der Vene und vor dem Strömungshindernis führt unter anderem zu einer Aktivierung von Fibrin. Weil dem Organismus signalisiert wird, es handele sich um eine Verletzung, die repariert werden müsse. Also wird genau die Fibrinbildung noch mehr verstärkt, die bereits Mitursacher des gesamten Problems sein kann.

So schaukelt sich das Krankheitsgeschehen immer höher: Es erhält sich selbst, wie die Mediziner das nennen. Dieser Zustand wird als postthrombotisches Syndrom bezeichnet, als Zustand nach einer Thrombose. Die Lehrmeinung geht davon aus, daß man in diesem Fall nicht besonders viel dagegen tun kann. Sicherlich lohnt es, einen Kompressionsstrumpf zu tragen. Allerdings den richtigen Strumpf, der noch dazu richtig angepaßt und auch ständig getragen wird. Leider ist die Bereitschaft, solch einen Strumpf zu tragen, bei Venenkranken nicht sehr verbreitet. Mindestens 60% aller Patienten, denen zu einem Kompressionsstrumpf geraten wird, lehnen ihn ab oder lassen ihn in der Schublade liegen. Und es gibt einige Medikamente, die Linderung versprechen, etwa die Roßkastanienpräparate. Das ist aber auch schon alles, wenn man der allgemeinen Lehrmeinung folgt.

Erwiesene Besserung

Die Lehrmeinung wäre manchmal froh, sich auf ähnlich gute, überzeugende und sichere Studien berufen zu können, wie es die orale Enzymtherapie bei der Behandlung von Venenleiden kann.

Schon 1962 veröffentlichte Prof. Dr. J. Valls-Serra, Direktor der Abteilung für Angiologie und Gefäßchirurgie der Universität Barcelona, seine Erfahrungen mit der Enzymtherapie bei der Behandlung von Venenentzündungen: »Unsere therapeutischen Resultate sind ausgezeichnet, insbesondere was die Therapiedauer anbetrifft. Bei der früheren Behandlung vergingen, besonders bei schweren Phlebitiden (Venenentzündungen), bis zur Ausheilung mehrere Monate. Mit dem jetzigen Behandlungssystem benötigen wir nur mehrere Wochen. Aber auch beim postphlebitischen Syndrom, d. h. beim Fortbestand der Symptomatik sechs Monate nach Auftreten der primären Phlebitis, waren die Resultate wirklich erstaunlich gut und allen bisher von uns praktizierten gefäßerweiternden und Antikoagulantien-Behandlungen weit überlegen.«

Professor Wolf berichtete 1972 über die in Amerika mit dem Enzymgemisch erfolgte Behandlung von 347 Patienten mit Venenerkrankungen unterschiedlicher Art. So wurden 58% der an oberflächlicher Phlebitis erkrankten Patienten von allen Symptomen völlig befreit, bei weiteren 29% zeigte sich eine fast völlige Beschwerdefreiheit. Nur bei 13% konnte lediglich eine geringe oder keine Besserung erzielt werden. Zudem wurde die Therapiedauer

Studie Wolf

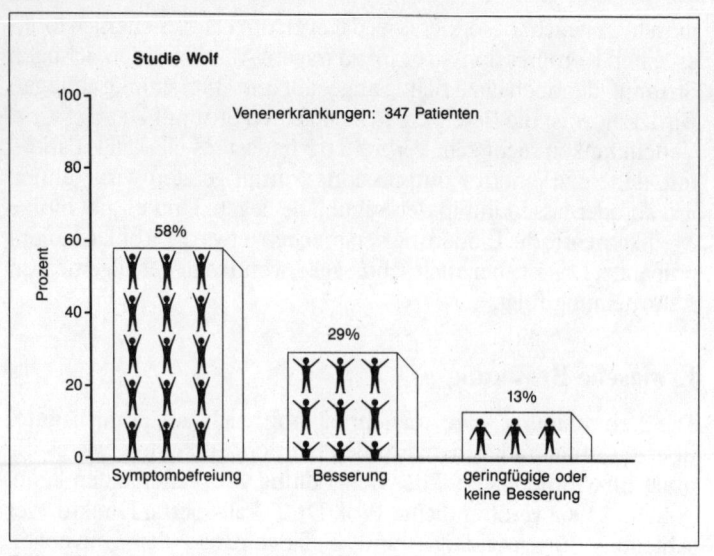

Venenerkrankungen: 347 Patienten

- Symptombefreiung: 58%
- Besserung: 29%
- geringfügige oder keine Besserung: 13%

Behandlungsergebnisse bei Venenerkrankungen

im Vergleich zur Kontrolle erheblich reduziert, die Besserungen erfolgten in einem Drittel bis zur Hälfte der in der Kontrollgruppe festgestellten Zeit.

Ähnliche Ergebnisse veröffentlichte Professor Dr. H. Denck, Vorstand der Chirurgischen Abteilung des Krankenhauses der Stadt Wien.

Eine klinische Studie der Behandlung des postthrombotischen Syndroms mit Enzymtherapie zeigt, daß nach acht Wochen der Therapie 41% der Patienten eine völlige Beschwerdefreiheit, beziehungsweise sehr gute Besserung, 53% eine merkliche Besserung und nur 6% keine Veränderung ihres Zustandes angaben.

Natürlich ist die Behandlung von Venenleiden mit Enzymtherapie nicht auf Kliniken beschränkt. Um die Erfahrungen in einzelnen Arztpraxen zu sammeln, führte Dr. Maehder eine ambulante multizentrische Studie durch. Ausgewertet wurde das Ergebnis der Enzymbehandlung von 216 Fällen unterschiedlicher Venenleiden.

Erwiesene Besserung

Denck-Studie

- beschwerdefrei oder sehr gute Besserung: 41%
- merkliche Besserung: 53%
- keine Veränderung: 6%

Maehder-Studie

- beschwerdefrei: 31%
- gebessert: 62%
- unverändert: 7%

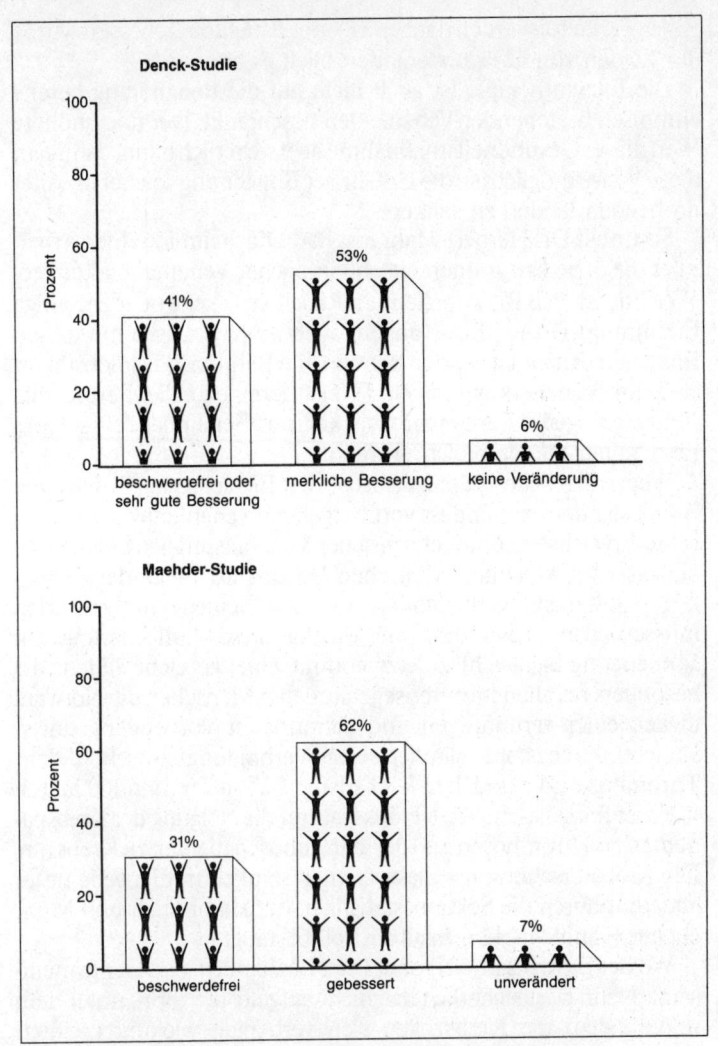

Oben: Studienergebnisse beim postthrombotischen Syndrom
Unten: Studienergebnisse bei Patienten mit Venenleiden

Beschwerdefrei wurden danach 31% der Patienten, gebessert wurde das Leiden von 62%, unverändert blieb es bei rund 7%.

Die Enzymtherapie ist auch nicht auf die Behandlung bereits chronisch bestehender Venenleiden beschränkt. Der noch höhere Wert dieser Gesundheitsmaßnahme liegt sicherlich darin, daß es auf diese Weise möglich ist, die Gefahr der Entstehung solcher im Alter drohenden Leiden zu senken.

So urteilt Dr. Herbert Mahr aus Bad Dürrheim in seiner Arbeit über die orale Enzymtherapie entzündlicher Venenerkrankungen: »Wichtig ist, daß Risikopatienten (Rauchen, falsche oder einseitige Ernährung, Toxine, Belastungen) auch prophylaktisch mit diesen Enzymen behandelt werden können. Bei Berufen, die prädestiniert sind für Venenerkrankungen (Verkäuferinnen, alle Berufe, die stehend ausgeübt werden müssen) kann als Gefäßpflege ein solches Enzympräparat verabreicht werden.«

Wenn man bedenkt, daß etwa 60% der Erwachsenen in den alten Bundesländern zumindest vorübergehend venenkrank sind, jeder achte Erwachsene unter chronischer Veneninsuffizienz leidet und ein bis zwei Millionen Menschen bei uns als Folge der Venenleiden mit nicht verheilenden »offenen Beinen« fertig werden müssen, dann zeigt das, wie wichtig diese Aufforderung zur Vorbeugung ist. Nicht zuletzt kommt eine Tatsache hinzu, die besonders bei allen thrombosegefährdeten Menschen die Notwendigkeit einer vernünftigen und zumutbaren Vorbeugung unterstreicht. Es besteht nämlich eine Verbindung zwischen dem Thromboserisiko und dem Krebsrisiko. Schon vor rund 100 Jahren wies der französische Arzt Trousseau auf die Neigung der Krebspatienten zu Thrombosen und der Thrombosepatienten zu Krebs hin. Die Krebsforschung hat diese Gemeinsamkeit mittlerweile unter anderem durch die Sektionsstatistiken der Hamburger und Münchener Pathologischen Institute voll bestätigt.

Wo der gemeinsame Nenner liegt, ist ziemlich klar. Der gemeinsame Nenner ist sicherlich das nicht aufgelöste Fibrin, unter dem und in dem die Krebszellen sich verbergen wie unter einem Tarnmantel, wodurch sie – von der körpereigenen Abwehr unbemerkt – sich ungestört vermehren und einen Tumor bilden können.

15. KAPITEL

Krebs: Der erkannte Feind

Er schlachtete Lämmer. Er schlachtete Ferkel. Er schlachtete Kälber. Und entnahm den jungen Tieren die Bauchspeicheldrüse, zerkleinerte sie, schwemmte den Brei aus, filtrierte die wäßrige Flüssigkeit und ging damit zu seinen Krebspatienten.

Es ist fast hundert Jahre her, seit der britische Embryologe John Beard sich daran machte, als unheilbar geltende Krebspatienten auf diese höchst ungewöhnliche Weise zu behandeln. Er hatte sich sein Leben lang mit den Vorgängen beschäftigt, die dazu führen, daß aus einem befruchteten Ei ein ganzer Organismus entsteht. Für ihn war dabei unübersehbar, daß jedes Wachstum, jede weitere Entwicklung des Lebens mit dem Wirken der Enzyme verbunden sein mußte. Mit den seltsamen Substanzen, von denen man damals noch nicht sehr viel wußte.

Aber man wußte immerhin eines: wichtige Enzyme werden hauptsächlich in der Bauchspeicheldrüse produziert. Und wenn, so folgerte Beard, ein Wachstumsprozeß außer Kontrolle gerät, wie es bei Krebs der Fall ist, dann könnte das an einem Mangel an den zu jeder gesunden Entwicklung erforderlichen Enzymen liegen.

Ganz klar war ihm das zwar nicht, aber er bastelte sich eine interessante Theorie und ging dann ans Werk. Seine Theorie sollte sich in der Praxis bewähren. Die kraftvollsten Enzyme, überlegte er, müßten eigentlich in den jungen Organismen verborgen sein. Denn hier wird die größte Energie zum Wachstum benötigt. So holte er sich aus den Bauchspeicheldrüsen neugeborener Lämmer, Ferkel und Kälber den Saft, der konzentriert die hilfreichen Enzyme enthielt. Kurz nach der Schlachtung bereits injizierte er die aus dem filtrierten Bauchspeicheldrüsensaft gewonnene Flüssigkeit ganz langsam in die Vene oder in den Gesäßmuskel seiner Krebspatienten. Er flößte ihnen etwas von dem Enzymsaft ein. Manchmal spritzte er ihn auch in den Tumor selbst, falls der Tumor der Nadel zugänglich war.

Seine Behandlung ging nicht immer gut. Der ungereinigte Saft enthielt schließlich fremdes Eiweiß und es kam deshalb bisweilen zu allergischen Reaktionen bis hin zum Schock. Die Kollegen des Dr. Beard waren der Ansicht, dieser verrückte Embryologe wäre eine Schande für die gesamte Medizin und sollte seine Praxis schließen. Sie verwiesen auf die Patienten, die nach der Behandlung wegen allergischer Reaktionen in Lebensgefahr gerieten. Sie verwiesen auf die Patienten, die nach der Behandlung an Krebs starben.

Dr. Beard ließ sich davon überhaupt nicht irritieren. denn die meisten Patienten, die zu ihm kamen, waren schließlich bereits schwerkrank, litten an Krebs im Endstadium. Bei ihnen war demnach jede Methode gerechtfertigt, die auch nur den Schimmer einer Hilfe versprach. Und dann erlebte Dr. Beard, wie sich unter der Einwirkung der Enzyminjektionen Tumormassen tatsächlich auflösten. Wie das Krebswachstum gehemmt wurde. Wie zahlreiche Patienten länger lebten, als ihnen prophezeit worden war.

Insgesamt 170 Krebspatienten behandelte er auf diese Weise. Über seine Erfahrungen mit diesen Patienten schrieb er im Jahr 1907 ein Buch: »Die Enzymbehandlung des Krebses und ihre wissenschaftliche Grundlage«. Er schilderte darin, wie er mit dem Bauchspeicheldrüsensaft neugeborener Lämmer, Ferkel oder Kälber mehr als der Hälfte an fortgeschrittenem Krebs leidenden Patienten helfen konnte. Wie als unheilbar bezeichneter Krebs zum Teil völlig verschwand, wie sich die Patienten erholten und sich ihr Leben verlängerte.

Dieses Buch erregte damals in England Aufsehen. Seine Kollegen wurden verständlicherweise von ihren Krebspatienten bestürmt, man möge auch ihnen diesen sagenhaften Bauchspeicheldrüsensaft geben, mit dem Dr. Beard offensichtlich so großartige Erfolge erzielt hatte. Nun gut, warum nicht. Die Kollegen bestellten also bei ihrem Apotheker filtrierten Bauchspeicheldrüsensaft, die Apotheker wiederum bestellten den Saft bei dem nächsten Schlachter.

Und auf diese Weise setzten die Kollegen des Dr. Beard einen Saft ein, der absolut wertlos war. Denn er stammte nicht nur von alten Tieren, die Enzyme hatten sich noch dazu längst selbst aufgelöst.

Denn Enzyme sind in wäßriger Lösung aktiv und haben dann nur noch eine auf Stunden begrenzte Lebensdauer. Dr. Beard dagegen hatte seinen Enzymsaft aus jungen Tieren gewonnen und gleich nach der Schlachtung frisch beim Patienten eingesetzt.

Weil die Kollegen keinen Erfolg sahen und die Patienten dementsprechend bitter enttäuscht waren, geriet die Methode des Dr. Beard rasch in Vergessenheit. Der Friede war in der Medizin somit wieder hergestellt und niemand war gezwungen, an etwas so Absurdes wie diese Theorie zu glauben, die sich dieser Embryologe zusammengereimt hatte.

Auf der Spur

Es dauerte Jahrzehnte, bis Professor Dr. Max Wolf in seiner New Yorker Praxis daran ging, alle Archive der westlichen Welt anzuschreiben, man möge ihm alles schicken, was mit dem Thema »Krebs und Enzyme« zu tun hatte.

Jener Professor Wolf, dessen Geschichte wir bereits kennengelernt haben, war Anfang der dreißiger Jahre mit dem Wiener Arzt Dr. Ernst Freund in Verbindung getreten. Dieser Dr. Freund hatte zusammen mit Frau Dr. Kaminer eine kleine Schrift herausgegeben mit dem nicht besonders aufregenden Titel: »Biochemische Grundlagen der Disposition für Karzinom«.

Freund und Kaminer schilderten in der Schrift, wie sie in Zellkulturen befindlichen Krebszellen etwas Blutserum von gesunden Menschen hinzugefügt und dabei festgestellt haben, daß dieses Blutserum etwas enthalten mußte, was die Krebszellen zerstörte. Sie einfach auflöste. Sie kamen zu dem Schluß, daß sich demnach im Blut gesunder Menschen eine Substanz befinden mußte, die Krebs bekämpft. Und daß im Blut der Krebskranken dieses Substanz fehlt oder aber durch einen »blockierenden Faktor« gehemmt wird.

Für Professor Wolf ging es darum, dieser Spur zu folgen, die rätselhafte Substanz dingfest zu machen und den blockierenden Faktor zu finden. Die Substanz, das stellte sich immer deutlicher heraus, schien aus Enzymen zu bestehen.

Er las alles, was wohl jemals über Enzyme geschrieben und geforscht worden war. Er las auch das nur noch in wenigen Exemplaren in irgendwelchen wissenschaftlichen Bibliotheken verstaubende Buch von Dr. Beard. Er ahnte, warum Dr. Beard Erfolge erzielt hatte und die ihn nachahmenden Kollegen nicht.

Das Ergebnis ist bekannt: Anfang der fünfziger Jahre begann Professor Wolf an seinem Biological Research Institute Laboratory an der Columbia University in New York mit unendlich aufwendigen, langwierigen und zeitraubenden Tests. Zusammen mit seiner Mitarbeiterin Helen Benitez wurden Tausende von Zellkulturen angelegt, in denen Krebszellen und Normalzellen nebeneinander wuchsen. Diesen Zellkulturen wurden nun einzelne Enzyme zugesetzt, um zu prüfen, welche Enzyme in besonders starker Weise Krebszellen aufzulösen vermögen, gesunde Zellen jedoch nicht angreifen.

Aus allen Enzymen wurden diejenigen mit der höchsten Potenz und zugleich der sichersten Selektivität herausgefiltert, die also nur gegen die bösartigen Krebszellen, nicht aber gegen die gesunden Zellen wirkten. Dann wurde geprüft, welche Kombination einzelner Enzyme zu einem Synergismus führte, also die Wirkung nochmals steigerte.

Eines der Enzympräparate, die daraus entwickelt wurden, war das von Wolf und Benitez geschaffene WOBE Mugos. Ein Mittel, das seit mehr als 25 Jahren allein in der Bundesrepublik jährlich bei etwa 50 000 Krebskranken eingesetzt wird.

Zunächst löste Wolf mit seinen Arbeiten Protest, Skepsis oder blanken Hohn bei vielen rein schulmedizinisch eingestellten Ärzten aus. Es erging Wolf und seinen Mitarbeitern damit nicht anders als dem Embryologen Dr. Beard.

Zwar kam es bei der Behandlung Krebskranker mit dem Enzymgemisch nicht zu den befürchteten Zwischenfällen, die allergischen Schockreaktionen blieben durch die besondere Reinigung der Enzyme aus. Es konnte zudem durch die Stabilisierung der Enzyme die Enzymaktivität auch nach Lagerung erhalten werden und die Aufnahme der Enzyme in den Organismus wurde mittels kleiner physikalischer Tricks gegenüber der Methode des Dr. Beard ganz bedeutend erhöht. Aber das alles hielt die Schulmediziner nicht davon ab, ein vernichtendes Vorurteil zu fällen: glatte Scharlatanerie.

Man vergißt heute zu leicht, daß es vor rund 25 Jahren noch geltende Lehrmeinung war, beim Krebsgeschehen handele es sich um eine lokale Erkrankung. Und Professor K.H. Bauer, der seinerzeitige Präsident der Deutschen Krebsgesellschaft, nannte jeden Mediziner einen Scharlatan, der zwischen dem Krebs und der körpereigenen Abwehr irgendeine Verbindung vermutete.

Sicherlich war das Wissen um die Entstehung des Krebsgeschehen damals längst nicht so weit fortgeschritten wie heute, sicherlich waren die Kenntnisse über das Immunsystem so gut wie nicht vorhanden.

Mit jedem Jahr, das verging, erwiesen sich jedoch die alten Ansichten mehr und mehr als Makulatur und zeigte sich die Richtigkeit der Grundlagen, auf denen unter anderem die Behandlung des Krebses mit Enzymgemischen beruht.

Nicht die Kontrolle verlieren

Die Erklärung, wie und warum Enzyme das Krebsgeschehen günstig beeinflussen können, ist relativ einfach zu verstehen. Jedenfalls für denjenigen, der sich bis hierher durch das Buch gekämpft hat und für den Begriffe wie Immunkomplexe deshalb nicht mehr ganz so exotisch klingen. Aber zunächst einmal: wie kommt es überhaupt zum Krebs?

Krebszellen entstehen durch den Einfluß von vielen verschiedenen Faktoren, von physikalischen oder chemischen Mechanismen, die bei der Bildung einer Körperzelle eingreifen. Durch diese Einflüsse, die auch in einem seelisch ausgelösten Nervensignal oder Hormonstoß bestehen können, kommt es zu einer winzigen Veränderung im Bauplan der Zelle. Zu einem neuen, in der körpereigenen Zellstruktur nicht vorgesehenen Eiweiß.

Die fehlerhafte, mißgebildete Zelle verändert sich damit zur Krebszelle. Schlecht ist, daß sie sich keiner körpereigenen Kontrolle mehr unterordnet und egoistisch nur sich selbst kennt, nur den

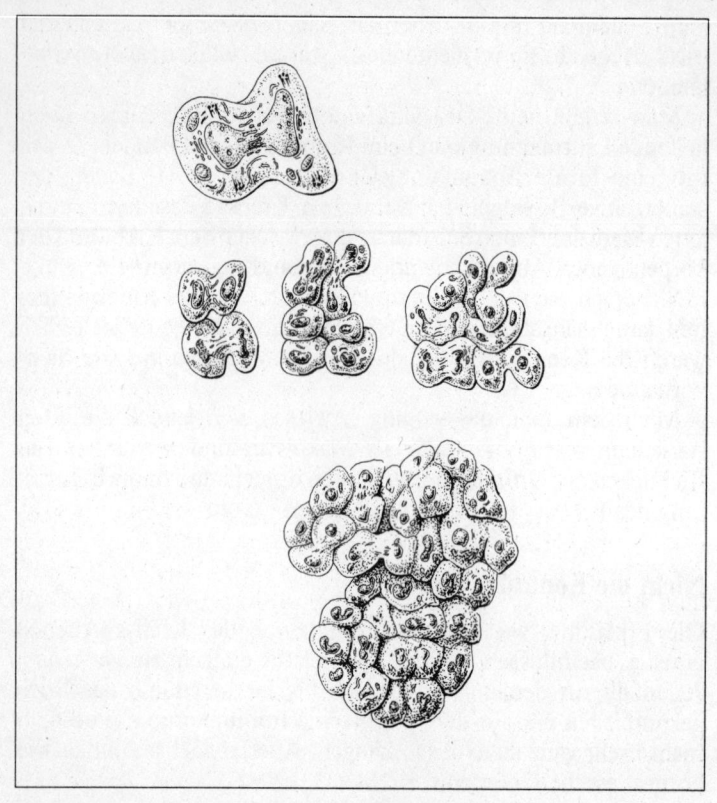

Vermehrung einer Krebszelle durch Zellteilung

Trieb zu eigenem Wachstum und zur Vermehrung besitzt. Gut ist, daß sie dadurch der gesunden Körperzelle nicht ähnelt und wegen ihrer fremdartigen Struktur auch als fremd erkannt und dementsprechend, wie jeder andere feindliche Fremdling, von der körpereigenen Abwehr gesucht, gepackt und dann vernichtet werden kann.

Diese Fabrikationsfehler bei der in jeder Minute unseres Lebens milliardenfach stattfindenden Zellherstellung geschehen zwar verhältnismäßig selten, aber jeder gesunde Mensch hat ständig immerhin zwischen 100 und 10 000 solcher einzelner Krebszellen in seinem Organismus. Das ist normal. Deswegen hat man keinen »Krebs«. Denn die fehlgebildeten, entarteten Zellen werden in der Regel laufend von unserer intakten körpereigenen Abwehr an ihrer Fremdartigkeit erkannt und von den Makrophagen, unseren Riesenfreßzellen, umschlungen und vernichtet. Oder sie werden von den körpereigenen Antikörpern besetzt, Hilfe wird herangerufen. Ein Killerkommando der dafür geeigneten Enzyme kommt an und löst die Krebszelle auf. Der übrigbleibende Giftmüll wird schließlich enzymatisch abtransportiert.

Die Überwachung funktioniert in diesem Fall: Es werden zwar neue Krebszellen gebildet, aber es werden auch ungefähr genauso viele gefunden und aufgelöst. Ein paar dieser einzelnen Krebszellen irren übrigens nur im Blut herum, finden keinen Ankerplatz und sterben von sich aus, auch ohne den Angriff des Immunsystems.

Problematisch wird die Situation, wenn diese Balance gestört wird. Wenn wir zum einen durch eine Verstärkung der zellverändernden Einflüsse viel mehr fehlerhafte Zellen herstellen als sonst. Und wenn zum anderen durch diese Einflüsse – denken wir an Umweltgifte, an falsche Lebens- und Ernährungsweise, an immunsystemunterdrückende Medikamente, an Nikotin und andere Drogen, an Bestrahlung, an mit dem Altern verbundene häufigere Fehlfunktionen – unsere körpereigene Abwehrkraft entscheidend geschwächt wird.

Das Kräfteverhältnis zwischen Feind und Freund ist damit verschoben. Es ist der geschwächten Abwehr nicht mehr möglich, die zunehmende Zahl der Feinde in Schach zu halten. Jetzt kann es zum Krebs kommen.

Die meisten Krebszellen entgehen nunmehr unkontrolliert der Vernichtung. Sie können sich an Gefäßwänden festsetzen und gut versteckt vermehren. Das ist ein besonders gefährlicher Trick der Krebszelle. Sie scheint zu wissen, daß unsere körpereigene Abwehr sie an ihrer Fremdartigkeit erkennen und danach vernichten kann. Um das zu verhindern, umgibt sie sich mit dem Klebstoff Fibrin. Die Fibrinschicht der Krebszelle ist ungefähr 15 mal so dick wie die

Fibrinschicht einer normalen Zelle. Unter dem Klebstoff verbirgt sie ihre verräterischen Zeichen, die sie als Feind kenntlich macht: ihre Antigene.

Ungestört wandern die Krebszellen durch die Blut- oder Lymphgefäße, halten sich mit Angelhaken (Adhäsionsmolekülen) an einer Biegung oder einem kleinen Buckel in der Gefäßwand fest, überziehen sich mit noch mehr Fibrin und vermehren sich unter diesem Tarnmantel. Millionen von Krebszellen entstehen, die einen Tumor bilden, der durch seine Ausdehnung die Gefäßwand durchbricht und in das Gewebe hineinwuchert.

Der Krebs kann sich bilden, weil es an den Enzymen fehlt, die Freund und Kaminer seinerzeit suchten. An den Enzymen, die fähig sind, das Fibrin und die Angelhaken von den einzelnen Krebszellen zu lösen, ihre Antigene erkennbar zu machen und sie damit der Vernichtung durch die Makrophagen und das gesamte Immunsystem zuzuführen. Je mehr Krebszellen sich im Organismus bilden, um so mehr Enzyme müssen im Organismus vorhanden sein.

Ein ganz gemeiner Trick

Krebszellen sind hemmungslos, egoistisch und primitiv. Sie sind noch dazu raffiniert. Gerissene Gangster, die jeden noch so gemeinen Trick anwenden, um der Körperpolizei zu entkommen.

Die Krebszelle will etwas dagegen unternehmen, daß die Enzyme ihr schützendes Fibrin auflösen und das Immunsystem aktivieren. Sie will das Enzymsystem und das Immunsystem blockieren. Es gibt tatsächlich einen »blocking factor«, der unseren so genialen Abwehrmechanismus ziemlich lahmlegen kann.

Wir wissen heute, was dieser »blockierende Faktor« ist. Um diesen bei jeder Krebsbehandlung entscheidend wichtigen Faktor zu erklären, müssen wir wieder auf die berühmte Immunkomplexe zurückkommen.

Jede Krebszelle besitzt auf der Oberfläche ihrer Zellmembran spezifische Antigene. Es ist natürlich ideal, wenn die verräterischen »Markenzeichen« – vom Fibrin befreit – erkannt werden und die Krebszelle danach vernichtet wird. Nur wird eben die Krebszelle vernichtet, die Antigene bleiben dagegen übrig. Und noch dazu schafft es die Krebszelle, durch eine Veränderung ihrer Membran manchmal einige ihrer Antigene abzuwerfen. Anscheinend, um unsere Abwehr auf eine falsche Spur zu locken.

Dieser gemeine Trick der Krebszelle funktioniert leider. Unsere körpereigenen Antikörper – die Wachmannschaft unseres Abwehrsystems – stürzen sich nämlich auf alle Antigene. Ganz gleich, ob die Antigene auf einer Krebszelle sitzen oder allein herumschwimmen. So werden laufend aus Antigen und Antikörper die Immunkomplexe gebildet. Aber eben auch aus Antigen, das nicht mehr mit einer Krebszelle verbunden ist und deshalb zu keiner Krebszelle führt.

Hält sich die Zahl der gebildeten Immunkomplexe in Grenzen und ist unsere Abwehrlage intakt, dann schaffen unsere Makrophagen es, diese Immunkomplexe zu umschlingen und aufzulösen. Übersteigt die Zahl der Immunkomplexe jedoch die Kraft der Makrophagen, dann verbleiben nicht aufgelöste Immunkomplexe im Blut und in der Lymphe.

Durch einen komplizierten Mechanismus – man spricht von Thrombozytenaktivierung und -aggregation – wird bei der Anlagerung nicht aufgelöster Immunkomplexe an das Gewebe eine verstärkte Fibrinbildung angeregt. Was schon normalerweise die Abwehrkraft vermindert, bei jedem von Krebs bedrohten Organismus jedoch ganz besonders gefährlich ist.

Das ist noch nicht alles. Denn die nicht aufgelösten und an Gewebe angelagerten Immunkomplexe alarmieren die sogenannte Komplementkaskade, also eine Kettenreaktion hintereinander geschalteter Enzyme. Das eigentliche Endziel dieser Kettenreaktion ist die Vernichtung von Feinden wie den Bakterien, Viren und auch den Krebszellen. Eine überschießende Komplementkaskade ruft jedoch am Ort des Geschehens eine Entzündung und erneute Gewebsschädigungen hervor, die wiederum mit erhöhter Fibrinbildung verbunden ist.

Immunkomplexe können die körpereigene Abwehr auch noch auf andere Weise schwächen. So hemmen zu viele Immunkomplexe die Tätigkeit der Makrophagen, den hauptsächlichen Ver-

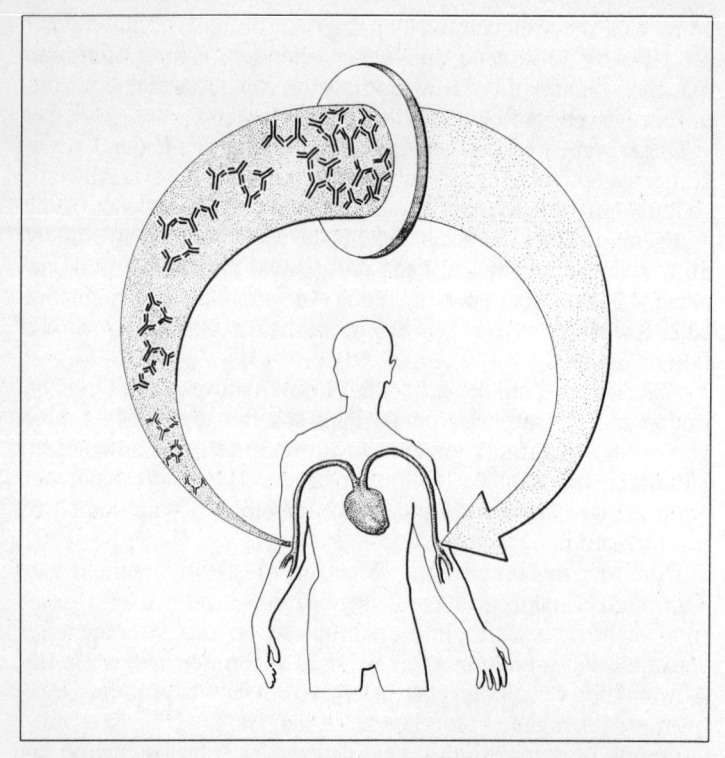

Vereinfachte Darstellung der Plasmapherese: Blut wird entnommen, die Immunkomplexe werden herausgefiltert, das Blut in den Körper zurückgeführt

nichtern der Krebszellen. Ihre Freß- und Abräumfähigkeit kommt zum Erliegen. Damit können sich Krebszellen ungestört weiter vermehren.

In zahlreichen wissenschaftlichen Arbeiten wurde mittlerweile nachgewiesen, daß die »blockierenden Faktoren« beim Krebs hauptsächlich Immunkomplexe sind. Bei nahezu allen wichtigen Krebsformen des Menschen wurden erhöhte Konzentrationen von Immunkomplexen im Blut, in der Lymphe und in der Umgebung des Tumors nachgewiesen. Daraus lassen sich sogar Vorhersagen über den vermutlichen Verlauf der Erkrankung ableiten: Je höher die Konzentration frei zirkulierender Immunkomplexe, um so geringer die Aussicht auf eine günstige Entwicklung des Krankheitsgeschehens.

Selbstverständlich haben diese neuen Erkenntnisse über die Abwehrhemmung durch zuviele Immunkomplexe dazu geführt, daß man versucht, diese schädigenden Immunkomplexe aus dem Blut und der Lymphe der Krebspatienten herauszufiltern. Das geschieht beispielsweise mit der Plasmapherese und der Lymphopherese, wobei das Blut und die Lymphe des Patienten aus dem Körper geleitet, sozusagen maschinell von den Immunkomplexen gereinigt und wieder in den Körper zurückgeleitet werden. Auch die Kälteausfällung (Kryopräzipitation) funktioniert ähnlich, während die Anwendung von Protein A dazu führt, daß sich die Immunkomplexe an dieses besondere Protein binden. Mit derartigen Maßnahmen wurden speziell in Amerika bereits einige ermutigende Erfolge in der Krebsbehandlung erzielt.

Krankheit schützt vor Krebs

In keinem anderen Land der Erde hat man wohl mit einem derart gewaltigen Aufwand an Geist und Geld nach den Substanzen und Faktoren geforscht, die das Krebsgeschehen auslösen oder aber hemmen können, wie in Amerika.

Führend auf diesem Gebiet ist sicherlich das Sloan-Kettering-Institute in New York, an dem jahrzehntelang Professor Lloyd Old tätig war. Auf der Suche nach diesen Substanzen und Faktoren beschäftigte sich Old auch mit den Arbeiten von Dr. William B. Coley, der vor 100 Jahren durch Zufall entdeckte, daß Krebspatienten, die eine oder mehrere Infektionskrankheiten durchgemacht hatten – wie etwa Angina oder Scharlach, die durch Streptokokken-Bakterien entstehen können – länger überlebten oder sogar als geheilt bezeichnet werden konnten. Der Krebs schrumpfte oder wurde wenigstens vorübergehend an der Weiterentwicklung gehindert.

Dr. Coley stellte eine Lösung aus sozusagen entschärften Streptokokken her und injizierte diese »Coleytoxin« genannte Lösung seinen Krebspatienten. Andere Ärzte konnten seine Resultate nicht bestätigen. Erst seine Tochter wies durch eine Dokumentation von über 896 Erfolgsfällen nach, daß tatsächlich etwas in dem Coleytoxin gegen den Krebs wirken mußte. Aber was?

Es schien ein Mechanismus zu sein, der durch verschiedene Bakterien angeregt wird. Denn auch andere Substanzen, wie das Corynebacterium parvum oder der aus Tuberkelbakterien gewonnene Impfstoff BCG, wurden bereits als begleitende Maßnahme bei Krebserkrankungen eingesetzt und führten dabei zu positiven Reaktionen. Vor mehr als 20 Jahren enträtselte Professor Old diesen Mechanismus. Danach gibt es Bakterien, die einen Stoff produzieren, der unsere als »Freßzellen« bezeichneten Makrophagen dazu anregt, einen Faktor freizusetzen, der gezielt Krebszellen angreift und auflöst.

Dieser krebszellzerstörende Faktor heißt in der Sprache der Wissenschaft »Tumor-Nekrose-Faktor«, abgekürzt TNF. Er ist nicht nur in der Lage, selektiv gegen Krebszellen vorzugehen und sie zu zerstören, er wird auch gegen von Viren befallene Zellen tätig.

Seit Jahrmillionen verfügen höhere Säugetiere über diesen erstaunlichen Mechanismus. Seit Jahrmillionen funktioniert das bei uns Menschen: erkranken wir an Infektionen, die durch Bakterien, Pilze oder auch manche Viren ausgelöst werden, dann antwortet unser Immunsystem darauf unter anderem mit der Freisetzung des TNF, der direkt Krebszellen und von Viren befallene Zellen vernichtet.

Wir sind heute leider dabei, diese vielleicht beste körpereigene Kraft zur Zerstörung der ständig in uns entstehenden Krebszellen und der ständig in uns eindringenden Viren lahmzulegen. Indem wir uns zu früh, zu stark und zu häufig der Errungenschaften der modernen Medizin bedienen und bei der geringsten Infektionskrankheit bereits Antibiotika, Kortisone und andere die Infektion unterdrückende Medikamente einsetzen.

Wer »banale Infektionen« oder aber Fieber bis zu 40 °C auf diese Weise sofort bekämpft, der lähmt damit seine gegen Krebs und

Viruserkrankungen gerichtete Abwehrkraft. Denn auch das Fieber ist das Ergebnis von körpereigenen Abwehrvorgängen, die mit Hilfe des TNF angekurbelt werden. Wir spüren die Aktivierung von großen Mengen an TNF durch die typischen Anzeichen, die mit Infektionen und höherem Fieber verbunden sind, wie etwa Müdigkeit und Abgeschlagenheit.

Unsere Bereitschaft, körperliches Mißbefinden zu ertragen, ist nicht sehr ausgeprägt. Wir wollen uns möglichst sofort fit fühlen und verlangen daher vom Arzt, er solle uns dafür das beste Mittel geben. Das beste Mittel ist nach allgemeinem Verständnis das jenige, das uns rasch von den Anzeichen der Krankheit befreit. Das erscheint wie eine Verschwörung von Patient und Arzt zur Schwächung des Abwehrsystems zu sein, das unter anderem um die großartige Chance gebracht wird, gezielt nur gegen die zu Feinden gewordenen körpereigenen Zellen vorzugehen: gegen Krebszellen und von Viren befallene Zellen. Kommt es dann beim Patienten zu Krebs- oder Viruserkrankungen, wundert man sich: »Er war doch noch nie krank.« Eben. Ihm fehlte vielleicht gerade diese schützende Infektion, die er normalerweise ein- oder zweimal im Jahr durchgemacht hätte.

Nun wird der Arzt seinem Patienten möglicherweise erklären, man könnte ihm gegen den Krebs oder die Viruserkrankung ein ganz modernes Mittel geben, nämlich genau den zuvor unterdrückten TNF. Allerdings nicht den natürlichen, vom Körper selbst gebildeten und freigesetzten TNF, sondern einen gentechnologisch hergestellten TNF.

Die bisherigen Therapieversuche jedoch enttäuschten. TNF ist dann besonders gut wirksam, wenn die Tumormasse noch klein ist. Die Anwendung des gentechnisch hergestellten TNF erfolgte oft zu spät, und häufig kam es zu schwerwiegenden Nebenwirkungen. Außerdem ist das Präparat bislang extrem teuer.

Es gibt Medikamente, die eine verstärkte Freisetzung des TNF aus den Makrophagen anregen. Dazu gehört ein japanischer Pilzextrakt oder auch das mittlerweile gentechnologisch hergestellte Interferon. Auch diese Medikamente erzeugen zum Teil erheblich Nebenwirkungen und Schmerzen. Ihr hoher Preis ist ebenfalls ein Grund, der zumindest zur Zeit einen allgemeinen Einsatz hemmt.

Für jeden Menschen, der mit einem gewissen Krebsrisiko rechnen muß, bedeutet das, alles zu unternehmen, was dem Körper auf möglichst natürliche Weise hilft, sich gezielt gegen Krebszellen und Viren zu wehren. Da unser Körper, soweit wir wissen, nur über eine einzige Waffe verfügt, die genau zwischen gesunder und kranker Körperzelle unterscheiden und die kranke Körperzelle auflösen kann, geht es neben einer allgemeinen Stärkung des Immunsystems darum, diesen TNF zu fördern. Es ist also durchaus sinnvoll, wenn naturheilkundlich eingestellte Ärzte jedem an einer »banalen« Infektion erkrankten Patienten raten, diese meist nur wenige Tage dauernde Schwächung unter ärztlicher Kontrolle und mit der Unterstützung sanfter Hausmittel zu überstehen. Es sollte nicht jede erhöhte Körpertemperatur sofort mit fiebersenkenden Mitteln angegangen und damit der Kampf des Immunsystems gegen den Erreger der Infektion unterbrochen werden.

Unser Organismus ist durchaus fähig, ohne die Anregung durch Bakterien oder manche Viren den TNF in geringer Menge zu bilden oder freizusetzen. Diese Anregung zur TNF-Bildung kann auch durch bestimmte Pflanzenbestandteile in der Nahrung erfolge. Der Organismus nutzt den TNF dann zur Auflösung einzelner Krebszellen und von Viren besetzter Körperzellen.

Jedoch reicht dieser Schutz nur dazu aus, in einem durch Risiken nicht belasteten Organismus die sozusagen normale Krebszellbildung und den normalen Virenbefall in Schach zu halten.

Diese »Normalität« ist in unseren zivilisierten Ländern allerdings nicht mehr normal, sie ist heute die Ausnahme. Denn unsere Lebensführung, unsere Ernährung, die Umweltgifte und andere Umstände führen dazu, daß wir fast automatisch – und besonders im höheren Alter – auf eine über das Normalmaß hinausgehende Aktivierung des Immunsystems von außen angewiesen sind.

Immer mehr Wissenschaftler erkennen, daß es wohl kein sinnvolleres Prinzip zum Schutz vor Krebs und zur Bekämpfung von Krebs gibt, als den Organismus optimal in die Lage zu versetzen, diese Aufgabe zu erfüllen. Und zwar durch möglichst natürliche, möglichst nebenwirkungsarme Mittel und Methoden. Darum werden zur Zeit viele Millionen Dollar dafür ausgegeben, um diese Mittel und Methoden zu finden, zu ergründen, abzusichern und einsetzbar zu machen.

Im Österreichischen Krebsforschungsinstitut der Universität Wien ging Frau Dr. Lucia Desser der Frage nach, ob die durch Enzymgemische (Wobe Mugos und Wobenzym) erzielten positiven Wirkungen bei vielen Krebserkrankungen vielleicht auch darauf zurückzuführen sein könnten, daß sie die Bildung des Tumor-Nekrose-Faktors TNF in den Makrophagen anregen.

Dazu behandelte Frau Dr. Desser Zellen sowohl mit den Enzymgemischen als auch mit den darin enthaltenen Einzelenzymen. Zum Vergleich fügte sie zu Zellen auch die Substanz LPS hinzu. Das ist die Substanz, die in den Zellmembranen von Bakterien enthalten ist und für die Bildung und Freisetzung von TNF sorgt. Es zeigte sich, daß sowohl Einzelenzyme als auch die Enzymgemische eine deutliche TNF-Freisetzung hervorrufen. Die Enzymgemische erwiesen sich dabei als ähnlich potente TNF-Anreger wie die Bakteriensubstanzen.

Seitdem wird mit großem Einsatz daran gearbeitet, genau zu erforschen, bei welchen Krebserkrankungen der enzymisch angeregte TNF besonders gut anspricht. Auch erfordert die TNF-Anregung je nach Krebserkrankung eine besondere Enzymdosierung. Mancher Krebs wird beispielsweise nach der Gabe von einer relativ geringen Dosis an Wobe Mugos zum völligen Absterben – zur Nekrose – gebracht, während andere Krebsformen eine Enzymbehandlung in weitaus höherer Dosierung und über einen längeren Zeitraum hinweg notwendig machen. Und stets sind die Risiken einer zu starken TNF-Anregung vom Arzt zu beachten.

Die Grenzen und die Möglichkeiten

Das hört sich so an, als sei die Enzymtherapie eine Alternative zu Stahl, Strahl und Chemotherapie bei jedem Krebsgeschehen. Das ist sie gewiß nicht. Aber es ist auch klar, daß die auf vielfältige Weise einzusetzende Enzymtherapie einen festen Platz in der Vorbeugung, der Behandlung und ganz besonders in der Nachsorge von Krebserkrankungen hat.

Denn die Enzymtherapie erfüllt zwei Forderungen, die bereits Paul Ehrlich aufgestellt hat. Nämlich bei der Krebsentstehung und beim Krebswachstum stets zwei Faktoren zu beachten: die Abwehrkraft des Organismus und die Bösartigkeit der Geschwulst. Genau diese beiden Faktoren sind es, die bei der Enzymtherapie berücksichtigt werden.

Die Enzymgemische haben zum einen einwandfrei bewiesen, daß sie durch die Auflösung von krankheitserregenden Immunkomplexen in der Lage sind, die Abwehrkraft wieder funktionsfähig zu machen, insbesonders die hier entscheidend wichtigen Makrophagen wieder zu aktivieren und ihnen zur Herstellung idealer Waffen zu verhelfen, wie dem TNF.

Zum anderen haben die Enzymgemische einwandfrei bewiesen, daß sie in der Lage sind, den Krebszellen zwei bedrohliche Eigenschaften zu nehmen: Nämlich die Maskierung ihrer Antigene sowie die Klebrigkeit und die Angelhaken (Adhäsionsmoleküle), mit denen sie sich an die Gefäß- oder Gewebswand anheften.

Das bedeutet: je mehr immunkomplexauflösende und fibrinolytische Enzyme im Organismus vorhanden sind, um so größer ist die Chance des Abwehrsystems, die einzelnen Krebszellen zu entdecken, sogar die im Fibrin versteckten Krebszellnester von dem Tarnmantel zu befreien und den Kampf gegen die Krebszellen durch die Entfernung von nicht aufgelösten Immunkomplexen und damit der Aktivierung der Makrophagen erfolgreicher zu führen.

Das wiederum bedeutet, daß jeder Mensch, für den ein erhöhtes Krebsrisiko besteht, durch die Zufuhr des gegen den Krebs gerichteten Enzymgemisches dieses Risiko senken kann.

Es bedeutet zudem, daß es sinnvoll ist, vor und nach einer Krebsoperation durch die Zufuhr der Enzyme die bei jedem chirurgischen Eingriff unumgängliche Abwehrschwächung in Grenzen zu halten.

Auch in der Klinik gewinnt die Enzymtherapie bei der Behandlung von Krebskranken immer mehr an Bedeutung. In der

Bundesrepublik, in Italien, Frankreich und den USA nutzen zahlreiche Onkologen die sich hier bietenden Möglichkeiten.

Bei fast allen Tumoren, die der Injektionsnadel zugänglich sind, können Injektionen mit dem Enzymgemisch direkt in den Tumor die Auflösung des Tumors einleiten oder ihn sogar völlig auflösen. Wo immer Operation, Bestrahlung oder Chemotherapie nicht möglich oder nicht mehr sinnvoll sind, kann die Behandlung mit den Enzymgemischen per Injektion, Mikroklistier oder Tablette zumindest lindernde Effekte erzielen.

Ist eine Bestrahlung erforderlich, dann kann, bei gleicher Wirkung, die Dosis der Bestrahlung etwas gesenkt werden, wenn man zugleich die Enzyme gibt. Außerdem schützt eine höhere Enzymversorgung weitgehend vor dem gefürchteten Strahlenkater und einigen anderen mit der Bestrahlung verbundenen unangenehmen Folgen. Auch bei der Chemotherapie kann, bei gleicher Wirkung, die Dosis etwas verringert werden – und die Nebenwirkungen der chemotherapeutischen Behandlung treten weniger belastend auf –, wenn der Patient zugleich ständig mit genügend Enzymen versorgt wird.

Mit einer entsprechenden Zufuhr des Enzymgemisches ist außerdem häufig eine allgemeine Stimmungsaufhellung des Krebspatienten verbunden. Er hat wieder Appetit, nimmt an Gewicht zu, verliert seine Depressionen und fühlt sich körperlich und seelisch erheblich vitaler.

Über den Einsatz der oralen und der systemischen Enzymtherapie bei den verschiedenen Krebsformen liegen wissenschaftliche Arbeiten vor, die den interessierten Arzt ausreichend informieren. Sie können hier nicht aufgezählt werden, einige sind für den interessierten Mediziner im Literaturverzeichnis angegeben.

Nie vergessen: Das Danach

Für alle Menschen, die bereits eine Krebsbehandlung erfahren haben, gilt eine ungemein wichtige Empfehlung. Nämlich die optimale Nachsorge, die nach einer Operation oder belastenden Behandlung mit Chemotherapie und Strahlentherapie erfolgen sollte. Die aber leider nicht immer erfolgt, da der Patient bisweilen lediglich mit guten Wünschen für die Zukunft nach Hause geschickt wird, ihm aber nicht genügend Verhaltensregeln mitgegeben werden.

Es geht um die Menschen, die makroskopisch tumorfrei sind, wie die Mediziner es nennen. Bei denen also kein Tumor im Röntgenbild mehr zu sehen ist. Nun weiß man, daß – abhängig von der Art des Tumors – bei bis zu 80% dieser tumorfreien Menschen im Laufe der Zeit erneut ein Tumorwachstum auftritt. Häufig geschieht das nicht in der Form eines soliden Tumors, sondern in der generalisierten Form kleiner, im gesamten Organismus verbreiteter Krebszellnester. Die meisten Krebspatienten sterben nicht am Primärtumor, sondern an den Folgen einer derartigen multiplen Besiedelung über den gesamten Organismus, an der Metastasierung.

Früher hat man diesen Menschen auf Dauer bestimmte Chemotherapeutika in niedriger Dosis verordnet. Gewissermaßen vorbeugend. Man hat damit versucht, alle neugebildeten Zellen im Organismus bei der Teilung möglichst zu stören und damit zu vernichten. Das hat sicherlich rein statistisch die Wahrscheinlichkeit der Bildung von Krebszellen gesenkt, gleichzeitig hat es aber ganz gewiß die Abwehrkraft des Organismus herabgesetzt. Heute gibt es wohl kaum noch Onkologen, die der Ansicht sind, mit einer dauernden Gabe von zellteilungshemmenden Medikamenten beim makroskopisch tumorfreien Krebspatienten könne man lohnende Ergebnisse erzielen.

Es gibt statt dessen immer mehr Mediziner, die erkannt haben, daß andere, den gesamten Organismus stärkende Maßnahmen in dieser Situation sicherlich viel sinnvoller sind. Angefangen von der Umstellung auf eine Vollwertkost mit hohem Anteil von frischem Obst und Gemüse, über die Zufuhr von Vitaminen, besonders von Spurenelementen wie Zink, Kupfer, Selen und Germanium sowie einer vernünftigen Stoffwechselentschlackung bis hin zu der Gabe von Pflanzenwirkstoffen aus der Mistel.

Selbstverständlich gehört auch die Enzymtherapie zu diesen Maßnahmen. Selbstverständlich für jeden, der begriffen hat, daß alles unternommen werden muß, um die ständig neu entstehenden

Krebszellen bereits zu vernichten, wenn sie sich erst als kleine Metastasen zu einem zahlenmäßig geringen Verband zusammengeschlossen haben und noch auf der Suche nach einem Ankerplatz in den Blut- oder Lymphgefäßen sind. Die sogenannte Metastasenprophylaxe sollte ohne den Einsatz der Enzyme nicht mehr denkbar sein.

Es ist für diesen Zweck nicht erforderlich, von nun an ständig zahlreiche Enzymtabletten zu schlucken. Als Faustregel gilt vielmehr die Einnahme von nur einer Tablette Wobe Mugos täglich für den Zeitraum einer Woche. Dann drei Wochen Pause. Dann wiederum eine Woche lang täglich eine Tablette, wieder drei Wochen Pause und so fort. Denn mit dieser in einer einzigen Tablette enthaltenen massiven Enzymgabe werden die Metastasen angegriffen, die ungefähr vier Wochen zu ihrer Entwicklung benötigen. Wird durch eine gesündere, die Abwehrkraft generell fördernde Lebensweise dem Organismus zusätzlich geholfen, darf sich der als tumorfrei entlassene Krebspatient und auch der mit einem gewissen Krebsrisiko belastete Mensch eine gute Chance ausrechnen, seine Erkrankung unter Kontrolle zu halten.

Wenn die Brust in Gefahr ist

Auf einen mit dem Brustkrebs verbundenen Krankheitszustand soll im Zusammenhang mit der Nachsorge noch kurz eingegangen werden. Auf das sogenannte Lymphödem. Viele Frauen bekommen nach der operativen Entfernung der Brust mit anschließender Bestrahlung der Achselhöhle ein Lymphödem am Arm. Diese Schwellung kann bisweilen einen gewaltigen Umfang annehmen und nicht nur die Lebensqualität der davon betroffenen Frau erheblich einschränken. Das Lymphödem verschlechtert auch die allgemeine Aussicht auf Heilung. Es ist heute möglich, diese Entwicklung eines Lymphödems mit ziemlicher Sicherheit zu verhindern, wenn man sofort nach der Operation oder Strahlentherapie beginnt, zweimal täglich je zehn Dragees eines Enzymgemisches (Wobenzym) zwei Jahre lang zu nehmen. Wer erlebt hat, mit welchem Leid solch ein Lymphödem einhergehen kann und wie einfach die langzeitige Verhinderung des Lymphödems ist, wird dieser Empfehlung folgen.

Ähnlich wichtig ist eine weitere Einsatzmöglichkeit der oralen Enzymtherapie, die besonders durch Untersuchungen an der Janker Strahlenklinik in Bonn gestützt wird. Viele Frauen, gerade jüngere, leiden unter der Angst vor Brustkrebs, wenn sie plötzlich Knoten ertasten. Man schätzt, daß etwa zwei Millionen Frauen in der Bundesrepublik diesen Zustand kennen und befürchten, sie müßten operiert werden, würden ihre Brust verlieren oder gar an Krebs sterben.

Doch die Knoten und die schmerzhaft entzündlichen Veränderungen der Brust bedeuten nicht unbedingt, daß bereits ein bösartiger Prozeß vorliegt. Oft werden Gewebsproben entnommen oder sogar Brustoperationen durchgeführt, bei denen sich herausstellt, daß es sich eigentlich um gutartige Geschwüre handelt.

Diese gutartigen Knoten können, wie die Studien an der Janker-Klinik ergeben haben, durch die Gabe von zweimal zehn Enzymdragees (Wobenzym) pro Tag plus 1000 mg Vitamin E innerhalb von wenigen Wochen ziemlich sicher aufgelöst werden. Auf diese Weise gelang es in der Janker-Klinik, bei 90% der Frauen die gutartigen Knoten oder schmerzhaft entzündlichen Veränderungen in der Brust zum Verschwinden zu bringen. Treten die Beschwerden später wieder auf, wird in der Regel durch eine weitere Behandlung mit den Enzymdragees und dem Vitamin E ein gleiches Ergebnis erzielt. Ein fast harmlos klingendes Rezept, das ohne Zweifel geeignet ist, sehr viele Frauen von Angst zu befreien und ihnen eine außerordentlich belastende Behandlung zu ersparen.

Schließlich ist noch eine Krankheit zu erwähnen, die bei Krebspatienten gehäuft auftritt. Sie ist – ähnlich wie die Thrombose – mit dem Krebs vergesellschaftet. Auch hier wird das Abwehrsystem lahmgelegt und der Feind kann dadurch gewinnen. Es geht um die Gürtelrose, auch Zoster genannt. Es geht um den Angriff der Viren.

16. KAPITEL

Viren: Tot oder lebendig

Tot oder lebendig? Niemand weiß es genau. Man könnte sagen, daß Viren tot sind, weil sie keinen Stoffwechsel besitzen und sich nicht vermehren.

Man könnte auch sagen, daß sie leben, weil sie es schaffen, in fremde Zellen einzudringen, ihren Bauplan zur Herstellung des Virus an eine fremde Zelle abzugeben und sie zu veranlassen, unentwegt Kopien von diesem Virus anzufertigen.

Was immer sie sein mögen: Diese unvorstellbar kleinen Wesen, die erst mit Hilfe extrem starker Elektronenmikroskope sichtbar wurden, sind wohl die gefährlichsten Feinde unserer Gesundheit. Kaum zu greifen, kaum zu bremsen, kaum zu entfernen.

Jede Krankheit, deren Ursache uns Rätsel aufgab, wurde irgendwann mit Viren in Verbindung gebracht. So hieß es auch, daß Krebs eine durch Viren ausgelöste Krankheit sei. Für diese Theorie gab es militante Verteidiger und heftige Gegner. Und beide hatten recht. Denn Krebs ist zwar generell keine »Viruserkrankung«, aber Viren können sehr wohl Krebs verursachen.

Derartige Viren werden als Krebsviren bezeichnet. Die amerikanischen Krebsforscher Baltimore, Dulbecco und Temin erhielten 1975 den Nobelpreis für Medizin, weil sie die Wechselwirkung von Krebsviren und dem genetischen Material der Körperzelle nachweisen konnten. Die Krebsviren schleichen sich in normale Zellen ein und verändern sie, wodurch sie zu Krebszellen werden, zu Körperfeinden.

Viren, die hier ganz prominent auftreten, wenn es um eine derartige Veränderung einer Normalzelle zur Krebszelle geht, sind die Herpesviren. Das ist eine ziemlich zahlreiche Familie von Viren mit unterschiedlichem Bau und mit unterschiedlicher Wirkung auf den betroffenen Organismus, aber alle sind miteinander verwandt und besitzen einen dementsprechend gleich unangenehmen Charakter.

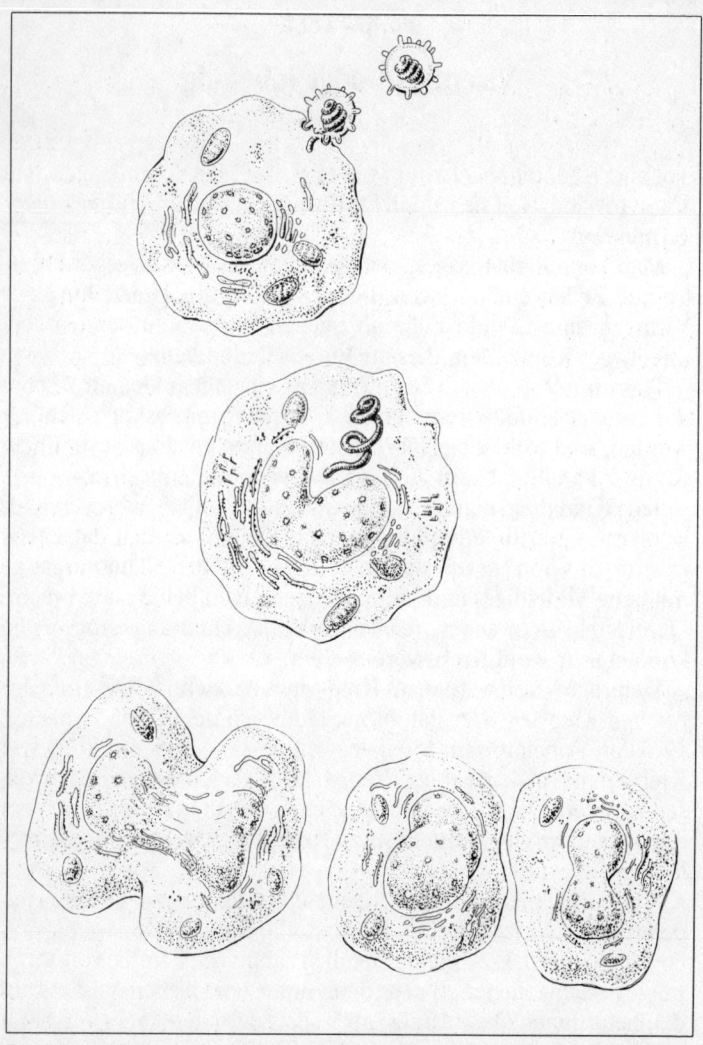

Ein Virus dringt in eine Körperzelle ein und verändert diese in der Weise, daß sie zur sich teilenden Krebszelle entartet

Fast jeder Mensch hat Herpes – für immer

Epidemiologen haben errechnet, daß etwa 90% der Bevölkerung in Europa und Amerika bereits mit mindestens einer der sechs Grundformen von Herpesviren verseucht ist. Mit Viren, die wohl für immer im Organismus verbleiben.

Denn das ist das Teuflische an diesen Viren: Nach der ersten Ansteckung mit einem Herpesvirus wird dieses Virus nicht ausgeschieden, sondern bleibt – in irgendwelchen Nischen des Organismus wie im Winterschlaf versteckt – in unserem Körper.

Unter bestimmten Bedingungen, z. B. bei Schwächung der körpereigenen Abwehr, wieder aufgeweckt und zu neuer Aktivität angeregt, kann das Virus ein erneutes Aufflacken der Viruserkrankung erzeugen. Es kann auch geschehen, daß dieses Virus wegen der Reaktion unseres Körpers auf die Erstinfektion nunmehr stärkere Zellveränderungen bewirkt und dadurch Krebszellen entstehen. So vermutet man beispielsweise, daß ein als Herpessimplex-Virus Typ II bezeichnetes Virus ein potentieller Krebserzeuger ist und mit dem Gebärmutterhalskrebs in Verbindung gebracht werden muß.

Die eigentliche Erstinfektion mit Herpesviren wird normalerweise weder vom Patienten noch vom Arzt besonders ernst genommen. Es ist auch nicht so, daß jeder Angriff von Herpesviren auf unsere normalen Zellen zu irgendeiner Krebsform führt. Es ist gut möglich, daß es bei einem erneuten Auftreten des Herpes bleibt oder die Verschlimmerung sich in anderen Krankheiten zeigt, etwa einem Magengeschwür.

Eine Sonderstellung nimmt ein Virus der Herpes-Gruppe ein, das die Gürtelrose auslöst. Die Krankheit wird als Zoster bezeichnet, das Virus heißt Varicella-Zoster-Virus. Das Virus löst zunächst einmal keine Gürtelrose aus, denn die Erstinfektion mit diesem Virus kennen wir als Windpocken.

Sind die nach der Erstinfektion mit den Viren entstandenen Windpocken abgeklungen, glaubt man, die Viren wären alle erledigt und aus dem Organismus ausgeschieden. Das stimmt nicht ganz, denn es verbleiben zahlreiche Zosterviren wie schlafend im Körper.

Töten, wenn wir wehrlos sind

Sie wachen jedoch auf, wenn der Körper geschwächt ist und die Viren sich deshalb eine gute Chance ausrechnen, ungestört in unsere gesunden Zellen eindringen und sie zur Kopie ihrer Struktur verführen und damit töten zu können.

Unser Körper kann durch eine schwere Krankheit geschwächt werden, durch die Abwehr unterdrückende Medikamente oder auch durch seelische Belastungen wie Trauer, Depression oder der viel zitierte Streß im Alltag.

Plötzlich sind sie massenhaft da: Gleichzeitig aufgewacht und aktiv machen sich viele Zosterviren daran, unsere Zellen zu überfallen. Nun haben wir in unserem Organismus eine ganze Menge von genau jenen speziellen Antikörpern gegen diese Viren, die damals bei der Erstinfektion, bei der Windpockenerkrankung gebildet worden waren und zum Abklingen der Windpocken führten. Einige dieser Spezialisten behielten wir in unserer Verteidigungsgruppe.

Kaum machen sich die aus dem Winterschlaf erwachten Zosterviren auf den Weg zu unseren Zellen, schlagen deshalb diese speziell gegen sie gebildeten Antikörper Alarm, vermehren sich in rasender Eile und stürzen sich auf die Fremdzeichen der Zosterviren, auf deren Antigene.

Es muß nicht nur das vollständige Virus dingfest gemacht werden. Denn neben jedem vollständigen Virus rechnet man mit mindestens 100 Viruspartikeln, mit Teilstücken, die ebenfalls in unsere Zellen dringen. Sie veranlassen die Wirtszelle zwar nicht zur Bildung ganzer Viren, aber sie verändern die Wirtszelle so stark, daß sie nicht mehr als körpereigen erkannt und damit zu unserem Feind wird.

Nun wissen wir, was passiert, wenn sich – noch dazu in einem abwehrgeschwächten Organismus – massenhaft Feinde und unsere Antikörper zu Immunkomplexen verbinden, die wegen der herrschenden Abwehrschwäche nur teilweise aufgelöst werden können: Es kommt zu all den Reaktionen, die typisch sind für eine Immunkomplexerkrankung.

So eine Immunkomplexerkrankung ist nun die Gürtelrose, der Zoster. Aus Zosterantigenen und Antikörpern gebildete, nicht aufgelöste Immunkomplexe haben die Neigung, sich an den sogenannten Rezeptoren von Nervenzellen festzusetzen, die durch den Virusbefall bereits strukturell verändert wurden. Die entlang des Nervenschaftes angehefteten Immunkomplexe aktivieren dort die zur enzymatischen Auflösung alarmierten Komplemente. Das wiederum führt zur Entzündung, zur Schädigung der Nervenzelle, zum Schmerz und zu den typischen Zeichen der Zostererkrankung: der Bläschenbildung auf der Haut, den geschwollenen Lymphdrüsen, dem Jucken, Brennen und Kribbeln, der allgemeinen Zerschlagenheit.

Vor einigen Jahren hieß es noch in den wissenschaftlichen Arbeiten über die Behandlung des Zoster ziemlich übereinstimmend: Es gibt keine Behandlung der Ursache dieser Erkrankung. Man bestrich die Bläschen zwar mit kortisonhaltigen Salben und verordnete Vitamin B 12 oder sogenannte Gammaglobuline. Aber die Ärzte waren sich klar darüber, daß dies im Grunde nicht viel helfen würde und man wie beim Schnupfen eben abwarten müßte, bis der Zoster von allein wieder verschwindet. Denn nach zwei oder drei Wochen heilt solch eine Gürtelrose normalerweise von allein wieder ab und wird vergessen.

Es sei denn, es stellt sich die Postzosterneuralgie ein, jene besonders ältere Menschen häufiger treffende Folge der Gürtelrose, die sich in jahrelangen oder von nun an sogar lebenslangen sehr quälenden Nervenschmerzen äußert, die medizinisch kaum mehr zu beeinflussen sind.

Viele Ärzte nehmen nicht zur Kenntnis – weil sie in ihrem Medizinstudium nie etwas davon gehört haben – daß es eine sichere Hilfe gegen den Zoster und besonders gegen die drohende Postzosterneuralgie gibt, falls sie rechtzeitig und massig eingesetzt wird. Es sind die Enzymgemische, die gegen diese Immunkomplexerkrankung gezielt wirken.

Die skeptischen Ärzte sehen nicht recht den Zusammenhang zwischen Enzymgabe und Virusbekämpfung.

Von der Milchkuh bis zur Orchidee

Professor Max Wolf kam auf diesen Zusammenhang, als er nach dem Zweiten Weltkrieg in Südflorida eine Rinderfarm besuchte und Milchkühe behandelte, die an Papillomatose litten: an gutartigen, bis zu faustgroßen Tumoren auf der Haut. Er spritzte damals ein Enzymgemisch, das noch nicht so ausgereift war wie das heute genutzte, in die Haut der Kühe, direkt in die Umgebung der Tumoren. Nach wenigen Tagen fielen die Tumoren ab, die Kühe gesundeten.

Weil Max Wolf wußte, daß eine Papillomatose von Viren verursacht wird, schloß er daraus, daß die Enzyme die Viren unschädlich gemacht haben müßten. Er vermutete, die Enzyme hätten die aus Eiweiß bestehenden »Füße« der Viren aufgelöst, mit denen die Viren sich an der Normalzelle anheften und es ihnen dadurch unmöglich gemacht, in eine Wirtszelle einzudringen.

Wolf setzte die Enzyme daraufhin auch bei Pflanzen ein, die von Viren befallen waren. Er übertrug das Tabakmosaik-Virus auf Bohnenpflanzen, worauf alle Bohnenpflanzen infiziert wurden, die keine Enzyme erhalten hatten. Die zuvor mit den Enzymen versorgten Bohnenpflanzen überstanden jedoch die Impfung mit den Viren ohne Schaden oder zeigten nur eine schwache Reaktion.

Ähnlich fielen die Versuche aus, wertvolle Orchideen, die bei einem Züchter restlos von einem Virus befallen waren, von der Krankheit zu befreien.

Gärtner haben diese Methode bis heute nicht übernommen. Doch immer mehr Tierärzte kamen darauf, daß sie mit dieser Enzymtherapie auf recht einfache Weise mit einigen Tierkrankheiten fertig werden könnten, bei denen sie bislang recht ratlos gewesen waren. Es interessierte sie weniger, warum das funktionierte und wie es funktionierte. Für sie war entscheidend, daß es funktionierte.

So verwendeten sie derartige Enzymgemische gegen die Rinderpapillomatose und gegen die Rinderpneumonie, die besonders in Niederbayern im späten Winter zu grassieren pflegte und Tausenden von Kühen das Leben kostete. Dann kamen Tierärzte auf die Idee, das Enzymgemisch auch bei dem virusbedingten Pferdehusten einzusetzen, der bei wertvollen Rennpferden so gefürchtet ist. Und hatten damit Erfolg.

Als Meldung aus dem afrikanischen Tschad kamen, dort würde sich eine grassierende Pockeninfektion bei Kamelen zu einer Katastrophe für die Volkswirtschaft entwickeln, fuhr der Tierarzt Dr. Dunkel in das Land und sorgte dafür, daß die infizierten Kamele mit Wobe Mugos behandelt wurden. So bekam man diese Virusinfektion, die der menschlichen Pockeninfektion sehr ähnelt, in relativ kurzer Zeit in den Griff. Im Tschad untersuchte Dr. Dunkel zugleich die Enzymwirkung auf die virusbedingte Hühnerleukämie. Es zeigte sich, daß man die Hühnerleukämie auf diese Weise zwar erfolgreich bekämpfen kann, nur sind die Kosten für die Behandlung höher als der Wert der behandelten Hühner.

Die Erfahrungen in der Tiermedizin ermutigten einige Humanmediziner zu dem Versuch, auch beim Menschen die Behandlung von Virusinfektionen mit Enzymen zu prüfen.

Schutz vor schwerem Nervenschmerz

1964 setzte Dr. Dorrer vom Krankenhaus Prien am Chiemsee erstmals das Enzymgemisch Wobe Mugos bei 24 Gürtelrosepatienten ein. Das erstaunliche Ergebnis: Wurde die Enzymbehandlung rasch nach Auftreten der ersten Bläschen, also innerhalb von drei Tagen, massiv eingesetzt, dann verschwanden die Schmerzen innerhalb von drei Tagen und die Bläschen verkrusteten viel rascher als es normalerweise der Fall ist. Als wichtigste Erkenntnis ergab sich, daß es bei keinem Patienten später zu der gefürchteten Postzosterneuralgie kam, der äußerst schmerzhaften Komplikation, die manch einen schon zum Selbstmord getrieben hat.

Die Veröffentlichung von Dr. Dorrer war das Signal für andere Ärzte, seinem Beispiel zu folgen. Als einer der erfahrensten Ärzte auf diesem Gebiet dürfte Dr. Bartsch gelten, Chefarzt des Waldsanatoriums Urbachtal, einer Krebsnachsorge-Klinik mit 200 Betten.

Für ihn war die Behandlung des Zoster ein besonders dringliches Problem, denn neben der Verbindung »Krebs und Thrombose« besteht eine enge Verbindung von »Krebs und Zoster«. Er begann im Jahr 1968 deshalb mit einer vergleichenden Studie, wobei er eine Gruppe von Krebspatienten, die an Zoster litten, mit hohen Dosen des Enzymgemisches behandelte, eine zweite Gruppe dagegen mit den bislang üblicherweise gegen Zoster eingesetzten Mitteln.

Nach der Behandlung von insgesamt 23 Patienten brach Dr. Bartsch die Studie aus ethischen Gründen ab. Weil er es einfach nicht verantworten konnte, weiterhin Patienten auf die bisher übliche Weise zu behandeln, da sich die Überlegenheit der Enzymtherapie derart eindeutig gezeigt hatte.

Seitdem wurden in der Klinik einige Hundert Zosterpatienten enzymtherapeutisch behandelt. Die späteren Veröffentlichungen von Dr. Bartsch bestätigten die ersten Erfolge: »Zur Zeit halten wir die Therapie des Herpes zoster mit proteolytischen Enzymen für die wirkungsvollste, nachwirkungsfreieste und optimalste Therapie.«

Mit einer Einschränkung: »Längere Erkrankungsdauer und längerer Schmerzbefall der Patienten resultieren meistens aus der nicht rechtzeitig einsetzenden Therapie.« Die chronischen Schmerzen der Postzosterneuralgie können kaum noch günstig beeinflußt werden, wenn die Enzymtherapie erst Wochen nach dem Auftreten des Zoster einsetzt. Geschieht der Einsatz zu einem früheren Zeitpunkt und in der erforderlichen Dosis, kann man dagegen von einer sicheren Verhütung der Postzosterneuralgie sprechen.

Diese Methode einer einfachen Behandlung von Virusinfektionen, die hauptsächlich durch die Eliminierung von nicht aufgelösten und damit krankheitserregenden Immunkomplexen erzielt wird, wurde in den letzten Jahren bei der Behandlung der bislang problematischsten Virusinfektion diskutiert: bei Aids.

Zoster und Aids, das gleiche Prinzip?

Tatsächlich fallen die Parallelen zwischen Zoster und Aids auf. Auch bei Aids kommt es zunächst zu einer eher als harmlos empfundenen Erstinfektion mit HIV-Viren und dann erst zum schwerwiegenden Zweitschlag. Der Mensch, der erstmals von Aidsviren infiziert wird, erleidet lediglich eine grippeähnliche Krankheit mit leichtem Fieber und allgemeinem Schwächegefühl.

Viele halten es für eine unbedeutende Grippe und vergessen deshalb die Beschwerden bald wieder, die normalerweise schnell abklingen. Diese erste Phase entspricht den Windpocken des von Zosterviren befallenen Patienten.

Der Organismus eines mit Aidsviren infizierten Menschen bildet – wie jeder mit Viren infizierte Mensch – entsprechende Antikörper. Diese speziell gegen das Aidsvirus HIV gebildeten Antikörper lassen sich im Blut nachweisen und sind wichtig für die Diagnostik. Sind die Antikörper vorhanden, dann ist der Mensch »HIV positiv«. Das bedeutet allerdings nicht, daß er bereits aidskrank ist.

Denn es können noch viele Jahre vergehen, ehe die im Körper verbliebenen und inaktiven HIV-Viren durch eine zusätzliche Belastung aktiviert werden und damit den Krankheitsverlauf in Gang setzen, der schließlich zum vollausgebildeten Aids führt und meistens tödlich endet. Ein derartiger Auslöser kann beispielsweise die Gabe von immunsuppressiven Medikamenten sein, die unsere körpereigene Abwehr unterdrücken.

Derartige Medikamente sind zwar in der Lage, die Virusvermehrung zu hemmen. Nur ist der Preis, der mit dieser gebremsten Virusvermehrung bezahlt wird, sehr hoch. Denn die zugleich unterdrückte Abwehr macht den Körper wehrlos gegen jede andere Infektion. Deshalb ist der Einsatz derartiger Medikamente wohl erst dann gerechtfertigt, wenn das körpereigene Abwehrsystem bereits total geschwächt ist, also dadurch keine zusätzliche Schwächung mehr bewirkt wird. Sie sollten somit erst im fortgeschrittenen Stadium einer voll ausgebildeten Aidserkrankung eingesetzt werden, wo sie eine gewisse Verzögerung in der Weiterentwicklung der Krankheit bewirken können. Erkauft mit ziemlich starken Nebenwirkungen. Zum Stillstand gebracht wird Aids auf diese Weise bis jetzt jedoch nicht.

Wer bedenkt, wie stark das Schicksal des HIV-Positiven von der Abwehrkraft des eigenen Körpers gegenüber dem zu erwartenden Angriff auf eine günstige Gelegenheit lauernder Aidsviren abhängt, wird sich nicht mit der Forderung anfreunden können, diese abwehrschwächenden Medikamente sogar schon im Zwischenstadium einzusetzen, also bereits vor Ausbruch der vollen Aids-Symptomatik.

Jeder mit der Naturheilkunde vertraute Wissenschaftler ist sich darüber im klaren, daß Virusinfektionen mit abwehrsteigernden Therapien begegnet werden sollte. Denn der Körper muß mit allen zur Verfügung stehenden Methoden dazu gebracht werden, sich selbst gegen die Krankheit erfolgreich zur Wehr zu setzen.

Das geschieht durch eine Entlastung des Organismus von Stoffwechselgiften, durch eine vernünftige Lebens- und Ernährungsweise und durch die Anwendung vieler biologischer, den gesamten Organismus stärkender Methoden. Es ist ein Konzept, das auf jeden Patienten individuell abgestimmt und konsequent beibehalten werden sollte.

Nur nicht schwach werden

Neben diesen allgemeinen Hilfen, die dem Körper mehr Abwehrkraft bieten und damit den Ausbruch der vollen Aids-Symptomatik eher hinausschieben, ist selbstverständlich eine direkte und gezielte Hilfe erforderlich.

Es muß gezielt die verminderte Aktivität der von den Viren betroffenen Helferzellen des Abwehrsystems gesteigert werden. Noch wichtiger ist die Aktivierung der ebenfalls virusbedingt gehemmten Makrophagen. Für die Hemmung der Makrophagen und damit die gehemmte Vernichtung der Viren durch diese Riesenfreßzellen sind die aus den Antigenen der Aidsviren und den Antikörpern des Immunsystems gebildeten nicht aufgelösten Immunkomplexe verantwortlich.

Das ist es, was Aids so gefährlich macht: Die mit den Virusantigenen gebildeten Immunkomplexe werden nicht aufgelöst, weil die Aidsviren die dafür benötigten Abwehrzellen angegriffen und lahmgelegt haben. Die in den Immunkomplexen enthaltenen HIV-Antigene reagieren zudem mit den Helferzellen und binden sie an sich. Die dadurch alarmierten Komplemente zerstören daraufhin die an die Viren gekoppelten Helferzellen in der Annahme, es handle sich hier um den Feind.

Immer mehr Wissenschaftler bestätigen, daß die durch Immunkomplexe verursachte Zerstörung der Helferzellen der Hauptgrund für den tödlichen Verlauf des »erworbenen Immunschwäche-Syndroms« ist.

Deshalb ist die wohl wirksamste naturheilkundliche Methode zur Behandlung von Aids die mit Hilfe der Enzymtherapie erzielte Mobilisierung im Gewebe verankerter Immunkomplexe und deren Vernichtung und Abtransport. In mehreren Kliniken der Bundesrepublik, in Amerika und Frankreich sowie in zahlreichen ärztlichen Praxen wird dieses Prinzip bei der Behandlung von Aidspatienten angewendet.

Dabei zeigte sich erneut, daß die Gabe dieser Enzymgemische, besonders von Wobenzym, geeignet ist, im Gewebe verankerte Immunkomplexe aus dem Gewebe zu lösen, frei zirkulieren zu lassen und damit einer enzymatischen Auflösung zuzuführen. So daß sich die zuvor gehemmte Makrophagenaktivität wieder normalisiert und als weitere Folge die irrtümliche Zerstörung der dringend benötigten Helferzellen des Abwehrsystems durch die Komplemente verhindert wird.

Die Immunschwäche wird zurückgebildet und das weitere Fortschreiten der Aids-Symptomatik aufgehalten. Der Patient bleibt zwar HIV-positiv, kann aber symptomfrei werden. Denn eine vollständige Entfernung aller HIV-Viren aus dem Organismus ist bislang so wenig möglich wie die dauerhafte Entfernung aller anderen in den Organismus einmal eingedrungenen Viren.

Die Behandlung der Patienten, die bisher in den zum Teil seit 1985 laufend durchgeführten klinischen Studien erfaßt ist, wird nicht allein mit der Enzymtherapie vorgenommen. Die Behandler setzen auch Vitamin A und Ozon ein sowie bestimmte homöopathische Präparate, Echinacea, Thymuspeptide und andere als abwehrsteigernd anerkannte biologische Mittel und Therapien.

Vor allem bei den Patienten mit Vorstufen der Aidserkrankung (LAS und ARC) kam es auf diese Weise zu einem deutlichen Rückgang der Symptomatik. Das gilt für die neurologischen Beschwerden, das Konzentrationsvermögen, Depressionen, aber auch für Lungenentzündungen, Husten, Atemnot, generelle

Schwäche, Appetitlosigkeit, Gewichtsverlust, Durchfall, gestörtes Sehvermögen, Fieber und Gehbeschwerden.

Die Verbesserung des Allgemeinzustandes läßt sich an den Blutwerten messen, etwa an der Blutsenkungsgeschwindigkeit oder der Zahl der Erythrozyten und Lymphozyten. Auch die Zahl der Helferzellen stieg nach derartigen Therapien bei den Patienten an, die noch nicht an einem zu großen Mangel an intakten Helferzellen litten.

Die von der Medizinischen Enzymforschungsgesellschaft konzipierten und betreuten kontrollierten klinischen Studien lassen folgende Schlüsse zu:

1. Die Frühstadien der HIV-Erkrankung werden durch die Enzymbehandlung in ihrem Fortschreiten gehemmt und wahrscheinlich beseitigt. Den Patienten geht es symptomatisch wesentlich besser.
2. Bei HIV-Positiven Gesunden kann durch die Enzymbehandlung der Krankheitsbeginn verzögert oder auch verhindert werden. Sollte sich herausstellen, daß diese Verhinderung immer wieder möglich ist, demnach also langzeitig erhalten werden kann, käme dies symptomatisch einer Heilung nahe.
3. Einer geringgradigen Unterdrückung der Helferzellen kann durch die Enzymbehandlung begegnet werden.
4. Das Auftreten von Infektionskrankheiten, vielleicht auch von bösartigen Erkrankungen, kann durch die gesteigerte Makrophagenaktivität, die wiederhergestellte Auflösung fremder Zellen und die verbesserte Helferzellen-Abwehr teilweise oder ganz verhindert werden.

Das hört sich so an, als ob es nichts im Leben zu geben scheint, was nicht irgendwie durch eine Zufuhr von Enzymen gebessert, gestärkt oder geheilt werden könnte. Es fällt schwer, etwas dagegen zu sagen, denn es stimmt so ungefähr. Da fehlt nur noch, daß diese Enzyme nicht nur ein gesundes, sondern auch noch ein langes Leben schenken. Daß sie bei einem Prozeß helfend eingreifen, von dem kein einziges Lebewesen verschont bleibt: dem Altern.

17. KAPITEL

Alter: Beste Bremse

Jeder will es werden, keiner will es sein: alt. Der Gedanke, immer älter zu werden und eines Tages zu sterben, beschäftigt uns alle. Manche Menschen erfüllt dieser Gedanke mit Verzweiflung und hindert sie aus Angst vor dem Sterben, das Leben zu genießen. Andere resignieren. Die meisten Menschen möchten das Altern bremsen und den Tod möglichst weit in die Zukunft schieben.

Insgeheim warten wir darauf, daß noch zu unserer Lebenszeit jemand kommt und sagt: »Wir haben den Mechanismus entdeckt, der jeden lebenden Organismus einmal sterben läßt. Wir können ihn ausschalten. Wer will, der kann ewig leben.«

Lassen wir einmal die Überlegung beiseite, ob das ewige Leben wirklich eine so erstrebenswerte Sache wäre, ob es nicht das Ende der menschlichen Gesellschaft bedeuten würde. Kümmern wir uns um den »Mechanismus, der jeden Organismus einmal sterben läßt«. Wir sind solchen Mechanismen bereits auf der Spur. Und noch dazu stirbt nicht jeder lebende Organismus.

Es gibt nämlich quasi ewiges Leben. Sogar in unserem eigenen Körper. Denn wir beherbergen in unserem Körper ständig einige oder auch viele Krebszellen. Und das sind primitive Dinger, denen der eingebaute Sterbemechanismus fehlt. Sie können in einem bestimmten Milieu theoretisch für immer leben.

In der Labortechnik benötigt man für verschiedene Zellkulturen langlebige, sich unentwegt teilende Organismen. Deshalb hat man beispielsweise die sozusagen unsterblichen Krebszellen eines besonders stark wachsenden Gebärmutterhalskrebses mit Makrophagen gekreuzt und erzielte Hybridzellen vom Typ »He-La U 927«. Damit existieren also quasi ewig lebende Makrophagen.

Es bereitet auch keine Schwierigkeiten mehr, in bestimmten Zellsuspensionen gehaltene Gewebe oder Organe, wie etwa ein Kükenherz, beliebig lange am Leben zu erhalten.

Normalerweise jedoch stellt jede Zelle nach einer gewissen Zeit ihre Stoffwechseltätigkeit ein und stirbt. Man nimmt an, daß die meisten Körperzellen des Menschen nach der 45. bis 50. Teilung nicht mehr in der Lage sind, fehlerfreie Kopien von sich herzustellen. Das merken die geschwächten und nunmehr für den Organismus zur Gefahr werdenden Zellen selbst. Sie sorgen – bis zuletzt dem Gesamtorganismus selbstlos dienend – freiwillig für ihren eigenen Tod, indem sie durch die Zellmembran besondere Rezeptoren hinausstülpen. Es sind Landeplätze, an die bestimmte Antikörper oder – noch wirksamer – Immunkomplexe andocken können, die wiederum die als Komplementkaskade bezeichnete Enzymkettenreaktion aktivieren, an deren Ende die enzymatische Auflösung dieser altersschwachen Zellen erfolgt.

Dieser freiwillige Tod altersschwacher Zellen ist ein entscheidend wichtiger Vorgang bei der Zellmauserung. Der in jeder Sekunde unseres Lebens stattfindenden Erneuerung des Organismus durch die Elimination alter Zellen, an deren Stelle neue, junge, einwandfrei arbeitende Zellen treten.

Bei dem Leben und Sterben jeder einzelnen Zelle gehen die Wissenschaftler der gleichen Frage nach wie bei dem Leben und Sterben der Menschen überhaupt: Endet das Leben durch die sich häufenden Fehler oder aber durch einen genetisch eingebauten und durch ein vorgegebenes Signal ausgelösten Mechanismus?

Daß der Vorgang des Alterns genetisch gesteuert wird, beweisen auf erschreckende Art die bedauernswerten Menschen, die am Hutchinson-Gilford-Syndrom oder am Werner-Syndrom erkrankt sind. Das ist die Frühvergreisung von Kindern oder von jungen Menschen nach Beginn der Pubertät. Ein außer Kontrolle geratener genetischer Code läßt diese Patienten in wenigen Jahren zu Greisen werden, die dann rasch einer der typischen Alterskrankheiten unweigerlich zum Opfer fallen.

Im Chromosom 1 wartet der Tod

Das Signal zum Altern und Sterben liegt also im genetischen Code verborgen. Aber wo? Um das festzustellen, kreuzten japanische und amerikanische Wissenschaftler menschliche Bindegewebszellen mit »unsterblichen« Hamsterkrebszellen und suchten in den daraus entstandenen Hybridzellen nach der Veränderung im genetischen Code, der die Hybridzellen zur unaufhörlichen Teilung und zur nicht endenden Existenz befähigt. Sie fanden heraus, daß das menschliche Gen, das unseren Alterungsvorgang steuert, in dem ersten unserer 23 Chromosome zu finden sein muß.

Rein theoretisch wäre es in der Zukunft möglich, gentechnologische Veränderungen im menschlichen Chromosomensatz vorzunehmen, die den Alterungsvorgang hinauszögern. Ähnliche Versuche haben bereits dazu geführt, Schimmelpilze, Würmer, Fliegen und Mäuse so zu verändern, daß ihre Lebenszeit erheblich verlängert wird, und diese Fähigkeit zum längeren Leben von ihnen vererbt wird.

Bis jetzt können wir Menschen noch nicht mit einer derartigen Manipulation unserer Erbanlagen rechnen. Unsere beste Chance ist es, von Eltern abzustammen, deren Vorfahren besonders langlebig waren. Wir besitzen damit eine gewisse Garantie, über erst spät aktiv werdende Alterungsgene im Chromosom 1 zu verfügen.

Eine Sicherung vor dem Tod ist das natürlich nicht. Es ist nicht einmal die Sicherung einer längeren Lebenszeit. Denn da ist immer noch der zweite Faktor zu beachten, der für Alterungsvorgänge verantwortlich ist, nämlich der Faktor sich häufender Fehler bei der gesamten Stoffwechselaktivität.

Für manche Fehler können wir nichts. Etwa für die aus genetisch bedingtem Enzymmangel entstehenden Stoffwechselanomalien. Aber die meisten Fehler, die den Organismus schwächen und ihn vorzeitig altern lassen, können wir glücklicherweise selbst vermeiden. Wir sollten es nutzen, falls uns an einem gesünderen und längeren Leben liegt.

Wenig essen, lange leben

Eine Möglichkeit, dem Organismus die Chance zu geben, länger zu leben, besteht darin, weniger zu essen. Zahlreiche Untersuchungen haben immer wieder bestätigt, was uns die Kriegs- und Nachkriegszeit in Deutschland deutlich vor Augen geführt hat: Eine stark eingeschränkte Ernährung, besonders mit weniger Fleisch und Fett, führt tatsächlich zu einem gesünderen und längeren Leben. Daß sich die statistische Lebenserwartung in den vergangenen Jahrzehnten ständig erhöht hat, verdanken wir der Medizin, besonders der verringerten Säuglingssterblichkeit. Und nicht etwa dem menschlichen Verhalten.

Wer sich näher mit dem Einfluß der Ernährung auf die Lebenserwartung beschäftigt, kommt am ehesten zur Vernunft. So hat der Immunologe Dr. Roy Walford von der kalifornischen Universität UCLA begonnen, Labormäusen durch den Einbau einer »major histocompatibility complex« genannten Gen-Kombination das Leben um das Doppelte bis Dreifache der normalen Lebenszeit zu verlängern. Er selbst setzt nicht auf die Gene zur eigenen Lebensverlängerung. Nachdem er bei seinen wissenschaftlichen Arbeiten erkannt hat, welch gewaltige Schädigung wir unserem für die Gesundheit verantwortlichen Immunsystem durch zu reichliche Ernährung zufügen, reduzierte er vielmehr sofort seine Kalorienzufuhr um fast die Hälfte. In den Labors des National Toxicology Laboratory in Little Rock, Arkansas, leben zigtausend Mäuse und Ratten gesund und doppelt so lange wie üblich, weil man ihre Nahrungsaufnahme um 40% gesenkt hat. Auch der Direktor des Laboratory und seine Mitarbeiter haben, angeregt von diesem Beispiel, ihren Speisezettel kleiner gestaltet.

Natürlich essen wir nicht nur zuviel. Wir essen auch falsch, zu schnell, zu heiß, zu kalt. Wir begehen all die Fehler, über die bereits in dem Kapitel über die Verdauung berichtet wurde. Wir bewegen uns zu wenig, wir schädigen uns durch das Rauchen oder andere Gifte, wir setzen uns den selbstproduzierten Umweltbelastungen aus.

Würden wir stattdessen so leben, wie uns der Verstand es eigentlich sagt, kämen wir dem Ideal nahe, ein gesundes Leben bis in das hohe Alter zu führen. Man schätzt, daß allein durch eine merkliche Änderung der Lebensweise und eine merkliche Senkung der Umweltbelastungen zwei Drittel bis Dreiviertel aller chronischen Erkrankungen vermieden werden könnten.

Unser Fehlverhalten und die von uns zu verantwortenden

Umwelteinflüsse verursachen Störungen im menschlichen Organismus. Beispielsweise die massenhafte Bildung von sogenannten »Freien Radikalen«. Das sind chaotisch reagierende Moleküle, denen man die Mitschuld an zahlreichen Krankheiten – vom Krebs bis zum Herzinfarkt – zuschreibt und die man für viele vorzeitige Alterungsvorgänge verantwortlich macht.

Freie Radikale oxidieren unsere Zellen. Sie rosten regelrecht und sind nicht mehr zu einem normalen Stoffwechsel fähig. Werden die Freien Radikalen in ihrer Zerstörungswut nicht gestoppt, können sie deshalb den ganzen Organismus schwächen, bis Krankheiten und vorzeitiger Tod die Folge sind. Es gibt Altersforscher (Gerontologen), die in den Freien Radikalen sogar die wichtigste Ursache krankhafter Alterungsvorgänge sehen.

Freie Radikale spielen auch bei der Bildung von Quervernetzungen eine unrühmliche Rolle. Bei der Quervernetzung – in der Medizin spricht man von Crosslinkage – handelt es sich um fehlerhafte Querverbindungen von Eiweißketten, die im Bindegewebe, aber auch in allen anderen Zellverbänden auftreten können. Daß sie die Funktion stören, sehen wir an dem Verlust der Elastizität des Bindegewebes am deutlichsten. Wir erkennen das, wenn wir etwas Haut vom Handrücken mit zwei Fingern hochheben und dann loslassen.

Wird die Hautfalte sofort wieder glatt, dann ist das Hautgewebe noch elastisch, es ist durch die Quervernetzung noch nicht geschädigt und gealtert. Krähenfüße um die Augen und Falten auf der Stirn sind weitere sichtbare Zeichen von Quervernetzungen des Bindegewebes.

Das Bindegewebe besteht aus riesigen, teils spiralenförmig, teils parallel angeordneten Eiweißketten, die für die Zug-, Dehnungs-, Beugungs- und Druckfestigkeit des Bindegewebes sorgen. Wie die Spiralfedern und Drahtseile einer Bettmatratze oder eines Trampolins für Elastizität und zugleich Festigkeit sorgen.

Die Bewegungsfähigkeit der Eiweißketten hängt davon ab, wie sie miteinander verbunden sind, ohne sich dabei zu hemmen. Man denke an die Saiten einer Harfe: Sie sind einerseits fest eingespannt, andererseits lassen sie sich einzeln elastisch bewegen und kehren

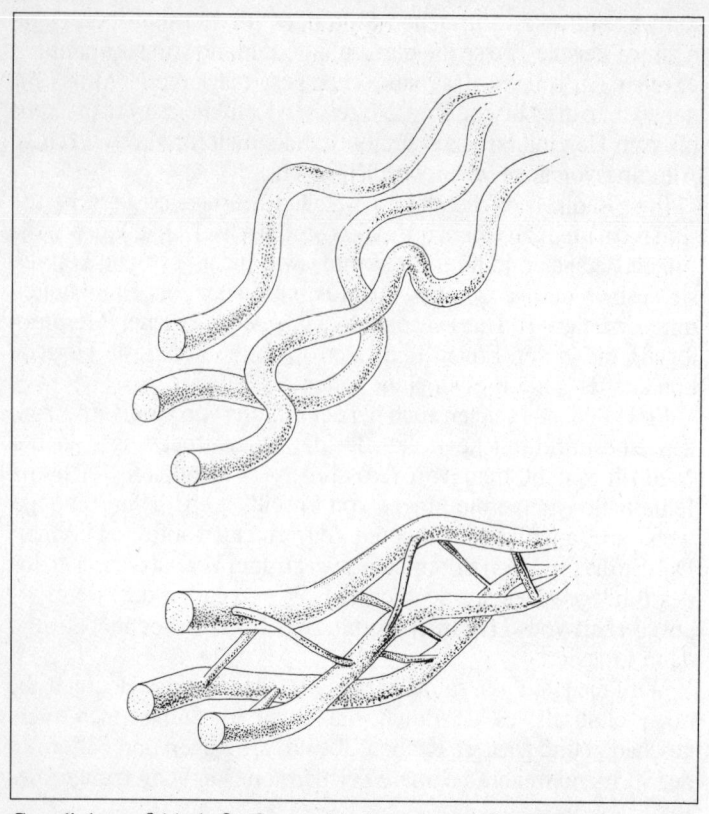

Crosslinkage: fehlerhafte Querverbindungen von Eiweißketten

nach der Bewegung in ihre ursprüngliche Spannung zurück. Verknüpft man jedoch zwei nebeneinanderliegende Harfensaiten miteinander, können sie nicht mehr so frei bewegt werden wie zuvor, sie verlieren weitgehend ihre Elastizität.

Je fehlerhafter unser Organismus im Alter arbeitet, um so mehr Quervernetzungen werden gebildet. Je weniger der Organismus aus mangelhafter Enzymaktivität in der Lage ist, diese Quervernetzungen aufzulösen, um so steifer, um so starrer und funktionsuntüchtiger wird nicht nur unser Bindegewebe. Auch Sehnen, Muskeln, Nervenfasern und Blutgefäße werden dadurch geschädigt.

Wir können uns bis zu einem gewissen Grad vor den Schäden durch Freie Radikale schützen. Indem wir zunächst einmal all das möglichst vermeiden, was zu ihrer Bildung führt. Die Liste ist lang und enthält einige Dinge, die den meisten Menschen lieb und teuer geworden sind, und auf die sie deshalb nicht gern verzichten. Sie nehmen vorzeitiges Altern und möglicherweise einen vorzeitigen Tod in Kauf.

Zu den fördernden Einflüssen auf die Bildung der Freien Radikalen und der Quervernetzungen zählen: Zu intensive und ungeschützte Sonneneinwirkung, bestimmte UV-Strahlen und radioaktive Strahlen, Nikotin, gesättigte, überhitzte oder dem

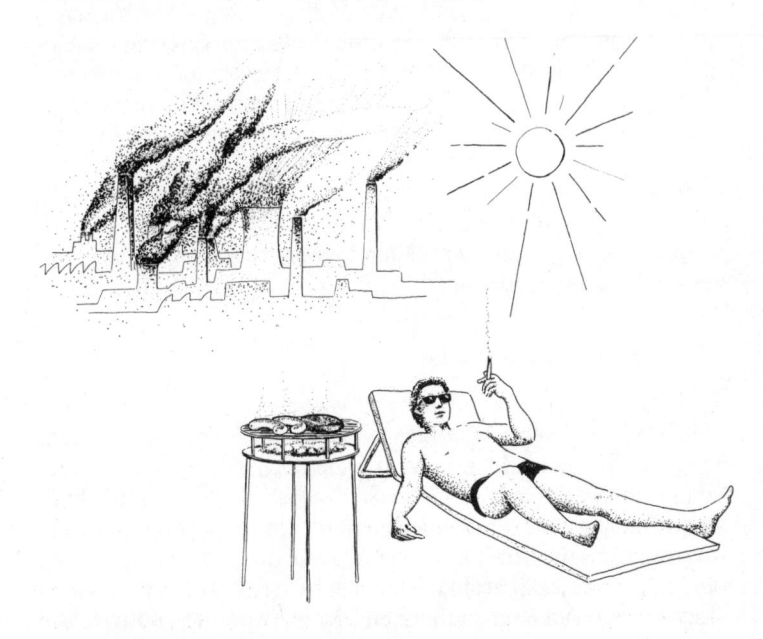

Die Einflüsse, die die Bildung freier Radikale und die Quervernetzungen fördern

Grillfeuer direkt ausgesetzte Fette, Industrie- und andere Abgase und zahlreiche weitere Schadstoffe, die wir einatmen, trinken oder essen.

Sinnvoll wären möglichst roh genossen giftfreie Gemüse und Früchte, täglich ein paar Karotten, etwas Paprikaschoten, Äpfel und so weiter. Fett sollte nur in Form ungesättigter Pflanzenöle oder von Fischöl Verwendung finden.

Die verheerende Wirkung der Freien Radikalen können wir auch mit sogenannten Radikalfängern eindämmen. Mit »Rostschutzmitteln«. Es sind Antioxidantien wie etwa die Vitamine E und C, das in geringsten Dosen wirksame Spurenmineral Selen oder enzymatische Radikalfänger wie das Enzym Superoxid-dismutase (SOD) und andere hydrolytische Enzyme.

Für die Auflösung – und auch Verhinderung – von quervernetzten Eiweißketten sind die proteolytischen Enzyme zuständig, die in den meist verwendeten Enzymgemischen enthalten sind. Sie tragen, über längere Zeit hinweg eingenommen, im höheren Alter zu einer größeren Elastizität der Gewebe und damit zu ihrer besseren Funktion bei. Jeder Bereich der Alterungsvorgänge kann natürlich nicht gebremst werden. Und die Enzymversorgung entbindet uns nicht von der Verpflichtung, alles zu tun, um möglichst wenig Stoffwechselfehler zu begehen und so dem vorzeitigen Altern vorzubeugen.

Macht bloß keinen Fehler

Es gibt seltsamerweise nur wenige Wissenschaftler, die sich ausschließlich mit dem Alterungsvorgang beschäftigen. Mit einem Vorgang, der jeden Menschen mit ziemlicher Sicherheit einmal erkranken läßt und mit absoluter Sicherheit zum Tode führt. Diese Gerontologen sind sich immerhin darin einig, daß wohl nur zwei Wege zur langfristigen Erhaltung der Gesundheit und Verlängerung der Lebenszeit denkbar sind: einmal der Eingriff in den genetischen Code und zum anderen die Senkung der Fehlerrate im Stoffwechsel des Menschen.

Kein Organismus arbeitet absolut fehlerlos. Denn in unserem

Körper befinden sich immer – jetzt bei Ihnen – auch etwa eine Milliarde Zellen im Umbau, teilen sich, sterben ab, werden erneuert. In jeder Sekunde entstehen auf diese Weise etwa 230 000 neue Zellen, das sind ungefähr 20 Milliarden pro Tag. Zu jeder einzelnen Zellumbildung sind wiederum Millionen ganz bestimmter einzelner biochemischer Schritte erforderlich, die nur durch die Anwesenheit exakt geformter Enzyme möglich sind und in einer kaum noch meßbaren Geschwindigkeit vollzogen werden müssen.

Natürlich kommt es dabei zu Fehlern. Sie werden in einem jungen und gesunden Organismus vom Immunsystem zuverlässig wieder berichtigt. Da diese Fehler jedoch im gesamten Organismus entstehen können, kommt es auch zu Fehlern im Immunsystem, dessen Aufgabe es ist, Fehler auszubügeln. Das bedeutet, daß im Laufe der Lebensjahre genau das System fehlerhaft wird, das zum Schutz und zur Reparatur und zur Gesunderhaltung da ist. Hier machen sich die Fehler also besonders gravierend bemerkbar.

Wir sollten deshalb so leben, wie wir es eigentlich immer schon vorhatten. Wie es unsere Vernunft längst fordert – und wie es die Mehrheit der Menschen leider nicht tut. Es wäre die einfachste, die billigste und wirksamste Altersbremse.

Doch wir vertrauen dem Reparaturdienst am geschädigten Organismus. Dieser Reparaturdienst kümmert sich besonders um zwei Schäden, die generell im Alter auftreten: die durch Durchblutungsstörungen und die durch Abwehrschwäche entstehenden Krankheiten. Das sind hauptsächlich die Herz- und Kreislauferkrankungen und die Krebserkrankungen, die Todesursachen für vier von fünf Bundesbürgern. Aber auch die typischen chronischen Krankheiten gehören dazu, die das Alter zur Bürde machen.

Die Durchblutungsstörungen im Alter entstehen durch die immer stärker nachlassende Plasminaktivierung. Ihr Nachlassen verhindert eine ausreichende Blutverflüssigung. Die Bildung der Blutklebstoffe bekommt die Überhand. Es geschieht all das, was im Kapitel über die Gefäße und die Rolle der Enzyme bei der Erhaltung des Blutfließgleichgewichtes beschrieben ist: Es kommt zur Blutgerinnung mit den Folgen der Verstopfung von Arterien und zur Sklerosierung, zur »Verkalkung«.

Was über die enzymatische Hilfe für Arterien und Venen gesagt wurde, gilt selbstverständlich erst recht bei jedem Menschen, der im höheren Alter sozusagen zwangsläufig von Durchblutungsstörungen bedroht wird.

Genauso gültig ist die Forderung, uns vor den Schäden durch das im höheren Alter nicht mehr so leistungsfähige Abwehrsystem zu schützen. Der bedeutendste Schaden ist die Entstehung eines von der zu schwachen Abwehr nicht mehr kontrollierbaren Tumors. Krebs im Alter gilt eigentlich als naturgegebener Zustand, wie auch eine Arteriosklerose im Alter als naturgegeben angesehen wird. Jeder in unserer zivilisierten Welt lebende Mensch bekommt »seinen« Krebs, wenn er nur alt genug wird, um ihn zu erleben.

Der Alterskrebs wird zumindest beim Menschen – nicht beim wildlebenden Tier – als unumgängliche Folge seiner nicht mehr artgerechten Daseinsweise hingenommen.

Die mit dem Altern verbundene Immunschwäche erklärt unsere zunehmende Anfälligkeit für Infektionskrankheiten. Dr. Fillit vom Mount Sinai Medical Center in New York spricht davon, daß jeder ältere Mensch sozusagen eine aidsähnliche Immunschwäche entwickelt.

Ein Grund für diese im Alter besonders deutlich werdende Immunschwäche liegt in der mehrfach erwähnten Schwächung der Makrophagentätigkeit. Die Makrophagen werden unter anderem nicht mehr so gut mit einem Mechanismus fertig, der sich ständig im Immunsystem abspielt. Es ist ein zwar faszinierender, aber nicht ganz ungefährlicher Vorgang.

Es geht, einmal simpel ausgedrückt, um die Alarmierung eines Aufpassers, der einen an einen Feind geketteten Aufpasser eliminieren soll. Der sich selbst an die beiden anheftet und nun wiederum als Störenfried gilt, entfernt werden muß und deshalb den nächsten Aufpasser anlockt. Es geht um eine Reaktion, die im Immunsystem nun einmal fest eingebaut ist und automatisch abläuft, ob es paßt oder nicht. Was stört, wird von Aufpassern entdeckt und festgehalten, um vernichtet zu werden.

Etwas immunologischer ausgedrückt heißt das: Beim Verbleib der aus feindlichem Antigen und körpereigenen Antikörpern entstandenen Immunkomplexe kommt es oft zur Bildung eines neuen Antikörpers, der gegen den Antikörper im Immunkomplex gerichtet ist, sich anheftet, die enzymatischen Killer anlockt und so den im Organismus nicht mehr erwünschten Immunkomplex aufzulösen sucht.

Dieser zweite Antikörper, der gegen den ersten Antikörper gerichtet ist, muß natürlich, um andocken zu können, die erforderlichen Zeichen besitzen, die den Zeichen des feindlichen Antigens entsprechen. Denn nur auf dieses Antigen ist ja der erste Antikörper spezialisiert. Er macht also das feindliche Antigen nach, man spricht von einem Antigen-Mimikri. Man nennt einen derartigen Anti-Antikörper auch einen Idiotyp.

Das soll nichts Negatives über dessen Intelligenzquotienten aussagen, der Begriff stammt aus dem Griechischen und bedeutet in etwa »Eigener Typ«.

Da dieser Idiotyp genau die äußeren Kennzeichen des Antigens aufweist, also so aussieht wie der Feind, stürzen sich natürlich nun auf diesen Idiotyp wiederum die für diese Kennzeichen speziell gebildeten Antikörper. Sogenannte Anti-Anti-Antikörper oder auch Anti-Idiotypen, die mit den Idiotypen wiederum Immunkomplexe bilden. Werden auch sie nicht aufgelöst – und das kann bei einem altersgeschwächten Immunsystem mit lahmgelegten Makrophagen schon öfter mal passieren – dann kommt es abermals zur Bildung von Antikörpern gegen diese Anti-Idiotypen. Und so weiter und so fort.

Die Reaktionskette geht immer weiter und kann das gesamte Immunsystem in ein Chaos stürzen und lähmen. Es kommt zur ungebremsten, unkontrollierten Komplementaktivierung am falschen Ort, es kommt zur übermäßigen Fibrinbildung, es kommt zu immunkomplexbedingten Erkrankungen, die identisch sind mit den als typisch bezeichneten Alterserkrankungen: es kommt zum vorzeitigen chronisch degenerativen Altern.

Die rechtzeitige Zerstörung und Entfernung dieser krankheitsauslösenden Immunkomplexe durch aktivierte Freßzellen und die dazu erforderlichen Enzyme ist deshalb der beste Weg, um die mit dem Altern verbundenen Vorgänge zu bremsen.

Nicht sterben, sondern nur aufhören zu leben

Wir haben es also selbst in der Hand. Niemand sonst. Wir sind verantwortlich dafür, ob wir durch eine gesündere Lebensweise und die jeweils erforderliche Zufuhr natürlicher Mittel unseren Organismus in die Lage versetzen, so lange wie nur möglich optimal zu funktionieren. Ob wir das in unseren Genen bereits vorgegebene eigentliche Lebensende erreichen.

Man nimmt an, daß unser Organismus darauf eingerichtet ist, etwa 115 Jahre lang zu leben, ehe das genetisch eingebaute Signal das Ende auslöst. Jeden Tod vor diesem Ziel kann man als ein vorzeitiges Ende bezeichnen. Daß viele der Menschen in grauer Vorzeit tatsächlich viel länger gelebt haben als wir heutzutage, davon zeugen noch die überlieferten Sagen, Mythen oder auch die Berichte aus dem Alten Testament.

In den indischen Geheimlehren, die in den Upanischaden des Veda niedergelegt wurden, heißt es, die natürliche Lebensdauer des Menschen sei 100 Jahre. Als der Philosoph Arthur Schopenhauer von einem Herrn Mayer in Weimar mit indischen Lehren vertraut gemacht wurde, erfaßten die in den Upanischaden verkündeten Erkenntnisse sein gesamtes Denken. So machte er sich auch die Ansicht zu eigen, daß wir eigentlich mindestens 100 Jahre lang leben sollten:

»Ich glaube mit Recht. Weil ich bemerkt habe, daß nur die, die das 90. Jahr überschritten haben, der Euthanasie teilhaftig werden, das heißt: ohne alle Krankheiten, auch ohne Apoplexie, ohne Zuckung, ohne Röcheln, ja bisweilen ohne zu erblassen, meistens sitzend, und zwar nach dem Essen, sterben oder vielleicht gar nicht sterben, sondern nur zu leben aufhören. In jedem früheren Alter stirbt man bloß an Krankheiten, also vorzeitig.« Schopenhauer starb mit 72.

18. KAPITEL

Zukunft: Heile Welt?

Es klingt wie eine Vision. Die Vision einer heilen Welt voller gesunder Menschen, die frei von chronischen Krankheiten bis in ein biblisches Alter hinein leben und dann ihr Leben rasch und leicht beenden.

Zehntausende hochqualifizierter Wissenschaftler sind in diesem Augenblick damit beschäftigt, diese heile Welt zu realisieren. Sie haben großartige Erfolge erzielt und wissen zumindest in der Theorie bereits recht gut, wie dieses gesunde und lange Leben zu erreichen wäre.

An diesem Ziel arbeiten besonders die Wissenschaftler, die sich dem jüngsten Zweig der Medizin widmen: der Immunologie. Denn für ein gesundes und langes Leben kann nur der Mensch selbst durch sein intaktes Abwehrsystem sorgen.

Das intakte Abwehrsystem, darüber sind sich die Immunologen einig, ist abhängig von der optimalen Versorgung mit den zu jedem Lebensvorgang erforderlichen Enzymen. Das bringt die Immunologen dazu, sich mehr und mehr den Fragen zuzuwenden, die in diesem Buch behandelt wurden. Noch sind längst nicht alle Fragen beantwortet, noch sind längst nicht alle Versuche angestellt, nicht alle Probleme gelöst, nicht alle Beweise geliefert, nicht alle Möglichkeiten ausgeschöpft.

Es gilt, die bereits heute sinnvoll einzusetzende Enzymtherapie weiterhin zu verbessern und abzusichern. Wir können erwarten, daß es in absehbarer Zukunft beispielsweise möglich sein wird, die Fibrinolyse zu perfektionieren, die entzündlichen Krankheiten unter Kontrolle zu bekommen und durch Immunstärkung viele Krebs- und Viruserkrankungen zu verhindern oder zumindest zum Stillstand zu bringen.

Eine durch die Gabe von hydrolytischen Enzymgemischen exakt gesteuerte Fibrinolyse wird dazu führen, daß nicht nur Thromben aufgelöst werden. Vielmehr wird bereits die Bildung von Thromben noch zuverlässiger unterbunden, als es heute möglich ist. Kleinste Ablagerungen in den Arterien werden sofort entfernt. Cholesterin- und Fettablagerungen an den Arterienwänden werden verhindert. Das gesamte Gefäßsystem und auch der Gewebszwischenraum wird von vornherein sauber gehalten.

Gewiß nicht allein durch einen konsequent genutzten Einsatz einer perfektionierten oralen Enzymtherapie. Denn es gehört ebenso die Umstellung auf eine gesunde Lebensweise – von der Ernährung über den Verzicht auf Nikotin und andere Gifte bis zur ausreichenden körperlichen Betätigung – und eine Verringerung der Umweltbelastung dazu. Voraussetzung ist außerdem, alle schützenden Maßnahmen bereits vorbeugend einzusetzen, zumindest im Frühstadium der Erkrankung.

Dann allerdings kommen wir einem Idealzustand ziemlich nahe: Die wichtigsten Gefäßerkrankungen würden verschwinden, wie die Arteriosklerose, die Venenentzündungen, die Thrombosen und Embolien sowie die koronare Herzerkrankung, die Durchblutungsstörungen des Gehirns, der Lungen, der Nieren, der Leber und andere Krankheiten auch.

Es gäbe dann keine senilen, geistig verwirrten, desorientierten, gehbehinderten oder nach wenigen Schritten schmerzgeplagt stehenbleibenden älteren Menschen mehr. Sie würden besser sehen und hören, wären körperlich und geistig frisch, beweglich, aktiv bis in das neunte Lebensjahrzehnt.

Die vollständige Verhinderung von Ablagerungen in den Gefäßen und im Gewebe durch die Nutzung der Enzyme würde eine gewaltige Verbesserung in der Lebensqualität und eine deutliche Verlängerung der Lebenszeit bedeuten. Es wäre ein Fortschritt in der Medizin, der sich mit der Entdeckung der Antibiotika vergleichen ließe.

Schon jetzt hat sie bewiesen, daß es möglich ist, stumpfe Verletzungen, Zerrungen schneller ausheilen zu lassen, Schmerzen zu verringern, Hämatome und Ödeme zu beseitigen. Sie hat schon bewiesen, daß sie die meisten chronisch entzündlichen Krankheiten günstig beeinflußt.

Wer sich mit der Erforschung der Enzymwirkung intensiv

beschäftigt, weiß, daß dies erst der Anfang ist. Die wirkliche Beherrschung der meisten chronisch entzündlichen Krankheiten durch einen weiterhin verbesserten Einsatz oraler Enzymgemische ist keine Utopie. Weil es noch besser als heute möglich sein wird, das Immunsystem auf diese Weise in seiner Funktion abzusichern. Mit dieser gesicherten Funktionsfähigkeit eines gesunden Immunsystems können die zahlreichen Krankheiten, die mit gestörten Abwehrmechanismen einhergehen, wirksam behandelt oder bereits in ihrer Entstehung weitgehend gehindert werden.

Das bedeutet Hilfe für Millionen leidender Menschen. Die frei sein würden von der rheumatischen Arthritis, den meisten immunologisch bedingten chronischen Nierenentzündungen, den chronisch fortschreitenden Entzündungen der Leber, der Bauchspeicheldrüse, des Darms (Morbus Crohn und Colitis ulcerosa), der Lunge, der Arterien (Vaskulitis), der Nervengewebe (Multiple Sklerose) und vielen anderen Krankheiten.

An eine Grenze aber stößt der Einsatz mit Enzymen doch: Was zerstört ist, kann nicht geheilt werden. Das wäre vielleicht eine Aufgabe der Gentechnologie. Wahrscheinlich wird die weitere Entschlüsselung des gentechnischen Codes tatsächlich einmal dazu führen, Defekte reparieren oder sogar Zerstörtes durch Neubildung ersetzen zu können.

Die Zukunft der Enzymtherapie ist eng verbunden mit der vollständigen Enträtselung des Immunsystems. Von dem wir zwar schon sehr viel wissen, das uns jedoch bei jeder neuen Erkenntnis offenbart, wie kompliziert seine inneren Abläufe sind.

Hier ergeben sich auch Verbindungen zur Genetik. Denn wir können anhand bestimmter Erbmerkmale vorhersagen, welche Menschen zu welchen Autoimmunkrankheiten neigen. Zum Ausbruch einer Autoimmunkrankheit kommt es bei den genetisch prädisponierten Menschen erst durch weitere auslösende Faktoren. Wird die Diagnostik so verbessert, daß wir die genetisch programmierte Neigung zu bestimmten Autoimmunkrankheiten rechtzeitig erkennen, könnten diese Menschen durch die vorbeugend eingesetzte Enzymtherapie vor der Krankheit geschützt werden.

Nur ein Beispiel von vielen für diese zu erwartende Hilfe ist der

Systemische Lupus erythematodes (SLE), eine sehr ernsthafte Autoimmunkrankheit, die das Gefäßbindegewebssystem betrifft und deren Behandlung für die Medizin bislang ein großes Problem darstellt. Sie bricht aus, wenn zur genetischen Prädisposition eine Infektion mit sogenannten Retroviren hinzu kommt. Dann entstehen Immunkomplexe und gegen Nukleinsäuren gerichtete Antikörper, die an bestimmten Stellen heftige Entzündungen und die zerstörende Komplementaktivierung auslösen, was zur vollen Ausbildung der SLE-Krankheit führt. Viele inneren Organe können davon betroffen sein, nicht nur die Gefäße und die Haut.

Im Tierversuch ist es gelungen, an SLE erkrankte Tiere durch den massiven Einsatz der Enzymtherapie zu heilen. Das gibt den Wissenschaftlern Grund zur Annahme, daß es bald möglich sein wird, beim Menschen auf ähnliche Weise diese ernste und problematische Erkrankung zu besiegen.

In diesem Zusammenhang stehen auch die Bemühungen in der Enzymforschung, mit Hilfe der Enzyme verstärkt gegen alle Krankheiten erfolgreich vorzugehen, die mit Viren oder Krebszellen verbunden sind. Die in den letzten Jahren explosionsartig erweiterten Kenntnisse über die Immunologie machen deutlich, daß die Lösung des Krebsproblems wohl nicht auf dem Gebiet der Chemotherapie oder Strahlentherapie zu finden sein wird, sondern auf dem Gebiet der Immuntherapie.

Die Zukunft der oralen Enzymtherapie hat bereits begonnen. Die Geschwindigkeit, in der das Wissen über die Möglichkeiten der Enzymtherapie anwächst, ist wirklich atemberaubend. Aber die Geschwindigkeit, in der dieses Wissen zur Gesundung von Millionen vielfach völlig unnötig leidender Menschen in die Praxis umgesetzt wird, ist dagegen erschreckend gering.

Das läßt diejenigen Wissenschaftler, Ärzte, Biochemiker und Pharmazeuten verzweifeln, die deutlich vor Augen haben, wie die zum Greifen nahe Hilfe aufgrund von Vorurteilen, Ignoranz oder von fehlendem Mut zum Umdenken nicht genügend genutzt wird. Politisch begründete Gesetze sind bisweilen wichtiger als die Förderung vernünftiger Gesundheitsmaßnahmen. Anscheinend zählt die Sorge um den kranken Menschen wenig, dem eigentlich zur Wiederherstellung und Erhaltung seiner Gesundheit viel besser geholfen werden könnte.

19. KAPITEL

Entwicklung: Das neue Wissen

So schnell kann es gehen: Wenige Monate nach dem Erscheinen dieses Buches über die Enzymtherapie wurde eine neue Auflage notwendig.

Nicht nur, weil die erste Auflage rasch vergriffen war, sondern auch aus einem anderen Grund: Die Entwicklung auf dem Gebiet der Enzymwissenschaft geht tatsächlich in einem Tempo voran, das Jahr für Jahr eine wesentliche Ergänzung erforderlich macht. Jede Veröffentlichung über dieses Thema birgt deshalb in sich die Gefahr der »Alterung«. Es geht denen, die sich mit der Anwendung der Enzyme beschäftigen, etwa so wie jenen, die sich mit der Anwendung von Computern beschäftigen. Was vor fünf oder gar zehn Jahren noch als der Höchststand des erreichbaren Wissens galt, hat heute fast musealen Wert.

Es liegt unter anderem daran, daß sich die pharmazeutische Forschung dank der sich überstürzenden neuen Erkenntnisse in der Immunologie konzentriert den biologischen Werkzeugen zuwendet, die das einwandfreie Funktionieren des Immunsystems erst ermöglichen. In dem von Pharmazeutikern als eine Art »Bibel« angesehenen amerikanischen Lehrbuch von Kirk und Othmer: »Pharmazeutische Chemie und biochemische Pharmazie« heißt es deshalb seitdem: »Für die nächste Zukunft sind wesentliche Entwicklungen in der Pharmazie und in der Substanztherapie eigentlich nur von den Enzymen zu erwarten.«

In Amerika hat man nunmehr zumindest einen grundlegenden Irrtum über das Wesen der Enzyme aus den Lehrbüchern eliminiert, der bei uns in den Lehrmeinungen mancher ehrwürdiger Professoren noch herumgeistert.

Es ist die Behauptung, derart große Moleküle, wie es viele der hydrolytischen Enzyme sind, die wir zur Vorbeugung und Behandlung zahlreicher Beschwerden einnehmen, könnten sich wegen ihrer Größe nicht durch die engen Darmzotten zwängen, in den Blut- und Lymphkreislauf dringen und somit im gesamten Organismus wirksam werden.

Weil das Denken anscheinend so viel leichter fällt als das Umdenken, hinken Korrekturen etablierter wissenschaftlicher Meinungen oft hinter den Erkenntnissen neuer wissenschaftlicher Meinungen her.

Nochmal von vorn

Noch etwas steht der systemischen Enzymtherapie im Wege, von der Medizin allgemein so anerkannt zu werden, wie sie es dank ihrer Wirksamkeit verdient hat: Das ist die Skepsis derjenigen Mediziner, die beispielsweise dieses kleine Buch durchblättern und schon anhand der Kapitelüberschriften urteilen, daß es sich hier um absoluten Unsinn handeln müsse: »Enzyme bei Multipler Sklerose, Rheuma, Entzündungen, Verletzungen, Krebs, Viruserkrankungen, Altersbeschwerden? Das sind doch die typischen Wundermittelchen, die angeblich alle Krankheiten dieser Welt heilen und nichts bewirken. Ich kann davor nur warnen.«

Statt zu warnen, wäre es vielleicht angebracht, nicht nur Kapitelüberschriften oder Kapitel über einzelne Krankheiten zu lesen. Auch viele Leser stürzen sich auf die paar Seiten im Buch, in denen etwas über die Krankheit zu lesen ist, an der sie aus beruflichem Interesse oder durch eigenes Schicksal gerade interessiert sind. Sie sind verwirrt, weil sie nicht recht begreifen, was eigentlich das Wesen der Enzyme ist und warum sie überall im Organismus wirken können.

Ihnen fehlt der Anfang des Buches: die lange Erzählung, was denn Enzyme sind. Sie erscheint dem so leicht zu ermüdenden Leser als Ballast, als überflüssiges Gerede von Dingen, die sie, so meinen sie, sowieso nicht richtig verstehen können und die auch unwichtig sind. Es wäre zu empfehlen, nochmal von vorn anzufangen und die ganze Erklärerei der Enzyme in sich aufzunehmen, die Voraussetzung für das rechte Verständnis dieser so ungewöhnlichen, bei fast allen Gesundheitsstörungen wirksam einsetzbaren Therapieform ist.

Auch wenn das nicht in das Bild paßt, das sich viele Mediziner von der Behandlung bestimmter Krankheiten mit Medikamenten gemacht haben, wonach gilt: Gegen jede bestimmte Krankheit muß man einen bestimmten Wirkstoff einsetzen, der nur dafür geschaffen ist. Man nennt das spezifische Therapie. Doch die Enzymtherapie ist nun mal eine unspezifische Therapie, weil die gleichen Wirksubstanzen gegen sehr viele Krankheiten eingesetzt werden.

Neue Medikamente, neue Beweise

Wer sich noch nicht zuvor mit den faszinierenden Eigenschaften der Enzyme beschäftigt hat, könnte natürlich auch Schwierigkeiten mit dem Verständnis der neuen Erkenntnisse haben.

Aber wir anderen – denn Sie gehören sicherlich dazu – können ermessen, was es bedeutet, wenn die Enzymgemische in einigen Bereichen verbessert und weitere Anwendungsgebiete durch wissenschaftliche Arbeiten gesichert wurden.

In der ganzen Welt laufen zur Zeit Tausende von klinischen Studien, in denen die neuen Erkenntnisse geprüft und abgesichert werden. Allein die bundesdeutsche Medizinische Enzymforschungsgesellschaft hat mehr als 125 derartiger Studien, Untersuchungen und Tests an Universitäten, Kliniken und Labors in Auftrag gegeben. Das erarbeitete und abgesicherte Wissen führt natürlich zu ständigen Veränderungen.

So ist es seit dem Erscheinen der ersten Auflage dieses Buches gelungen, eine Hürde bei der Anwendung der Enzymgemische niedriger zu halten. Denn die in jedem einzelnen Dragee befindlichen Enzyme wurden zweifach verändert. Erstens können nunmehr noch höherwertige pflanzliche Ausgangsstoffe mit einer dementsprechend noch höheren Enzymausbeute eingesetzt werden und zweitens können diese Enzyme durch aufwendige pharmazeutische Tricks noch stärker konzentriert in jedes Dragee verpackt werden.

Ein Ergebnis dieser Veränderung ist die weiterhin verbesserte Aufnahmemenge der aktivierten Enzyme in den Organismus.

Deshalb erzielt man mit den neuen Enzymgemischen (erkennbar an dem Buchstaben »N« hinter der Präparatbezeichnung, wie etwa »Wobenzym N«) bei der gleichen Dosis wie bisher eine noch höhere Wirksamkeit.

Man kann andererseits, wenn man beispielsweise die Enzyme zur Vorbeugung oder bei gewissen Erkrankungen – beispielsweise Durchblutungsstörungen – auf Dauer einnehmen möchte, die Langzeitdosis senken.

Noch bemerkenswerter ist wohl die Einführung eines neuen Enzymgemisches in die systemische Enzymtherapie. Man hat nämlich die beiden Enzyme, deren Hilfe bei allen Entzündungen am wirksamsten ist – nämlich Bromelain und Trypsin –, in doppelter Menge als beim Wobenzym in Filmtabletten verpackt und das gefäßabdichtende Rutosid hinzugesetzt.

Daraus entstand ein Enzympräparat, das als ein Spezialist bei allen akuten Entzündungen und besonders bei Verletzungen zu gelten hat.

Dieses sogenannte Phlogenzym ist nicht nur aufgrund der höheren Wirkstoffkonzentration pro Filmtablette und der somit geringeren Dosis etwas billiger. Es besitzt noch einen weiteren Vorteil: Da es nur über drei Wirkstoffe verfügt, werden die Kosten des Präparates nach dem unerforschlichen Ratschluß des Bundesgesundheitsamtes von den Krankenkassen ersetzt. Hier über den Sinn oder Unsinn der Entscheidungen deutscher Gesundheitsbeamter näher zu diskutieren, würde den Rahmen des Buches sprengen. Wer jemals damit zu tun hatte, kennt zudem die Qualität dieser Entscheidungen. Und wer nichts damit zu tun hatte, darf sich glücklich schätzen.

Halten wir fest: Es gibt ein von den Kassen anerkanntes Enzympräparat, das dank der Konzentration und erhöhten Aufnahme in den Organismus bereits mit wenigen Tabletten bei akuten Entzündungen und besonders bei Verletzungen eine ähnliche Wirksamkeit aufweist wie das seit 30 Jahren zuvor genutzte Wobenzym.

Dicker Knöchel und der Muskelkater

Die zahlreichen Untersuchungen und jahrelangen praktischen Erfahrungen auf dem Gebiet der Traumatologie, also der Wundbehandlung, lassen keinen Zweifel an der Überlegenheit der Enzymtherapie bei allen akuten Verletzungen.

Es sind besonders die Verletzungen, die nicht in den Statistiken erfaßt werden, weil sie so alltäglich sind und seufzend als Schicksal hingenommen werden. Man geht deswegen nicht einmal zum Arzt.

Das wohl bekannteste Beispiel: Wenn wir an der Bordsteinkante oder an einer Treppenstufe stolpern und mit dem Fuß umknicken, kommt es leicht zu einer Überdehnung der Sehnen und Bänder des Sprunggelenks, zum berühmten dicken Knöchel; oder wir stoßen uns an einer Schrankecke und wir haben eine Prellung; oder wir erleiden eine Zerrung.

Daß hier die Enzympräparate rasch helfen, die Schwellung und den Schmerz zu verringern und die Beweglichkeit eher herzustellen, hat sich immer wieder erwiesen und wurde in diesem Buch bereits geschildert: bewiesen durch die Behandlung von Menschen, die in diesen Fällen sofort ärztlich versorgt würden; von Berufs- und Leistungssportlern, weil es für sie natürlich besonders wichtig ist, möglichst bald wieder sportfähig zu sein.

Aber wirkt das neue Phlogenzym ebensogut? Die ersten Ergebnisse kontrollierter klinischer Studien zeigen, daß sich die Beschwerden nach Verletzungen, wie der Überdehnung der Sehnen und Bänder des Sprunggelenks – man spricht von einer Sprunggelenksdistorsion –, auch unter der Behandlung von Phlogenzym erheblich besserten. Gelenkschwellung, Gelenkerguß sowie die Beweglichkeit und die Schmerzen bei der Bewegung des Knöchels wurden positiv beeinflußt.

Ohne Phlogenzym waren verletzte Sportler im Durchschnitt sechs Tage lang arbeitsunfähig und konnten erst nach elf Tagen das Training wieder aufnehmen. Mit Phlogenzym versorgte verletzte Sportler waren dagegen nur vier Tage lang arbeitsunfähig und konnten bereits nach acht Tagen wieder trainieren. Und 80%

der Patienten bescheinigten dem Phlogenzym eine sehr gute bis gute Wirkung.

Das bestätigt die Erfahrungen, die Traumatologen bislang bereits mit dem Einsatz von Wobenzym gemacht haben. Es scheint sich sogar anzudeuten, daß Phlogenzym noch besser wirkt. Und es ist noch dazu von Vorteil, daß hier nicht 3 × 10 oder noch mehr Dragees als Stoßtherapie geschluckt werden müssen, sondern bereits 3 × 4 Filmtabletten den gleichen Effekt erzielen.

Außerdem zeigen die ersten Studien zum Einsatz von Phlogenzym bei Sportverletzungen, daß der Sportler, der vorsorglich diese Enzymtabletten eingenommen hat, weniger schwere Verletzungen der genannten Art erleidet als der Sportler ohne diesen Schutz.

Nur etwas mehr als 10% aller unfallbedingten Verletzungen passieren beim Sport. Das bedeutet: In etwa neun von zehn Fällen kommt es in ganz normalen alltäglichen Situationen zu diesen Prellungen, Zerrungen, Überdehnungen, zu jenen stumpfen Verletzungen, die nicht selten mit erheblichen Schmerzen und Beschwerden verbunden sind und uns wochenlang zu schaffen machen können. Da uns dies an jedem Tag wortwörtlich »zustoßen« kann, wäre es natürlich theoretisch sinnvoll, täglich mit 2 oder 3 Phlogenzymtabletten den möglichen Schaden einer Verletzung zu begrenzen. Aber dazu werden sich wohl nur wenige durchringen können. So bleibt nur der Rat an alle, die in den Urlaub fahren, zum Skilaufen, zum Bergwandern, zum Surfen oder einem anderen sportlichen Vergnügen, sich wenigstens während dieser Zeit mit Phlogenzym abzusichern.

Das gilt auch für alle körperlichen Tätigkeiten, nach denen es zum Muskelkater kommen kann. Nach ausgedehnter Fitneßgymnastik, tapfer absolvierten Trimmpfad-Runden oder den beliebten Volksläufen ist mit ziemlicher Sicherheit damit zu rechnen, daß man schmerzhaft Muskeln spürt, von deren Existenz man zuvor keine Ahnung hatte. Hier können Enzympräparate wie Phlogenzym vor dem Muskelkater eher bewahren. Viele Gewichtheber machen uns das vor, wenn sie vor dem Wettkampf und auch vor dem Trainingsbeginn 30 oder noch mehr Dragees Wobenzym schlucken. Sie beugen damit dem Verletzungsrisiko durch Muskelkater vor.

Verletzungsrisiko? Der Muskelkater ist tatsächlich eine Verletzung und nicht etwa eine Übersäuerung mit Milchsäure, wie man einmal angenommen hat. Durch die starke Beanspruchung bestimmter Muskeln entstehen vielmehr geringfügige Verletzungen von Muskelfasern. Im Zusammenhang damit kommt es zu Entzündungen im Muskelfasergewebe. Und, wie bei jeder akuten Entzündung und Verletzung, sind nun einmal die fibrinolytischen Enzyme in großer Menge und hoher Qualität zur Gesundung erforderlich.

Unser Organismus stellt die benötigten Enzyme nicht immer in genügender Quantität und Qualität und Schnelligkeit her, besonders nicht im höheren Alter, wenn unsere Enzymfabrikation leider immer häufiger Fehler macht.

Als Professor Dr. Ernst Raas, Innsbruck, sich mit dem Problem beschäftigte, dem Muskelkater der von ihm betreuten Sportler – unter anderem der alpinen Skimannschaft Österreichs – vorzubeugen, testete er diesen Effekt auch bei den Amateursportlern, etwa bei den Teilnehmern am sogenannten Karwendelmarsch, der dort alljährlich stattfindet. Die Teilnehmer sind zum Teil nicht trainiert oder haben falsch trainiert. So ist es kein Wunder, daß gerade bei diesen Läufern nach dem Sportereignis normalerweise hohe Kreatinkinase-Spiegel gemessen werden. Kreatinkinase ist ein Enzym, das bei der Ansammlung und Abgabe von Muskelenergie eine Rolle spielt und deshalb auch als Gradmesser von Muskelschäden wie dem Muskelkater herangezogen wird.

Eine Gruppe von Läufern erhielt das Enzymgemisch vor dem Karwendelmarsch, eine Kontrollgruppe blieb ohne vorherige Enzymzufuhr. Nach dem Lauf zeigte sich erwartungsgemäß bei der Kontrollgruppe ein extrem hoher Kreatinkinase-Spiegel, während die Werte bei den mit Enzym versorgten Läufern absolut normal blieben. Sie fühlten keine Beschwerden dieser Art. Also ein ziemlich einfacher Weg, sich vor diesen unangenehmen Muskelschmerzen zu schützen.

Au Backe, mein Zahn!

Als der Chefarzt am Neuen Evangelischen Krankenhaus Wien, der Kieferchirurg Prim. Univ.-Dozent Dr. Kurt Vinzenz, auf die Idee kam, spaßeshalber auch einmal an solch einem Volkslauf teilzunehmen, gab ihm ein Sportarzt den guten Rat, vor dem Lauf vorbeugend einige Enzymtabletten zu nehmen, um von dem sonst ziemlich sicher auftretenden Muskelkater verschont zu bleiben. Dr. Vinzenz war zwar nicht besonders überzeugt davon, nahm aber die Enzyme und stellte danach fest, daß er als untrainierter Teilnehmer tatsächlich von Muskelkater nahezu verschont blieb, während viele der gut trainierten Teilnehmer über erhebliche Beschwerden klagten.

Bald darauf machte Dr. Vinzenz bei einem Fußballspiel mit und erlitt bei der munteren Kickerei prompt einen starken Schlag gegen das Schienbein. Sofort kündigten sich Bluterguß, Schwellung und Schmerzen an. Diesmal riet ihm der Trainer des Fußballclubs, das gleiche Enzymgemisch in hoher Dosis einzunehmen. Der Bluterguß löste sich erstaunlich rasch auf, die Schwellung ging schnell zurück und die Schmerzen verschwanden.

Daraus schloß Dr. Vinzenz: Wenn man das Ausmaß der Verletzungsfolgen durch vorsorgliche Einnahme der Enzyme begrenzen und die Verletzungsfolgen durch die möglichst sofortige Einnahme der Enzyme rascher beseitigen kann, dann muß das doch auch bei den Verletzungen funktionieren, die er als Kieferchirurg absichtlich täglich dem Patienten bei der Extraktion von Weisheitszähnen oder bei Kieferoperationen zufügt. Denn jede Operation ist, wie wir schon in diesem Buch gesehen haben, eine vorsätzliche Körperverletzung.

Um seine Annahme zu prüfen, unternahm Dr. Vinzenz eine randomisierte Doppelblindstudie, an der 80 Patienten teilnahmen, die sich zahnchirurgischen Eingriffen unterziehen mußten. Etwa die Hälfte der Patienten erhielt das echte Enzymgemisch, während die anderen Patienten ein im Aussehen nicht davon zu unterscheidendes Scheinmedikament erhielten. Weder Arzt noch Patient wußten, ob die Enzyme oder das Plazebo verabreicht wurden. Nach dem Abschluß der Studie wurde der Codeschlüssel geöffnet und es stellte sich heraus, daß die mit Enzymen behandelten Patienten das Medikament im Mittel sehr gut vertrugen. Bei knapp 90% von ihnen wurde auch die Wirksamkeit als sehr gut und gut beurteilt. Alle Laborwerte, die auf entzündliche Prozesse hinweisen könnten, zeigten bei den Enzympatienten günstigere Werte. Signifikant waren auch die Besserung des Allgemeinzustandes, die Rückbildung der Schluckbeschwerden und der Lymphknotenschwellungen.

Die weiteren Untersuchungen und täglichen praktischen Erfahrungen führten Dr. Vinzenz zu der Erkenntnis, daß nach der operativen Entfernung eines Weisheitszahnes der Patient bereits nach zwei bis drei Tagen wieder beschwerdefrei essen kann, wenn er 48 Stunden vor dem Eingriff das Enzymgemisch in hoher Dosis eingenommen hat. Normalerweise würden die Beschwerden ohne den Enzymschutz erst nach zehn oder zwölf Tagen abklingen.

Der Enzymschutz senkt zudem die Gefahr einer bakteriellen Wundinfektion durch die im Mundbereich angesiedelten Keime. Eine Gefahr, die besonders bei manchen Herzpatienten (Endokarditis) zu lebensbedrohenden Folgen führen kann.

Die Befürchtung, durch den Einsatz solcher Enzyme könnte das Blutungsrisiko erhöht werden, die Blutung aus der Operationswunde im Kiefer könnte also möglicherweise schlecht zu stillen sein, hält Dr. Vinzenz für übertrieben. Denn bei einem guten Zahnchirurgen kommt es zu keiner Wundblutung, betont er.

Der Arzt, der mit dieser Auskunft nicht ganz zufriedengestellt ist, sollte vor jeder unter Enzymschutz geplanten Operation die sogenannte Prothrombinzeit, besser noch die Blutungszeit bestimmen und die Enyzme dementsprechend dosieren.

Wesentlicher als die mögliche Blutung aus verletzten Gefäßen ist jedoch die Sickerblutung. Damit ist der Austritt von Serum, im Blutplasma befindlichen Eiweißstoffen und Zellteilen aus dem Gewebe in den Gewebszwischenraum gemeint, der viel gefährlicher sein kann als eine Blutung aus den Gefäßen. Dieses Risiko der Sickerblutung wird durch die gewebeabdichtende Wirkung des Enzymgemisches sogar verringert. Der Chirurg muß also nach der vorbeugenden oder auch während der Operation erfolgenden Enzymgabe möglicherweise kleine zur Blutung neigende Gefäße versorgen, geht jedoch im Hinblick auf die Gefahren einer Sickerblutung dank der Enzyme ein geringeres Risisko ein.

Rheumaschmerzen lindern

Zahnschmerzen gehen fast immer bald vorbei, denn man kennt die Ursachen und kann etwas dagegen unternehmen. Aber wie ist es mit den Millionen Menschen, die Tag für Tag unter Rheumaschmerzen leiden? Man beginnt zwar, die Ursachen mancher der unzähligen zum rheumatischen Formenkreis gehörenden Krankheiten zu ergründen, aber das hilft den Patienten wenig, die jetzt – hier und heute – von ihren oft quälenden Beschwerden befreit werden möchten.

Ein Wundermittel, das sämtliche als »Rheuma« bezeichnete Krankheiten für immer beseitigt, gibt es nicht. Auch die als universell einsetzbare Alleskönner erscheinenden Enzymgemische sind kein Wundermittel dieser Art. Daß sie jedoch so viel an Hilfe bieten wie die meist eingesetzten Medikamente und noch dazu ohne die mit diesen üblichen Medikamenten verbundenen Nebenwirkungsrisiken sind, konnte in vielen weiteren Studien seit Erscheinen dieses Buches erhärtet werden.

Immer wieder bestätigte sich, wie sinnvoll der Einsatz der für die betroffene Patientengruppe geschaffenen Enzymgemische gerade bei der chronischen Polyarthritis ist. Man hat die Wirksamkeit mittlerweile aber auch bei anderen Krankheiten geprüft, die man unter der vagen Rubrik »Rheuma« einreiht.

Dazu zählt der sogenannte Morbus Bechterew – eine chronische Entzündung der Zwischenwirbelgelenke, die im Laufe der Zeit zu einer Krümmung und dann Versteifung der Wirbelsäule führen kann. Man weiß eigentlich nicht viel über die Entstehung dieser Entzündung, und die Behandlung ist dementsprechend schwierig.

Professor Dr. Klaus-Michael Goebel, Rheumaklinik Bad Endbach, hat festgestellt, daß fast die Hälfte aller an dieser chronischen Entzündung leidenden Bechterew-Patienten in ihrem Blut großmolekulare zirkulierende Immunkomplexe aufweisen. Da in der medizinischen Literatur beschrieben ist, daß Enzymgemische wie Wobenzym oder Mulsal entzündliche Prozesse positiv beeinflussen und zirkulierende krankheitserregende Immunkomplexe auflösen können, entschloß sich Professor Goebel, eine prospektive, randomisierte Langzeit-Doppelblindstudie durchzuführen: Von vierzig an Morbus Bechterew erkrankten Patienten erhielt die Hälfte Mulsal und ein Plazebo, die andere Hälfte das üblicherweise eingesetzte nichtsteroidale Antirheumatikum Indometacin und ein Plazebo. Nach vier Monaten zeigte sich, daß die mit Indometacin behandelten Patienten in den ersten Wochen deutlich rascher weniger Schmerz verspürten als die mit Mulsal behandelten Patienten. Doch dann wandelte sich das Bild. Das Indometacin verlor an Wirkung, die Schmerzen stiegen wieder an, während Mulsal nach und nach immer stärker als Indometacin den Schmerz bekämpfte und diese Abnahme des Schmerzes auch nach Absetzen der Behandlung längere Zeit anhielt.

Welche Parameter auch Professor Goebel prüfte, es stellte sich deutlich heraus, daß Mulsal zwar zunächst etwas langsamer als das Indometacin wirkte, dafür aber auf Dauer stärker und anhaltender. Im Laufe der Zeit besserte sich bei sechzehn Patienten der Mulsal-Gruppe die Beweglichkeit der Lendenwirbelsäule, in der Indometacin-Gruppe nur bei sieben. Mulsal bewirkte nach vier Wochen eine stetige Abnahme zirkulierender Immunkomplexe, in der Indometacin-Gruppe nahm die Menge der zirkulierenden Immunkomplexe dagegen in dem Maße zu, in dem sich der allgemeine Zustand dieser Patienten verschlechterte.

Daher der Ratschlag von Professor Goebel an seine Kollegen: In den ersten Wochen gemeinsam Mulsal und Indometacin geben, was den ungeduldigen und leidenden Patienten durch die rascher einsetzende Schmerzlinderung motiviert, weiterhin an der Einnahme der Medikamente festzuhalten. Und dann nur noch Mulsal geben, um die auf Dauer zu befürchtenden negativen Einflüsse von Indometacin zu vermeiden.

Zum Rheuma gehören nicht nur die rheumatischen Beschwerden, die Gelenke oder Knochen betreffen, es gibt leider auch eine große Zahl von Krankheitsbildern, bei denen Muskeln und anderes Gewebe von rheumatischen Entzündungen heimgesucht werden. Diese Krankheitsbilder werden unter dem Begriff Weichteilrheumatismus zusammengefaßt.

Der Weichteilrheumatismus ist für die Medizin ein ähnlich schwierig zu lösendes Problem wie es die Arthrosen und Arthritiden sind. Laboruntersuchungen bringen kaum Klarheit, die Symptome sind nicht immer eindeutig und die Behandlung der verschiedenen unter dem Sammelbegriff Weichteilrheumatismus auftretenden Beschwerden ist äußerst unbefriedigend und auf die Dauer meist durch Nebenwirkungen belastet, die bisweilen bedeutender werden können als die eigentlichen rheumatischen Symptome.

Das für den Patienten wichtigste Symptom ist der Schmerz. Natürlich empfinden sie auch die Schwellung der betroffenen Weichteile, die eingeschränkte Beweglichkeit, die Muskelsteifigkeit und den Muskelhartspann als störend. Doch der Schmerz, der bei Bewegungen und auch bei Ruhe gespürt wird, der manchmal ein ständiger Begleiter ist, der Tag und Nacht das Leben kaum erträglich macht, bleibt das Problem, das heute bei der leider nur symptomatischen Behandlung des Weichteilrheumatismus im Vordergrund steht.

Als der praktische Arzt Dr. Klaus Uffelmann, Gemünden, bei Patienten, die an Weichteilrheumatismus – vom Muskelrheumatismus bis zur Sehnenscheidenentzündung – litten, durch die Gabe eines Enzymgemisches deutliche Besserungen der Beschwerden feststellte, führte er eine Multizenterstudie durch, an der in 24 ärztlichen Praxen insgesamt 424 an Weichteilrheumatismus erkrankte Patienten einbezogen wurden.

Alle 424 Patienten waren zuvor ohne merklichen Erfolg mit den üblichen Medikamenten vorbehandelt. Die Hälfte der Patienten erhielt nun das Enzymgemisch Mulsal, die andere Hälfte dagegen ein gleich aussehendes Plazebo. Nach acht Wochen zeigte sich, daß bei den mit Mulsal versorgten Patienten signifikante Besserungen beim aktiven und passiven Bewegungsschmerz, beim morgendlichen Anlaufschmerz und beim Nachtschmerz eintraten. Der Druckschmerz verringerte sich, die Bewegungseinschränkung, die Weichteilschwellung und der Muskelhartspann verminderten sich ebenfalls.

Das Mulsal wurde ausgezeichnet vertragen und war damit auch in diesem Bereich den üblicherweise verordneten nichtsteroidalen Antirheumatika überlegen. Und, was sich bereits bei der Mulsaltherapie bei den anderen rheumatischen Erkrankungen andeutete, die positive Wirkung hielt auch nach dem Absetzen des Medikaments noch an.

Hilfe für die Frau

Es ist ein gutes Zeichen, wenn immer mehr Fachärzte aller Richtungen sich einer Therapie nähern, die eigentlich mit dem »Makel« behaftet ist, unspezifisch zu sein, überall und bei jedem Leiden zu wirken.

So haben sich auch immer mehr Gynäkologen mit den Möglichkeiten beschäftigt, durch alleinige oder zusätzliche Gabe der Enzymgemische bei verschiedenen Frauenkrankheiten eine Hilfe zu erreichen, die nach dem üblichen Schema nicht so gut erzielt werden kann.

Zu diesen Fachärzten zählt Professor Dittmar, Chefarzt der gynäkologisch-geburtshilflichen Abteilung am Kreiskrankenhaus Starnberg. Seit Jahren bereits setzt er bei Frauenleiden wie Adnexerkrankungen (Eileiter- und Eierstockentzündungen), Mastopathie (gutartige Veränderungen der weiblichen Brustdrüse), Malignome (bösartige Geschwülste) oder auch Endometriosis genitalis externa (gutartige genitale Schleimhautwucherungen außerhalb der Gebärmutter) die Enzymgemische erfolgreich ein. In den wissenschaftlichen Arbeiten, die Professor Dittmar zu diesem Thema veröffentlicht hat, beschreibt er beispielsweise die Behandlung von akuten, besonders aber subakuten und chronischen Adnexerkrankungen als oft schwierig und besonders langwierig. Die Patientinnen leiden unter Schmerzen, sind weniger belastbar und leistungsfähig, es kommt oft zu Vernarbungen, Verwachsungen, degenerativen Erscheinungen an den betroffenen Eierstökken, unangenehmem Fluor (Ausfluß), Störungen im Zyklus und nicht zuletzt der Gefahr von Unfruchtbarkeit.

Die zur Verfügung stehenden und üblicherweise eingesetzten Medikamente sind wegen ihrer gerade für Frauen im gebärfähigen Alter sehr problematischen Nebenwirkungen nur unter großen Vorbehalten und kurzfristig nutzbar. Wegen dieser Vorbehalte hat Professor Dittmar nach einer Alternative gesucht, die vom medizinischen Standpunkt aus vertretbar und für die Patientinnen zumutbarer ist. Er fand sie in Enzymgemischen wie etwa Wobenzym.

Gesichert wurde diese Annahme durch eine von Professor Dittmar durchgeführte klinische doppelblinde Vergleichsstudie, in die 56 Patientinnen mit Adnexitis aufgenommen wurden. Die Hälfte erhielt Wobenzym, die andere Hälfte ein Plazebo. In der Wobenzym-Gruppe kam es im Mittel zur vollständigen Besserung, bei der Plazebo-Gruppe blieb das Leiden im Mittel unverändert. Die Wirksamkeit von Wobenzym wurde im Mittel als sehr gut beurteilt, die Wirksamkeit des Plazebos im Mittel als gut bis mäßig.

Diese Behandlungsform ist mittlerweile an seiner Abteilung Standard. »Bereits bei der Akutbehandlung erhält die Patientin das Enzymgemisch Wobenzym, vielfach auch zur Vermeidung von Spätfolgen wie Sterilität und chronisch adhäsiven Entzündungen.« Eine unbedingt notwendige Antibiotikatherapie läßt sich dadurch natürlich nicht ersetzen.

Auch die aus Untersuchungen anderer Kliniken vorliegenden positiven Ergebnisse bei der enzymatischen Behandlung von Mastopathien kann Professor Dittmar bestätigen. Von der Mastopathie in Form gutartiger Veränderungen im Brustdrüsengewebe wird etwa die Hälfte aller Frauen im geschlechtsreifen Alter betroffen. Die Patientinnen spüren Beschwerden wie Ziehen oder Stechen, das in Richtung Achselregion ausstrahlt sowie Druckschmerz, Spannungsschmerz, Schwellung. Die Beschwerden verstärken sich oft vor der Periode. Eine wirksame Behandlung der

Mastopathie hat es lange Zeit nicht gegeben, ehe Ärzte wie Dr. Scheef von der Janker-Klinik in Bonn durch die Gabe von Enzymgemischen den meisten Frauen die Beschwerden und damit die verständliche Angst vor einem möglichen Brustkrebs nehmen konnten.

Um diese Erfahrungen zu überprüfen, wurden von Professor Dittmar bei einer Doppelblindstudie 48 Patientinnen, die an Mastopathie litten, mit dem Enzymgemisch behandelt, 48 Patienten mit einem Plazebo. Nach sechs Wochen blieben bei den Frauen in der Plazebo-Gruppe die Beschwerden unverändert bestehen, während sie sich in der Enzym-Gruppe deutlich besserten. Während sich in der Plazebo-Gruppe die Zahl und Größe der in dem Drüsengewebe festgestellten gutartigen Zysten nicht veränderten, kam es bei der Enzym-Gruppe zur Verkleinerung der Zysten.

Die große Sorge jeder Frau, bei der Gewebeveränderungen in der Brust festgestellt werden, ist natürlich die Sorge, an Brustkrebs erkrankt zu sein. Bessere Operationsmethoden mit auch kosmetisch besseren Ergebnissen sowie der überlegte Einsatz von Strahlentherapie und Chemotherapie hat dem Brustkrebs viel von der furchtbaren Bedrohung nehmen können. Die Wahrscheinlichkeit, an einer Herz- oder Kreislauferkrankung zu sterben, ist heute für eine Frau mehr als zwölfmal so hoch wie die Wahrscheinlichkeit, an Brustkrebs zu sterben. Es sterben mehr Frauen an Lungenentzündungen, Grippe, Asthma oder anderen Erkrankungen der Atemwege als an Brustkrebs.

Aber das ändert natürlich nichts daran, daß der Brustkrebs noch immer die häufigste Krebserkrankung der Frau und eine sehr ernsthafte Bedrohung darstellt. Bei der Behandlung des Krebsleidens sollte alles geschehen, um der Patientin ein möglichst langes, möglichst beschwerdefreies Leben zu bescheren mit einer möglichst geringen kosmetischen Beeinträchtigung.

Die operative Entfernung des Tumors ist die wichtigste Maßnahme. Hinzu kommen, entsprechend dem Tumorwachstum, die Strahlen- und die Chemotherapie. In den früheren Jahren kam es bei diesem Behandlungsschema zu nicht befriedigenden Resultaten. Nicht nur wurden zahlreiche Patientinnen durch unnötig radikale Totalamputationen verstümmelt, bei vielen Operationen wurde auch zu wenig darauf geachtet, die im Operationsgebiet befindlichen Krebsabsiedelungen an der weiteren Ausbreitung in den Organismus zu hindern. Nur eine äußerst sorgsame, die zu- und ableitenden Gefäße im Operationsgebiet abdichtende Operationstechnik kann dieses Hauptrisiko senken. Denn nicht der Tod durch den Tumor ist in der Regel zu befürchten, sondern der Tod durch die danach über Blut- und Lymphbahnen in den Organismus gelangenden Krebsabsiedelungen.

Das zweite Risiko betrifft das durch Strahlen- und Chemotherapie geschwächte Immunsystem. Für jeden operativ von der Tumorlast befreiten Krebspatienten ist es von ganz entscheidender Bedeutung, das körpereigene Abwehrsystem zu fördern und nicht zu schwächen. Denn dieses Abwehrsystem muß mit den im Organismus verbliebenen Krebszellen fertig werden, muß sie aufspüren, aufdecken, festhalten und auflösen. Die »Immunüberwachung« muß funktionieren.

Der Wiener Chirurg Dr. Ottokar von Rokitansky hat sich seit Jahren der Beherrschung dieser beiden Risiken bei der Behandlung von Brustkrebs gewidmet. Er verfügt deswegen nicht nur über eine ungewöhnlich große Erfahrung, er kann auch Resultate vorweisen, die anderen Ergebnissen bis jetzt noch deutlich überlegen sind. Es liegt nicht nur an der behutsamen und auf das absolut notwendige Ausmaß beschränkten Operationstechnik. Es liegt auch an der Sorge um die Erhaltung der körpereigenen Abwehrkraft.

Diese Sorge setzt schon ein bis zwei Wochen vor der geplanten Operation ein. Dr. von Rokitansky injiziert in den Tumor und in die Umgebung des Tumors täglich, manchmal sogar mehrmals täglich, das bei der Krebsbekämpfung geeignete Enzymgemisch (Wobe-Mugos) und verabreicht zusätzlich dieses Enzymgemisch in Form von Tabletten oder Mikroklistieren. Wenn immer es möglich ist, also beispielsweise keine Schwangerschaft bei der Patientin besteht, erhält die Patientin zusätzlich das »Antikrebs-Vitamin« A in hoher Dosis, also bis zu 200 000 i.E. täglich.

Nach der Operation nimmt die Patientin auf Jahre hinaus jeden Monat eine Woche lang das Enzymgemisch in Tablettenform. Der Nutzen dieser Nachsorge und auf welche Weise dieser Schutz die Chancen von Krebspatienten erhöht und in besserer Qualität zu leben, wurde im Kapitel über Krebs bereits beschrieben.

Die Resultate von Dr. von Rokitansky unterstreichen den Nutzen eindrucksvoll. Er legte eine Dokumentation vor über die Ergebnisse bei 305 wegen Brustkrebs operierter Patientinnen. Deren Schicksal wurde über zehn Jahre hinweg verfolgt.

Die Zehn-Jahres-Überlebensrate (bereits bei fünf Jahren Überlebenszeit spricht man medizinisch von »Heilung« des Krebses) bei Patientinnen mit Brustkrebs des Stadiums I betrug demnach rund 85%. Bei dem schwereren Stadium II betrug die Überlebensrate nach zehn Jahren immerhin noch über 75%. Wer die Vergleichszahlen anderer Kliniken kennt, kann ermessen, wie ermutigend diese Ergebnisse sind. Bei dem schwereren Stadium II handelte es sich schließlich um Patientinnen, bei denen fast jede Patientin bereits mehrere von abgesiedelten Krebszellen befallene Lymphknoten aufwiesen.

Wegen der großen Bedeutung für das weitere Wohlergehen operierter Brustkrebspatientinnen soll hier nochmals kurz auf eine typische und mit Recht gefürchtete Folge nach Brustoperationen eingegangen werden, auf das Lymphödem in der Achselregion. Es ist nicht gleichbedeutend mit einem Krebsbefall der Lymphgänge und Lymphknoten. Ein Lymphödem entsteht vielmehr bei manchen Brustkrebspatientinnen dadurch, daß im Zusammenhang mit der Gewebeschädigung während der Operation Bluteiweiß in die Gewebezwischenräume austritt, das von dem ebenfalls geschädigten unterbrochenen Lymphgefäßsystem nur ungenügend abtransportiert wird und sich staut. Es kommt zu einem Teufelskreis sich gegenseitig steigernder Störungen, deren spürbarstes Ergebnis die Schwellungen in der betroffenen Achselregion bis hin zum Schlüsselbein und Oberarm sind. Die Schwellungen können bretthart werden und sind bisweilen so unförmig, daß man von einer Elephantiasis spricht. Die Ödeme bereiten Beschwerden und schränken die Beweglichkeit des Armes immer mehr ein.

Es ist hier nicht der Ort, alle sinnvollen Maßnahmen zur Behandlung derartiger operationsbedingter Lymphödeme vorzustellen – das geht von Ernährungstips über Gymnastik bis zur manuellen Lymphdrainage –, hier soll vielmehr nochmals wiederholt werden, daß diese gefürchtete Folge einer Brustoperation in den meisten Fällen langfristig vermieden werden kann. In der unter Leitung von Dr. Dr. Wolfgang Scheef stehenden Janker-Klinik wurde festgestellt, daß nur bei 4,5% der operierten Brustkrebspatientinnen unter Enzymschutz (Wobenzym) innerhalb von zwei Jahren Lymphödeme auftraten, während ohne diesen Enzymschutz etwa 26% der operierten Brustkrebspatientinnen Lymphödeme erlitten.

Wenn Medizin uns schadet

Es geht manchmal nicht anders. Wir müssen uns einer medizinischen Maßnahme unterwerfen, von der Hilfe zu erwarten ist, aber eben leider auch ein Schaden. Das gilt, wie wir gesehen haben, für jede Operation und noch mehr für die oft aggressive Strahlentherapie und Chemotherapie.

In jeder onkologischen Klinik weiß man um die Schäden, die man damit dem Krebspatienten zufügt. Sie werden als unumgänglich akzeptiert. Selbstverständlich ist jeder verantwortungsbewußte Arzt bestrebt, durch apparative Verbesserungen und Begrenzung auf das absolut notwendige Minimum die strahlen- und chemotherapeutische Belastung so gering wie nur möglich zu halten.

Für Ärzte wie Dr. Michael Schedler, Homburg, der an einer Universitätsklinik vorwiegend mit der Nachsorge bei Krebspatienten betraut ist, deren Zustand bereits weit fortgeschritten ist und die erheblicher Belastung durch Strahlen und Chemotherapie ausgesetzt sind, hat sich die Frage gestellt, ob gerade in diesen schweren Fällen die systemische Enzymtherapie in der Lage ist, zu helfen: nicht nur durch eine Verbesserung des Allgemeinzustandes, durch eine Stärkung der körpereigenen Abwehr und damit auch einer Senkung des Metastasenrisikos, sondern auch durch eine Verringerung der durch aggressive Strahlen- oder Chemotherapie auftretenden Schäden. Er verabreichte den weit fortgeschrittenen Krebspatienten therapiebegleitend das Enzymgemisch Wobe-Mugos und zusätzlich Vitamin A in extrem hoher Dosis. Nach der Auswertung von 109 Fällen zeigte sich, daß bei diesen Patienten im Vergleich zu nicht nach diesem Schema versorgten Patienten die Nebenwirkungen der üblichen Strahlen- und Chemotherapie wesentlich geringer waren.

Ein Ergebnis fiel dabei besonders auf. Eines der wichtigsten chemotherapeutisch die Zellteilung hemmenden Mittel ist bei der Behandlung von Tumoren im Hals-Nasen-Ohrenbereich das Bleomycin. Die ausgezeichnete Wirksamkeit von Bleomycin kann jedoch nicht voll genutzt werden, da es die Lungen stark zu schädigen vermag. Bei der bislang als obere Grenze angesehenen Dosis kommt es mit einer Wahrscheinlichkeit von 15% zu einer Atmungsstörung, die lebensbedrohlich sein kann. Seit Dr. Schedler an der Universitätsklinik in Homburg bei jeder Behandlung mit Bleomycin zugleich Wobe-Mugos einsetzt, ist es in keinem einzigen Fall zu dieser Komplikation gekommen. Daraufhin wagte Dr. Schedler nach und nach die Dosis zu erhöhen. Mittlerweile konnte man die Dosis Bleomycin verdoppeln, ohne bisher wegen der gefürchteten Lungenschädigung zum Abbruch gezwungen zu werden.

Über die Begrenzung des Schadens bei strahlentherapeutisch behandelten Krebspatienten gibt eine Studie von Univ.-Dozent Dr. Friedrich Beaufort von der Universitätsklinik für Radiologie in Graz Auskunft. Die Strahlen zerstören schließlich auch das den Tumor umgebende gesunde Gewebe in unterschiedlichem Ausmaß. Als Folge des massiven Gewebezerfalls kommt es zu lokalen Entzündungen, zu Hautirritationen, im Bauchbereich auch zur Blasenschleimhautentzündung, zur Zystitis. Immer hinterläßt die Strahlentherapie am Ort der Einwirkung ein Schlachtfeld voller Zelltrümmer und aus den Gefäßen und Geweben ausgetretener Flüssigkeiten.

Dr. Beaufort prüfte in seiner Studie an 57 Patienten mit Krebs im Bauchbereich die Fähigkeit von Wobe-Mugos, dieses Schlachtfeld aufzuräumen und die Entzündung im betroffenen Gebiet günstig zu beeinflussen. Es kam bei den mit Enzymen behandelten Patienten zwar ebenso zu Nebenwirkungen der Strahlentherapie wie bei der nicht mit Enzymen behandelten Kontrollgruppe. Jedoch dauerten diese Beschwerden bei den nicht geschützten Patienten im Durchschnitt fast vier Wochen lang, während die Einnahme des Enzymgemisches bei den anderen Patienten die Beschwerden durchschnittlich bereits in weniger als 14 Tagen abklingen ließ. Die Reparatur der wegen der Aggressivität der hier eingesetzten Strahlentherapie auftretenden Schäden wurde also dank der Enzymzufuhr fast doppelt so schnell erreicht. Dieser Effekt ist für den mit Enzymen versorgten Krebspatienten sozusagen Zugabe zu der günstigen Beeinflussung des Metastasenverhaltens des Tumors und der unbedingt erforderlichen Stärkung der körpereigenen Abwehr.

Eine andere Begrenzung der durch medizinische Maßnahmen gesetzter Schäden ist der Austausch eines mit Nebenwirkungen behafteten Medikamentes gegen das ebenso wirksame, aber so gut wie nebenwirkungsfreie Enzymgemisch.

Dieser sinnvolle Austausch wurde mittlerweile besonders bei zwei Erkrankungen auch wissenschaftlich begründet: nämlich der Austausch von oral eingenommenem Gold gegen das Enzymgemisch Mulsal bei chronischer Polyarthritis und der Austausch von dem bislang als wirkungsvollstes Medikament angesehenen Aciclovir gegen das Enzymgemisch Wobe-Mugos bei der Gürtelrose, also Herpes zoster. In beiden Fällen hat sich erwiesen, daß die Enzyme vergleichbare positive Wirkungen, aber so gut wie keine negativen Wirkungen erzielen, mit denen bei den anderen Medikamenten zu rechnen ist.

Die ersten Ergebnisse einer unter Leitung von Dr. Michael-W. Kleine, Planegg, durchgeführten sogenannten randomisierten, kontrollierten und doppelblind angelegten Multizenterstudie beweisen anhand der Auswertung von insgesamt 96 Zosterbehandlungen diese Aussage. Die Linderung der Schmerzen, die Verkrustung und Abheilung der Bläschen erfolgte in beiden Gruppen in gleicher Weise und Zeit. Hier zeigte sich kein Unterschied zwischen Enzymgabe und Aciclovir. Aber die Enzymgabe blieb so gut wie frei von Nebenwirkungen. Über die möglichen Nebenwirkungen von Aciclovir ist jeder Arzt informiert. In letzter Zeit mehren sich Meldungen besonders über Nierenstörungen durch Aciclovir.

Bei der Beschreibung der gegen Viren gerichteten Wirkung der Enzyme wurde bereits erwähnt, daß sich diese Art der Enzyme als ein zumindest bremsender Faktor bei der zu Aids führenden HIV-Erkrankung anbietet.

Aids? Wirklich Aids?

Es ist verständlich, wenn Ärzte mit Skepsis reagieren, sobald von einem neuen Behandlungskonzept bei HIV-Erkrankungen berichtet wird. Zu viele Hoffnungen haben sich bereits zerschlagen, zu viele Erfolgsmeldungen stellten sich zumindest als verfrüht heraus, zu viele Glücksritter versuchten, aus der Not der Erkrankten ein schnelles Vermögen zu machen.

Um das bisher über die Enzymbehandlung HIV-positiver Menschen vorgelegte Material nochmals zu begründen, sei hier in abgekürzter Form eine Fachveröffentlichung von Dr. Hans Jäger, München, zitiert. Er ist einer der erfahrensten Ärzte auf dem Gebiet der Aidsbehandlung, zugleich Leiter des Kuratoriums für Immunschwäche.

Wer in diesem Buch die Erklärungen über zirkulierende Immunkomplexe und die Virusbekämpfung gelesen hat, wird sicherlich verstehen, was Dr. Jäger darlegt. Es wurden deshalb nur wenige der Fachausdrücke in allgemeine Laienausdrücke übersetzt.

So bestätigt Dr. Jäger die bisher vorliegenden Erkenntnisse: »In der Krankheitsentstehung der HIV-Erkrankung gibt es zunehmend Hinweise auf eine Beteiligung von Autoimmunvorgängen bei der Zerstörung des Immunsystems. Es werden u. a. verschiedene Autoantikörper und erhöhte Spiegel an zirkulierenden Immunkomplexen (CIC) gefunden. CIC-Spiegel bei HIV-Infizierten stehen in Beziehung zum Verlauf der Erkrankung. Sie können über komplementvermittelte Zellauflösung eine Rolle bei der

Entwicklung der Immunschwäche spielen. Hydrolytische Enzyme sind in der Lage, zellgebundene Immunkomplexe zu mobilisieren und zirkulierende Immunkomplexe direkt über oder über eine Makrophagenaktivierung zu eliminieren. Resultate erster Pilotstudien mit Patienten im Frühstadium (WR 1–5) zeigten gute Verträglichkeit der Enzymtherapie, eine Verbesserung des Körpergewichtes und der Leistungsfähigkeit der Patienten bei unveränderten Zahlen der T-Helferzellen sowie eine Verringerung in der Anzahl HIV-typischer klinischer Symptome.

Die Kontrolluntersuchungen nach einem therapiefreien Intervall von einem Monat ergab bei den meisten Parametern wieder eine Verschlechterung. Darüber hinaus wurde von einzelnen Patienten unter Therapie über deutliche subjektive Verbesserungen berichtet. Die Enzymtherapie selbst wurde gut vertragen, es kam nur zu wenigen reversiblen Nebenwirkungen, u. a. Störungen im Magen-Darmbereich.

Eine weitere Pilotstudie in Frankfurt mit fünfzehn Patienten im Stadium LAG/ARC läuft bereits über zwei Jahre. Fünf dieser Patienten sind unter ausschließlicher Enzymtherapie praktisch symptomfrei, während bei den restlichen zehn Patienten eine zusätzliche, antivirale Therapie notwendig wurde.

Weitergehende zum Teil multizentrische Studien sind geplant, bzw. angelaufen, wie z. B. in New York (HIV-Infizierte mit mehr als 500 Helferzellen) oder Berlin (HIV-Infizierte mit klassischer Symptomatik). In klinisch fortgeschrittenen Stadien oder bei deutlicher Abschwächung der Immunfunktionen kann eine Monotherapie mit hydrolytischen Enzymen nicht empfohlen werden. Hier sollte an eine Kombination mit antiviral wirksamen Substanzen in unterstützender Form gedacht werden.«

Damit scheint sich zu bestätigen, daß die Enzymtherapie mit ihrer Fähigkeit zur Mobilisierung zellgebundener Immunkomplexe und der Auflösung der damit wieder in den Gefäßen zirkulierenden Immunkomplexe und anderer Mechanismen in der Lage ist, in den Vorstadien vor dem Ausbruch der eigentlichen Aids-Erkrankung wertvolle Dienste zu leisten.

Wir müssen abwarten, wo und wie stark die Enyzmtherapie bei

der Eindämmung der drohenden Aids-Epidemie insgesamt eingreifen kann. Die Wissenschaft hat sich dieser Möglichkeit nicht länger verschlossen und man arbeitet auch in Amerika an der Umsetzung dieser Möglichkeit in die Praxis.

Ein Wirkprinzip spielt bei den neuesten wissenschaftlichen Arbeiten auf dem Gebiet der Enzymtherapie eine immer größere Rolle, nämlich die Wirkung der hydrolytischen Enzymgemische auf sogenannte Adhäsionsmoleküle. Das sind Angeln, Fangarme oder Saugrüssel, die anscheinend von allen Zellen nach außen gedrückt und dazu benutzt werden, um sich an andere Zellen mit gleichartigen Saugrüsseln anzuheften. Auf diese Weise kann ein großer Zellverband gleicher Zellen eine feste Einheit bilden. So zerfallen beispielsweise die Organe nicht in einen losen Zellbrei.

Krebszellen schaffen es, die Saugrüssel für bestimmte Organe nachzuahmen und sich so an die Zellen bestimmter Organe zu heften. Die Enzyme können anscheinend zwischen echten Saugrüsseln und den Nachahmungen der Krebszellen unterscheiden und die aus Eiweiß bestehenden falschen Saugrüssel unschädlich machen. Das sind für jeden Wissenschaftler faszinierende Gedanken, denen zur Zeit mit aller Kraft und dem Einsatz von bedeutenden Investitionen gefolgt wird.

Damit wird bestätigt: Auch diese neue Ausgabe des Enzymbuches kann nicht das endgültige Wissen darstellen. Nichts ist beständiger als der Wandel.

Erklärung fachmedizinischer Ausdrücke

Anämie Blutarmut: gemeinsame Bezeichnung für Krankheiten, die auf einer Verminderung des Farbstoffes der roten Blutkörperchen und meist auch der Blutkörperchen selbst beruhen

Antikoagulantien die Blutgerinnung hemmende oder verzögernde Mittel

Arteriosklerose Arterienverkalkung: häufigste Arterienerkrankung durch fortschreitende Entartung arterieller Blutgefäße mit Veränderung (Verhärtung) der Gefäßwand

Bechterew siehe Morbus Bechterew

Circulus vitiosus Teufelskreis, bei dem sich mehrere Störungen gegenseitig ungünstig beeinflussen

Colitis ulcerosa chronische Schleimhautentzündung des Dickdarms mit geschwürigen Zerstörungen der Darmwand

Doppelblindstudie Wirkungsprüfung eines Mittels, wobei weder die Versuchsperson noch der Arzt und der Versuchshelfer erfahren, ob das verabreichte Mittel echt oder ein Plazebo (Scheinpräparat) ist

Embolie plötzlicher Verschluß eines Blutgefäßes durch einen Blutpfropf

Exsudat Flüssigkeit, die bei einer Entzündung aus betroffenen Gefäßen austreten kann

Fibrinolyse durch eiweißspaltende Enzyme erfolgende Auflösung des zur Blutgerinnung gebildeten Blutfaserstoffes Fibrin

Hämodialyse Blutwäsche: künstliche, die Nierenfunktion ersetzende Entfernung von Stoffwechselschlacken und Giften, meist über die »künstliche Niere«

Hämophilie	Bluterkrankheit: erblicher, genetischer Schaden, der zur Hemmung der Blutgerinnung führt
Immunkomplex	Verbindung von körperfeindlichen Antigenen mit den zur Abwehr dieser Antigene gebildeten Antikörpern, die bei fehlender Auflösung krankheitserregende Reaktionen hervorrufen kann
Immunsuppressiva	Medikamente zur künstlichen Unterdrückung der natürlichen Abwehrkräfte des Organismus
infundieren	Zufuhr von Flüssigkeiten, meist durch die Venen, in den Organismus
Klonen	Vermehrung genetisch einheitlicher Nachkommen einer Mutterzelle
Lungenfibrose	krankhafte Bindegewebsvermehrung in der Lunge, die zur Einschränkung der Organfunktion führt
Lupus erythematodes	durch nicht aufgelöste Immunkomplexe entstandene Gefäßentzündung, die besonders zu Veränderungen der Haut, aber auch von Gelenken und inneren Organen führt
Lymphödem	Ansammlung von Gewebsflüssigkeit, die aus chronisch gestörten und dadurch gestauten und entzündeten Lymphgefäßen austritt
Lymphopherese	künstliche Ableitung (Dränage) über den Hauptlymphstamm des Körpers (Brustmilchgang oder Ductus thoracicus), die unter anderem den Entzug von Lymphozyten ermöglicht
Morbus Bechterew	chronische, entzündliche, immunkomplexbedingte Krankheit der Wirbelsäulengelenke, der Bandscheiben und wirbelsäulennahen Gelenke

Morbus Crohn	meist schubweise chronisch verlaufende Entzündung des Dünndarms als Folge immunkomplexbedingter Lymphstauung
multizentrische Studie	Studie, die zur Klärung des gleichen Sachverhaltes gleichzeitig in mehreren Arztpraxen und/oder Kliniken durchgeführt wird
Mutation	sprunghafte Änderung der Struktur und Wirkung eines oder mehrerer Erbfaktoren, die danach bestehen bleibt
oral	durch den Mund, hier im Sinne der Einnahme von Medikamenten
Pankreatitis	akute oder chronische Entzündung der Bauchspeicheldrüse
Phlebitis	Entzündung eines Venengefäßes mit unterschiedlicher Beteiligung der Gefäßwand
Photosynthese	die Herstellung energiereicher Verbindungen durch Umsetzung von Licht in chemische Energie
Plasmapherese	nach Blutentnahme erfolgende Abtrennung des flüssigen Plasmas von den festen Bestandteilen des Blutes, die dann mit Fremdplasma oder Kochsalz wieder in den Blutkreislauf gebracht werden
Rebound-Effekt	überschießende Produktion und Ausschüttung bestimmter körpereigener Stoffe (z. B. Hormone) nach Beendigung einer Unterdrückung der Funktion dieser Stoffe
SLE	systemischer Lupus erythematodes, siehe Lupus erythematodes
systemisch	die systemische Wirkung ist die ein Organsystem oder auch den Gesamtorganismus betreffende Wirkung

Thrombose	teilweiser oder völliger Verschluß eines Blutgefäßes durch einen ortsständigen Blutpfropf (Thrombus)
Thrombozytenaggregation	in zwei Phasen ablaufende Zusammenballung der Blutplättchen (Thrombozyten), die bei der Blutgerinnung und auch der Bildung von Thromben eine wichtige Rolle spielt
Thrombozytenaktivierung	die Thrombozytenaktivierung erfolgt durch einen von der aktivierten Zelle dafür abgegebenen Faktor, der die Blutplättchen zur Abgabe von bestimmten Eiweißen und zum Teil auch zur Zusammenballung (Thrombozytenaggregation) veranlaßt
Toxoplasmose	durch meist von Tieren auf Menschen übertragene Parasiten verursachte angeborene oder erworbene Infektionskrankheit
Traumatologie	die Lehre von der Entstehung, Verhütung und Behandlung von Verletzungen
Vaskulitis	allgemeine Bezeichnung für Gefäßentzündung jeder Art

Literatur

BARTSCH, W.: Zur Therapie des Zoster mit proteolytischen Enzymen. Der informierte Arzt *2* (1974) – Separatum

DITTMAR, F. W.: Enzymtherapie bei entzündlichen Adnex-Erkrankungen. Die Medizinische Welt *37* (1986) 562–565

GUGGENBICHLER, J. P.: Einfluß hydrolytischer Enzyme auf Thrombusbildung und Thrombolyse. Die Medizinische Welt *39* (1988) 277–280

HISS, W. F.: Enzyme in der Sport- und Unfallmedizin. Zeitschrift für Naturheilmethoden *1* (1979) Heft 2

HÖRGER, I., MORO V., VAN SCHAIK W.: Zirkulierende Immunkomplexe bei Polyarthritispatienten. Natur- und Ganzheits-Medizin *1* (1988) 117–122

V. KAMEKE, E.: Die Entzündung und ihre Kausaltherapie mit hydrolytischen Enzymen und Rutin. Forum des Praktischen- u. Allgemeinarztes 1981, Heft 9

V. KAMEKE, E.: Enzym-Kaskaden im Blutplasma – wie kann man sie therapeutisch nutzen? Erfahrungsheilkunde 1980, Heft 7

KLEIN, G., SCHWANN, H., KULLICH, W.: Enzym-Therapie bei chronischer Polyarthritis. Natur- und GanzheitsMedizin *1* (1988) 112–116

KLEINE, M.-W.: Therapie des Herpes zoster mit proteolytische Enzymen. Therapiewoche *37* (1987) 1108–1112

KLEINE, M.-W., PABST, H.: Die Wirkung einer oralen Enzymtherapie auf experimentell erzeugte Hämatome. Forum des Praktischen- und Allgemeinarztes *27* (1988), Heft 2

MAEHDER, K.: Enzymtherapie venöser Gefäßerkrankungen. Die Arztpraxis 1978, Heft 2

MAHR, H.: Zur Enzymtherapie entzündlicher Venenerkrankungen, der tiefen Beinvenenthrombose und des postthrombotischen Syndroms. Erfahrungsheilkunde *32* (1983) 117–121

MIEHLKE, K.: Enzymtherapie bei rheumatoider Arthritis. Natur- und Ganzheits-Medizin *1* (1988) 108–111

MÖRL, H.: Behandlung des postthrombotischen Syndroms mit einem Enzymgemisch. Therapiewoche *36* (1986) 2443–2446

NEUHOFER, CH.: Enzymtherapie bei Multipler Sklerose. Hufeland Journal *2* (1986) 47–50

RANSBERGER, K.: Die Enzymtherapie des Krebses, die heilkunst *102* (1989) 22–34

RANSBERGER, K., VAN SCHAIK, W., POLLINGER, W., STAUDER, G.: Naturheilkundliche Therapie von AIDS mit Enzympräparaten. Forum des Praktischen- und Allgemeinarztes *27* (1988), Heft 4

REINBOLD, H., MAEHDER, K.: Die biologische Alternative in der Therapie entzündlich-rheumatischer Erkrankungen. Zeitschrift für Allgemeinmedizin *57* (1981) 2397-2402

SCHEEF, W.: Enzymtherapie. Lehrbuch der Naturheilverfahren Bd. II, S. 95-103 (Hrsg. K.-Ch. Schimmel), Hippokrates-Verlag 1987

SCHEEF, W., PISCHNAMAZADEH, M.: Proteolytische Enzyme als einfache und sichere Methode zur Verhütung des Lymphödems nach Ablatio mammae. Die Medizinische Welt *35* (1984) 1032-1033

SCHEEF, W.: Gutartige Veränderungen der weiblichen Brust. Therapiewoche *35* (1985) 5909-5912

SCHLEICHER, P.: Immunkomplexe und Autoaggression. Natur- und Ganzheits-Medizin *1* (1988) 103-107

STAUDER, G., STREICHHAN, P., STEFFEN, C.: Enzymtherapie - eine Bestandsaufnahme. Natur- und GanzheitsMedizin *1* (1988) 68-89

STEFFEN, C., MENZEL, J.: Enzymabbau von Immunkomplexen. Zeitschrift für Rheumatologie *42* (1983) 249-255

STEFFEN, C., MENZEL, J.: Grundlagenuntersuchung zur Enzymtherapie bei Immunkomplexkrankheiten. Wiener klinische Wochenschrift *97* (1985), Heft 8

STEFFEN, C., MENZEL, J.: In-Vivo-Abbau von Immunkomplexen in der Niere durch oral applizierte Enzyme. Wiener klinische Wochenschrift *99* (1987), Heft 15

STOJANOW, G.: Metastasierungsvorgang, Metastasenprophylaxe und Tumorbehandlung mit Enzymen aus der Sicht des Gynäkologen. Österreichische Zeitschrift für Erforschung und Bekämpfung der Krebskrankheit *25* (1970), Heft 5

STREICHHAN, P., POLLINGER, W., VAN SCHAIK, W., VOGLER, W.: Zur intestinalen Resorption oral applizierter Enzymtherapeutika, insbesondere Wobenzym®. Zeitschrift für Allgemeinmedizin *65* (1989) 716-722

TW MAGAZIN: Systemische Enzymtherapie - Aktueller Stand und Fortschritte. Therapiewoche *37* (1987), Heft 7

TW MAGAZIN: Fortschritte in der Krebsbekämpfung. Therapiewoche *38* (1988), Heft 31/32

VOGLER, W.: Enzymtherapie bei Weichteilrheumatismus. Natur- und GanzheitsMedizin *1* (1988) 123-125

WOLF, M., RANSBERGER, K.: Enzymtherapie. Wilhelm Maudrich Verlag, Wien, 1970

WRBA, H.: Krebstherapie mit proteolytischen Enzymen. Kombinierte Tumortherapie, S. 131-145 (Hrsg. H. Wrba), Hippokrates-Verlag 1990

Register

A

Abwehrkraft 102-117
- körpereigene 102 f., 179
Abwehrschwäche 196, 213
Acetylsalicylsäure 37
Adhäsionsmolekül 244
Adnexitis (Eileiterentzündung) 146
Aids 102, 200, 202 ff., 242 ff
- Vorstufen 203
Aidsvirus HIV 201
Alchemie, Begriff der 16
Allergie 138
Altern 101
- vorzeitiges 211
Alters
-erkrankungen 72
-forscher (Gerontologe) 209
-krebs 214
Alterungs
-prozeß 205-216
-vorgang 209
Aminosäure 12, 25, 37, 49
Analytik, enzymverbundene 56
Anämie, perniziöse 30
Angina 61
Antibiotika 38, 55, 93, 184
Antigen 109, 114
-Mimikri 215
Antikörper 105, 109, 114
Antirheumatika 132
Arteriosklerose 36, 165, 214, 218
Arthrose 134, 233
Arthritis 146, 233
- rheumatische 219
Aspirin 37
Autoaggression 111 ff., 145, 165
Autoimmunkrankheit 113, 116, 120, 219 f.
Avitaminose Beriberi 30

B

Bakterien 106, 138
- eiweißproduzierende 79
- gentechnologische Beeinflussung 12
- immunisierende 79
Baltimore, amerikanischer Krebsforscher 193
Bänderriß 153
Bartsch, Dr. W. 199 f.
Basistherapeutikum 130, 132 f.
- Gold 131
- Penicillamin 130 f.
Bauchspeicheldrüse 64, 66, 71, 98 f., 112, 173
Bauchspeicheldrüsen
-entzündung 219
-saft 75, 174
Bauer, K. H. 177
Beard, John, britischer Embryologe 75, 173-176
Beauford, Friedrich 240
Bechterew-Krankheit 113
Befruchtung, künstliche 19
Benitez, Helen 81, 88, 90, 93, 98, 123, 176
Berzelius, Jöns Jacob Freiherr von 20
Bestrahlung s. a. Strahlentherapie 189
Bierhefe 70
Bindegewebe 209
Bio
-chemie 22-38, 53, 100
-industrie 43 f., 46 f.
-katalysator 21
-luminiszenz 41 f., 49 f., 68
-synthese 29
Biotechnologie 42 f., 46 ff., 53
- vier Entwicklungsstufen der 43
Blinddarmentzündung 137
Bluter 92
Bluterguß 149
Blutfließgleichgewicht 14, 59, 92, 155, 159 f., 168
Blutgefäße 158
- Erweiterung der 36
- Verengung der 36
Blut
-gerinnung 31, 36, 62, 92, 138
-gerinnungsstörungen 75

-hochdruck 36
-druck, niedriger 36
-kreislauf 67, 223
-verdünnung 62
-verflüssigung 36
-wäsche s. Dialyse 114
-zuckerspiegel 55
Brückle, Dr. Arzt an der Rheumatologischen Universitätsklinik Basel 131
Brustkrebs 191 f., 236, 238 f.
-operation 157, 237
Bulbecco, amerikanischer Krebsforscher 193

C

Chemotherapeutika 93, 190
Chemotherapie 103, 187, 189, 236 f., 239 f.
Cholesterin 164 f.
Chromosomensatz, gentechnologische Veränderungen im 207
Chronisch-venöse Insuffizienz 167
Chymosin (Labferment) 46
Co-Enzyme 29
Coley, Dr. William B. 183 f.
Colitis ulcerosa (Darmentzündung) 111, 113, 219

D

Darm
-entzündung 219
- chronische 111
-flora 68
-gasbildung 94
Denck, Dr. H., Gefäßchirurg 157, 170
Depression 196
Dermatitits 146
Desser, Dr. Lucia 187
Diagnostik 55
- enzymatische 56 f.
Dialyse 114
Dickdarm 67
Dittmar, Prof. 234 f.
Doppelblindstudie 150, 152, 155, 164
Dorrer, Dr. 199
Drogenmißbrauch 105

Dunkel, Dr. 199
Dünndarm 67
Durchblutungsstörung 101, 163, 213 f., 218, 225
- arterielle 164
- der Beine 164
- des Gehirns 164
- des Herzens 164
- venöse 164

E

Echinacea 203
Ehrlich, Paul 188
Eileiterentzündung 234
Eiter 140
Elephantiasis 238
Embolie 59, 218
Engel, Dr. Olympiaarzt 154
Entzündung 114, 136–147
- akute 144
- chronische 144
- klassischen Zeichen einer 141
Entzündungs
-hemmer 114, 146
-prozeß 75
Entzündungsreaktion 144 f.
- gestörte Funktion 141
- Rötung 141
- Schmerz 141
- Schwellung 141
- Überwärmung 141
Enzyme
- anabole 26
- analytischer Einsatz 53
- diagnostischer Einsatz 53
- katabole 26
- pharmazeutischer Einsatz 53
- therapeutischer Einsatz 53
Enzym
-forschung 14, 220
-hemmer, körpereigene 99
-hemmung 54
-inhibitoren 37
-kaskade 35
-kombination 90
-therapie 14, 20, 56, 59, 73–87, 223 f.

- bei Alterserkrankungen 72
- bei Krebs 72
- bei Verletzungen 226
- bei Virenerkrankungen 72
- orale 218
- systemische 74, 95, 225

Erfahrungsmedizin 51
Ernährungsfehler 105

F

Ferment 21
Fibrin 159, 162f., 172
Fibrinogen 160, 162
Fibrinolyse 159, 217
Fieber 32, 144, 184f.
-reaktion 140
Fillit, Dr. 214
Fischer, Biochemiker 28
Freund, Ernst 80, 175, 180
Frühvergreisung 206

G

Gallenblase 64, 66
Gammaglobuline 96f.
Gärung 43
- alkoholische 21
Gaschler, Biochemiker 75
Gebärmutterhalskrebs 195
Gefäß 158–172
-system 158, 218
Gelbsucht, infektiöse 113
Gelenkerguß 153
Gelenkrheuma 127–136
- chronisches 113
Gen, Alterungsprozeß steuerndes 207
Genetik 79
- angewandte 78
Genetische Defekte 56f.
Genetischer Code 206
Gentechnologie 14, 43, 49, 54, 78, 219
Gerontologe (Altersforscher) 209, 212
Gicht 57
Giftgase 58
Glomerulonephritis 111, 113

Glühwürmchen 41
Glukagon (Hormon) 66
Goebel, Klaus-Michael 231 f.
Gold 131
- als Basistherapeutikum 130
Gürtelrose s. a. Zoster 113, 192, 195ff., 199, 241

H

Halsentzündung 137
Hämatom 149, 151, 153f.
Hämodialyse 58
Hämophilie 159
Hand, Steven 48f.
Haubold, deutscher Vitaminforscher 81
Herpesviren 193, 195
- Simplex-Virus Typ II 195
- Zoster 200, 241
Herz- und Kreislaufsystem, Krankheiten des 70, 158–172, 213
Herzerkrankung, koronare 218
Herzinfarkt 59, 209
Herzmuskel-Entzündung 113
HIV s. Aids 201
HIV-Virus 200
Hoover, Edgar 86
Hühnerleukämie, virusbedingte 199
Hutchinson-Gilford-Syndrom 206
Hydrolasen (Enzymgruppe) 29

I/J

Immunkomplex 107–116, 180, 182
-erkrankung 196
Immunologie 102, 109, 128, 222
- Zukunft der 217–221
Immunschwäche, altersbedingte 214
Immunsystem 213, 222
- geschwächtes 215
Insektenstich 41
Insulin (Hormon) 53f., 66
- Stabilisierung 49
Interferon 185
Internationale Union für Biochemie 28
Jäger, Hans 242

K

Kaminer, Dr. (Mitarbeiterin Ernst Freunds) 80, 175, 180
Kapselriß 153
Katalysator 22
– nichtorganischer 23
– organischer 23
Kathepsin (Enzym) 65
Kinderlähmung 81
Klein, Professor G. 132 f.
Kleine, Michael-W. 241
Klonen 50
Klümpner, Professor der Sporthochschule 152
Knochenbruch 155
-operation 156
Körperzelle 13
Kortison 38, 55, 93, 113, 145, 184
Krampfadern 164, 166
Krankheiten, chronische 11
Krebs 51, 72, 173–192, 209
Knochenmark 105
Kobaltbestrahlung 138
Kohlendioxid 12, 22
Kohlenhydrat 64, 68,
Kohlenmonoxid 22
Kombinationspräparat 88 f.
Komplementaktivierung 215
Komplementkaskade 181, 206
Kompressionsstrumpf 169
Körperabwehr, gestörte 101
– Enzyme gegen 75
-erkrankungen 213
-operation 188
-risiko 114, 172
-viren 193
-zelle 80 f., 106 f., 172, 205
– Entstehung 177
– Fibrinschicht 179
-zellnester 188
Kreatinkinase (Enzym) 228
Kühne, Willy 21
Kumarin 31 f., 37
Künstliche Niere 58

L

Labferment 45
Lebenserwartung und Ernährung 208
Lebensmittel, Konservierung 44
Leber, Entzündung der 219
Lungen
-embolie 166
-entzündung 219
-fibrose 112
Lupus erythematodes 166, 220
Lymphgefäß 58, 223
Lymphödem 168, 191, 238 f.
Lymphozyten 138
Lysozym (Enzym) 33

M

Maehder, Dr. K. 170
Magenkrebs 87
Magensaft 19 f., 65
Mahr, Dr. Herbert 172
Makromoleküle 96 ff.
Makrophagen 42
Malaria 113
Maserninfektion 120
Mastdarm 67
Mastopathie 234 ff.
Medizin und Enzymtherapie 51–63
Meeresbiologe 50
Meniskus 155
Metastasen
-prophylaxe 191
-risiko, Senkung 239
Miehlke, Klaus 128
Mikroorganismus 46, 48, 54, 59
Milchdrüsengang 163
Minerale 30
Mittelohrentzündung 61
Moleküle 26
Monoenzym-Präparat 90
Morbus Bechterew 134, 231 f.
Morbus Crohn (Darmentzündung) 111, 113, 219
Müller-Wohlfahrt, Hans-W. 152
Multiple Sklerose 116, 118–126, 131, 219
Muskelfaserriß 153

Muskelkater 227f.
Muskelzerrung 153

N

Nervenschmerzen 197
Neuhofer, Dr. Ch. 123
Nieren
-beckenentzündung 137
-entzündung 137
– chronische 219
Nikotin 179

O

Ödeme 153, 168
»offene Beine« 172
Old, Professor Lloyd 183
Ölteppiche, Auflösung von 47
Operation 154f., 157, 189
Organverpflanzung 33
– Abstoßung nach 68
Ow, Dr. David 50

P

Pankreatin (Enzym) 90
Pankreatitis (Bauchspeicheldrüsenentzündung) 55, 112, 146
Pasteur, Louis 21
Penicillamin 130f.
Penicillin 38
Pepsin (Verdauungsenzym) 20, 29, 36, 46, 65
-Wein 70
Pferdehusten, virusbedingter 199
Pharmakologie 55f., 88
Photosythese 12
Pilze 138
Pilzgifte 141
Plasma (Blutflüssigkeit) 115, 160
Plasmin 60ff., 162f.
-aktivierung 164
Plasminogen 60ff., 163
Pockeninfektion bei Kamelen 199
Polyarthritis 166, 231
– chronische (Gelenkrheuma) 117, 127
Postzosterneuralgie 197, 199

Prellungen 153
Prostatitis 146
Protein 112

R

Raas, Ernst 154, 228
Rahn, Dr. 155
Ransberger, Karl 81, 83, 86f.
»Raucherbein« 61
Réaumur, Réne Antoine Ferchant de 17–20, 44
Regeneration, Kraft der 19
Rennin (Labferment) 46
Rheuma 134, 136, 231f.
-erkrankung 128
-faktor 128f.
-gefährdung 128
-patient 127, 130ff., 134
-therapie 135
Rokitansky, Ottokar von 237f.
Röntgenbestrahlung 138

S

Sauerstoff 12, 14
Säure/Basen-Milieu 89
Scharlach 61
Schedler, Michael 239f.
Scheef, Wolfgang 236, 239
Schimmelpilze 44
Schlangenbisse 41
Schmarotzer 67
Schnupfen 102
Schopenhauer, Arthur 216
Schwann, Theodor 20
Schwefelbakterien 42
Seelische Belastung 196
Sehnenscheidenentzündung 233
Seifert 97
Seifert, Professor 96
Selen (Spurenmineral) 212
– als Enzymaktivator 120
– als Enzymhemmer 120
Senebier, Jean 19f.
Sickerblutung 230
Sklerosierung 213
Skorbut 30

Sloan-Kettering-Institut 183
Slow-Virus-Infektion 120
Sojasauce 69
Sonnenbrand 138
Spallanzani, Lazzaro 17 ff., 44
Speicheldrüsengang 163
Spurenelemente 30, 190
Stahltherapie 187
Steffen, Professor C. 116
Steroide 38
Stoffwechsel 37, 209, 212
-aktivität 207
– biochemischer 12
-tätigkeit 206
-vorgang 14
– zellulärer 20
Strahlentherapie 187, 191
Streptokokken 184
– Bakterien 183
Streß 196
Substratumwandlung, Geschwindigkeit der 33
Syphilis 55, 113

T

Tabakmosaik-Virus 198
Temin, amerikanischer Krebsforscher 193
Tennisellenbogen 153
Thromben 62 f., 164, 167
Thrombin (Enzym) 162 f.
Thrombolyse 59, 61
– enzymatische 63
Thrombose 168, 172, 218
-risiko 157
Thrombozyten 138
Thymusdrüse 105
Thymuspeptide 203
Toxoplasmose 113
Tränendrüsengang 163
Trauer 196
Traumatologie 226 f.
Trousseau, französischer Arzt 172
Tryglyzeridspiegel 165
Trypsin (Enzym) 26, 29, 225
Tuberkelbakterien 184
Tumor 189, 214
»Tumor-Nektrose-Faktor« 184

U

Übergewicht 70
Uffelmann, Klaus 233
Umwelt
-einfluß 209
-gifte 103, 179
Urokinase (Enzym) 62
Urzelle 13
UV-Strahlen 12, 138

V

Valls-Serra, Dr. Gefäßchirurg 169
Vaskulitis 166
Venen
-entzündung 169, 218
-leiden 170, 172
– chronisches 166
-thrombose 166, 168
Verbrennungen 138
Verdauung 64–72
-enzym 63
-störung 70
-system 67
Verletzung 148–157
Verstauchung 153
Vinzenz, Kurt 229 f.
Viren 106, 138, 193
-erkrankungen 72, 101, 185, 193–204
Virus
-bekämpfung 197
-infektion 202
Vitamin 30, 190
-forschung 81

W

Walford, Dr. Roy 208
Wallace, Henry A. 79
Waschmittelindustrie 47
Wassermann, Berliner Bakterologe 55
Weichteilrheumatismus 233
Werner-Syndrom 206
Windpocken 195 f., 201
Wirbelsäulenverstauchung 153
Wohlgemut, Internist 55